GEORGES CUVIER

RECHERCHES
SUR LES
OSSEMENS FOSSILES,

OÙ L'ON RÉTABLIT LES CARACTÈRES
DE PLUSIEURS ANIMAUX DONT LES RÉVOLUTIONS DU GLOBE
ONT DÉTRUIT LES ESPÈCES

TOME VII

Elibron Classics
www.elibron.com

Elibron Classics series.

ISBN 0-543-98680-2 (paperback)
ISBN 0-543-98679-9 (hardcover)

This Elibron Classics Replica Edition is an unabridged facsimile of the edition published in 1835 by Edmond d'Ocagne, Paris.

RECHERCHES

SUR LES

OSSEMENS FOSSILES.

VII.

PARIS. — IMPRIMERIE DE CASIMIR,
rue de la Vieille-Monnaie, n° 12.

RECHERCHES

SUR LES

OSSEMENS FOSSILES,

OÙ L'ON RÉTABLIT LES CARACTÈRES
DE PLUSIEURS ANIMAUX DONT LES RÉVOLUTIONS DU GLOBE
ONT DÉTRUIT LES ESPÈCES;

PAR

GEORGES CUVIER.

Quatrième Édition,

Approuvée et adoptée par le Conseil royal de l'Instruction publique.

Triomphante des eaux, du trépas et du temps,
La terre a cru revoir ses premiers habitans.
DELILLE.

TOME SEPTIÈME.

PARIS.

EDMOND D'OCAGNE, ÉDITEUR,
12, RUE DES PETITS-AUGUSTINS.

J.-B. BAILLIÈRE,
13 *bis*, rue de l'École-de-Médecine.

F.-G. LEVRAULT,
81, rue de la Harpe.

CROCHARD,
13, place de l'École-de-Médecine.

RORET,
10 *bis*, rue Hautefeuille.

1835.

RECHERCHES

SUR LES

OSSEMENS FOSSILES.

QUATRIÈME PARTIE.

SUR LES OSSEMENS FOSSILES DE *CARNASSIERS*.

REMARQUES PRÉLIMINAIRES

Sur la famille des carnassiers.

Toute famille très-nombreuse d'animaux doit offrir plus de difficultés dans sa distribution méthodique; mais celles des carnassiers et des rongeurs ont cela d'avantageux pour le naturaliste, que leurs dents, très-variées dans leurs formes, et en même temps très-constantes dans chaque genre et dans chaque sous-genre, donnent des caractères à peu près certains pour toutes ces divisions, et qu'au moyen d'une seule d'entre elles, on arrive souvent aux déterminations les plus précises : c'est pourquoi nous allons les prendre pour guides au milieu des innombrables débris de ces animaux qui nous restent à étudier.

Nous considérerons d'abord les lois de leurs successions, et nous verrons ensuite, à l'aide du travail auquel mon frère a bien voulu se livrer, à ma prière, depuis plusieurs années, quel parti on peut en tirer pour se reconnaître dans le dédale de toutes les petites tribus.

Ce secours nous est d'autant mieux venu, qu'il existe des débris de carnassiers dans toutes les couches à ossemens. Déjà nous avons eu occasion d'en rencontrer quelques-uns, soit dans les plâtrières avec ces anciens genres aujourd'hui entièrement perdus des *palæothériums* et des *anoplothériums*, soit dans les brèches osseuses avec des genres plus connus de ruminans et de rongeurs; il y en a aussi, bien qu'en petit nombre, dans les couches meubles avec les os d'éléphans et de rhinocéros; mais les lieux qui en relcèent le plus sont de certaines cavernes qui paraissent leur avoir servi de repaires et où l'on trouve quelquefois avec leurs cadavres les débris des animaux herbivores dont ils faisaient leur proie.

Ces cavernes, qui, par elles-mêmes, sont déjà l'un des phénomènes les plus remarquables de la géologie, mériteront aussi, sous le rapport des êtres dont elles nous ont conservé les restes, une attention toute particulière de notre part, et nous en ferons l'objet d'un chapitre spécial.

CHAPITRE PREMIER.

DES CARACTÈRES OSTÉOLOGIQUES DES *CARNASSIERS*.

ARTICLE PREMIER.

De la succession des dents dans les carnassiers.

Les observations sur les dents que nous avons exposées dans notre première et notre troisième partie, ont fait voir que dans les éléphans et les mastodontes les dents se succèdent d'arrière en avant, mais que dans tous les autres animaux à sabots, rhinocéros, hippopotames, cochons, tapirs, chevaux et ruminans, il existe deux appareils dentaires, celui des dents de lait et celui des dents permanentes, lesquelles se divisent en deux sortes : les dents de remplacement, qui succèdent aux dents de lait, et les arrière-molaires, qui sortent au fond des mâchoires derrière les dents de remplacement et sans avoir été précédées par des dents de lait. On a pu y voir aussi que les premières arrière-molaires se montrent au dehors avant que les dernières dents de lait soient tombées, en sorte que les dernières dents de remplacement sont pendant long-temps moins usées que celles qui se trouvent derrière elles. Enfin une loi générale a été que lorsque les dernières dents de lait sont d'une forme plus compliquée que celles qui les remplacent, leur complication est reportée sur les dernières des arrière-molaires.

Ces lois qui tiennent à la nature des dents, à leur manière de croître par couches, et non par dilatation générale, enfin à l'impossibilité où se trouvait la nature de faire croître les dents dans la même proportion que les mâchoires, ces lois, disons-nous, sont générales et s'appliquent aux carnassiers comme aux herbivores.

Prenons pour exemples le chien et le chat, qui sont presque les deux extrêmes de la famille des carnivores pour le nombre et la variété des dents de leurs mâchoires.

Le *chat* adulte doit avoir, quand son appareil est complet, six incisives et deux canines à chaque mâchoire, quatre molaires de chaque côté à la supérieure, trois à l'inférieure, en tout trente dents.

Mais son appareil de lait n'est composé que de six incisives et deux canines à chaque mâchoire, trois molaires de chaque côté à la supérieure et deux à l'inférieure, en tout vingt-six dents.

Dix de ses molaires seulement sont donc destinées à tomber et à être remplacées, et il n'a en effet que dix molaires de remplacement; en conséquence, les quatre autres sont, par la place qu'elles occupent, des arrière-molaires. Cependant si, au lieu de consulter leur place, on avait égard à leur forme, on trouverait qu'à la mâchoire supérieure ce ne sont pas les dernières molaires qui sont nouvelles dans l'appareil persistant, qu'elles ne font au contraire qu'y représenter les dernières molaires de lait, et que c'est la seconde des molaires persistantes qui n'avait point d'analogue dans l'appareil de lait.

En effet la première molaire de lait du chat, *a*, fig. 1, pl. 177, est simple et un peu pointue; elle se reproduit à peu près sous la même forme dans l'appareil persistant, *a'*, fig. 2.

La seconde de lait, *b*, a quatre pointes à son bord tranchant et un petit talon avancé vers le palais au milieu de sa base interne, vis-à-vis de la troisième pointe, qui est la plus grande. Dans l'appareil persistant, c'est la troisième molaire ou la carnassière *b'*, fig. 2, dont le bord tranchant a trois pointes et dont la base produit un talon saillant vers le palais, vis-à-vis de la plus grande pointe, laquelle ici est la seconde.

Il est donc bien clair que c'est la seconde molaire du jeune animal qui est sa carnassière; que dans l'adulte c'est la troisième, et que leurs fonctions sont les mêmes malgré leur différence de rang.

La même observation s'applique à la dernière ou tuberculeuse, qui est la troisième, *c*, dans l'appareil de lait, la quatrième, *c'*, dans l'appareil persistant.

La seconde molaire persistante *d*, fig. 2, est au contraire une dent comprimée, triangulaire, tranchante, ayant, outre sa grande pointe, une dentelure en avant et deux en arrière. C'est une dent particulière qui n'avait point d'analogue dans la première dentition.

Il ne s'en faut pas beaucoup qu'il n'en soit de même à la mâchoire inférieure, fig. 3. Elle a d'abord deux molaires tranchantes, pointues, avec une dentelure en avant et deux en arrière; mais dans la seconde *b*, la dentelure antérieure est presque aussi grande que la pointe et les deux postérieures sont beaucoup plus petites, ce qui nous prépare déjà à la dent fourchue qui sera la troisième molaire ou l'arrière-molaire de l'adulte *b'*, fig. 4.

Dans celui-ci les deux molaires de remplacement, *a'* et *d*, sont tranchantes, pointues, et ont une petite dentelure en avant et deux en arrière.

Quelque chose de non moins remarquable se passe dans le *chien*.

A la mâchoire supérieure il n'a que trois dents de lait, et il lui vient six dents persistantes; mais c'est en s'intercalant qu'elles augmentent en nombre.

Dans l'appareil de lait, pl. 177, fig. 5, la première, *a*, est tranchante et pointue.

La seconde, *b*, a un bord externe tranchant à deux fortes pointes et une légère dentelure en avant; elle produit en dedans un petit tubercule vis-à-vis de la grande pointe. C'est la vraie carnassière du jeune animal.

La troisième, *c*, est une grande tuberculeuse.

Lors de la seconde dentition voici ce qui arrive.

Il sort en avant, entre la canine et la première de lait, une dent simple et pointue, *d*, fig. 6.

La première de lait, ou la tranchante, est poussée au dehors et remplacée par une dent semblable à elle, *a'*.

Entre elle et la carnassière sort une dent nouvelle, *e*, tranchante et dentelée comme celle dont nous venons de parler; elle devient ainsi la troisième fausse molaire de l'adulte, tandis que dans le jeune chien il n'y avait qu'une seule fausse molaire.

Ensuite vient la carnassière persistante *b'*, laquelle ressemble beaucoup à celle de lait, si ce n'est qu'elle est plus grande et que son tubercule interne est plus saillant.

C'est cette carnassière persistante qui fait tomber la tuberculeuse de lait, et derrière elle vient la tuberculeuse persistante, *c'*, qui ne diffère presque de celle de lait que par sa grandeur.

Enfin il y a après *c'* une véritable arrière-molaire, qui est la deuxième tuberculeuse de l'adulte; le jeune n'en avait qu'une seule.

Dans la mâchoire inférieure, fig. 7, le jeune chien n'a point de tuberculeuse de lait; de ses trois molaires, les deux premières *a*, *b*, sont tranchantes, pointues et dentelées; la troisième *c* ou carnassière d'en-bas a trois pointes, dont une plus forte, et en arrière un talon tuberculeux.

Ces trois dents sont remplacées par trois molaires tranchantes, pointues et lobées *a'*, *e*, *b'*, en avant desquelles il en paraît d'abord une simple et pointue *d* qui ne remplace rien.

La carnassière persistante *c'*, toute semblable à celle de lait, à la grandeur près, vient derrière celles-ci et est suivie de deux tuberculeuses *f*, *g*, qui n'avaient point d'analogue dans l'appareil de lait.

C'est ainsi que le chien adulte a sept

molaires persistantes de chaque côté en bas, tandis que le jeune n'en a que trois de lait.

Ainsi la deuxième dentition ne consiste pas seulement en ce que les dents de lait sont remplacées, et qu'il s'en ajoute de nouvelles par derrière ; mais au moyen de l'intercalation dont nous parlons, il y a changement de position pour les dents qui renaissent de même forme. C'est une observation qu'il importe d'avoir toujours présente pour éviter les méprises dans la détermination des carnassiers, et qui n'est au reste qu'une autre expression de la règle que nous avions déjà donnée pour les herbivores; savoir que les plus grandes complications que l'on remarque dans les dernières molaires de lait se reportent plus en arrière et sur les dernières molaires de l'appareil persistant, règle qui ne s'applique pas moins à l'homme qu'aux animaux.

ARTICLE II.

Description particulière des dents dans les genres et les sous-genres de la famille des carnassiers (*).

§ 1. *Des Chats.* (FELIS, L.)

Pl. 178, fig. I; 1, 2, 3, 4, 5 (**).

Le système de dentition des chats est, parmi ceux que nous présente l'ordre des carnassiers, le plus simple et le plus approprié à la mastication de la chair; nous le considèrerons donc comme un type qui nous servira de point de comparaison pour décrire tous les autres. Par-là nous donnerons une idée plus claire de ces formes de dents, fort

(*) Cet article est entièrement de M. FRÉDÉRIC CUVIER.

(**) N. B. Dans cette figure comme dans les suivantes, le n° 1 est la face interne des molaires supérieures; le n° 2, celle des inférieures; les n°s 3 et 4, leur face externe; et le n° 5, leur réunion.

difficiles à rendre par le langage, et nous établirons d'une manière exacte les rapports qui existent entre ces mammifères, comme animaux carnivores ; c'est-à-dire que nous donnerons en quelque sorte, pour chaque genre, la mesure de sa qualité principale, de celle qui le distingue éminemment, et à laquelle toutes ses autres qualités sont nécessairement subordonnées.

A la mâchoire supérieure (1) les chats ont trois incisives, une canine, deux fausses molaires, une carnassière et une tuberculeuse. Les incisives sont placées à côté l'une de l'autre sur une ligne droite. Les deux premières sont d'égale grandeur, en forme de coin, et échancrées transversalement à leur face interne; la troisième est deux fois plus grande que les précédentes, pointue et échan-

(1) Chez tous les mammifères, les dents d'un côté des mâchoires étant semblables à celles de l'autre, nous ne parlerons jamais que des dents d'un seul côté pour chacune d'elles, de sorte qu'en doublant le nombre des dents que nous décrirons, on aura le nombre total de celles que contiennent les mâchoires : et nous devons faire remarquer que nous ne nous arrêterons point dans nos descriptions aux petites particularités qui ne sont que spécifiques.

crée comme elles à sa face interne. Un intervalle vide sépare la dernière incisive de la canine, qui est très-grande, conique, un peu crochue, arrondie à sa face externe et à sa face interne, angulaire à son bord antérieur et à son bord postérieur, et généralement creusée à chaque face d'un ou deux sillons. La première fausse molaire vient immédiatement après la canine : c'est une petite dent très-obtuse et à une seule racine; nous la considérons comme rudimentaire; un espace vide la sépare de celle qui la suit, c'est-à-dire de la seconde fausse molaire, qui est très-grande, à plusieurs racines, large d'avant en arrière, mince de dedans en dehors, tranchante, et présentant à peu près la forme d'un angle droit dont les bords sont divisés par deux échancrures ou plutôt deux dentelures, ce qui augmente sa faculté tranchante; c'est pour nous une fausse molaire normale. La carnassière, qui a au moins trois racines, suit immédiatement la fausse molaire; elle est d'un tiers plus grande que celle-ci d'avant en arrière, et divisée en ce sens en trois parties : la première est un petit tubercule à bords tranchans; la seconde, c'est-à-dire la moyenne, présente un tubercule tranchant sur ses bords, de la figure d'un angle droit;

la troisième est terminée par une ligne presque droite et seulement un peu infléchie dans son milieu, et ses bords sont tranchans. A la face interne de cette dent, et à la base du petit tubercule obtus, est un autre tubercule plus petit encore, qui se lie par une côte saillante au tubercule moyen. Enfin la mâchelière tuberculeuse est une très-petite dent, très-étroite d'avant en arrière, plus large du côté externe au côté interne, arrondie, et à une ou deux racines; cette dent, cachée à la base de la carnassière, est dans un état tout-à-fait rudimentaire.

A la mâchoire inférieure on trouve trois incisives, une canine, deux fausses molaires et une carnassière. La première incisive est un peu plus petite que la seconde, et celle-ci que la troisième; elles sont en forme de coin obtus, et présentent une échancrure légère d'avant en arrière, plus rapprochée du bord voisin de la canine que du bord opposé. La canine, qui suit immédiatement les incisives, est fort conique, plus crochue que celle de la mâchoire opposée, arrondie à sa face antérieure et extérieure, et anguleuse à sa face interne et à son bord antérieur, enfin quelquefois sillonnée comme la supérieure.

Un vide sépare cette dent de la première fausse molaire, qui est large d'avant en arrière, mince du côté interne au côté externe, à bords tranchans, et dont la figure, comme la dent analogue de la mâchoire opposée, présente un angle droit dont les bords sont divisés par une échancrure. La fausse molaire suivante ne diffère de la première que parce qu'elle est plus grande et qu'elle a une échancrure de plus à son bord postérieur. La carnassière est, comme les précédentes, une dent comprimée du côté interne au côté externe, à bords tranchans; mais elle est divisée en deux parties à peu près égales par une profonde échancrure dans son milieu, beaucoup plus sensible encore à la face interne qu'à la face opposée.

Lorsque ces mâchoires sont dans leur situation et dans leur rapport naturel, les incisives sont opposées couronne à couronne; ce qui fait que dans les vieux animaux les échancrures dont nous avons parlé disparaissent, et comme, exceptée la première, ces dents sont alternes, c'est-à-dire que le milieu de celles d'une mâchoire correspond à l'intervalle qui sépare les deux incisives opposées de l'autre mâchoire, elles s'usent inégalement et deviennent pointues au lieu de se conserver en ligne droite. Le bord antérieur de la canine supérieure est en rapport avec le bord postérieur et extérieur de la canine inférieure. La fausse molaire supérieure ne correspond qu'au vide qui se trouve entre la canine et la première fausse molaire inférieure. Le bord postérieur de celle-ci agit contre le bord antérieur de la fausse molaire opposée, qui, par son bord postérieur, est en rapport avec le bord antérieur de la fausse molaire inférieure. Celle-ci par son bord postérieur agit sur la face interne et antérieure, et sur le tubercule interne de la carnassière opposée. La face interne du reste de cette dent est en opposition, dans toute sa longueur, avec la face externe de la carnassière inférieure, qui ne se trouve en communication avec la tuberculeuse que par la base, c'est-à-dire la partie la plus voisine des racines de sa partie postérieure.

Il résulte du nombre, de la forme et de la disposition de ces dents, que les mâchoires des chats sont très-courtes, et que les dents étant peu éloignées des puissances qui meuvent les mâchoires, elles peuvent agir avec une grande force, et d'autant plus que le point d'articulation des mâchoires, le condyle, est sur la ligne des dents.

Les chats ne se nourrissent absolument que de chair, et autant qu'ils le peuvent de chair fraîche; ils ne mangent les os que lorsqu'ils sont tendres et que la faim les presse vivement.

§ 2. *Des Hyènes.* (HYÆNA, CUV.)

Pl. 178, fig. II; 1, 2, 3, 4, 5.

Le système de dentition qui paraît avoir le plus de rapport avec celui des chats est celui des hyènes. En effet, ces animaux ne diffèrent guère des chats, sous ce rapport, que par une fausse molaire de plus à l'une et à l'autre mâchoire, par des dents en général beaucoup plus épaisses et moins tranchantes, et par un léger talon à la carnassière inferieure.

A la mâchoire supérieure, les hyènes ont trois incisives, une canine, trois fausses molaires, une carnassière et une tuberculeuse.

Les incisives supérieures diffèrent de celles des chats en ce que le lobe interne, qui résulte de l'échancrure transversale, est partagé en deux dans les deux premières, et que la troisième est longue, crochue et semblable à une petite canine. Les canines sont lisses et non sillonnées. La première fausse molaire est une petite dent à une seule racine, et dont la couronne consiste dans une pointe mousse. Les deux fausses molaires suivantes se distinguent surtout par leur extrême épaisseur, qui en fait des dents coniques plutôt que des dents tranchantes. La carnassière a le tubercule interne beaucoup plus détaché et distinct de la dent que nous ne l'avons vu dans les chats, et la tuberculeuse a bien conservé les mêmes formes, mais a pris plus de dimension que celle de ces derniers; elle a plus de deux racines.

A la mâchoire inférieure, on trouve trois incisives, une canine, trois fausses molaires et une carnassière. Les incisives ne présentent rien qui mérite d'être remarqué, et il en est de même des canines. Pour les trois fausses molaires nous répèterons ce que nous avons dit pour les deux principales de la mâchoire opposée : elles ont presque les mêmes dimensions de dehors en dedans que d'avant en arrière, ce qui fait qu'elles ne conservent presque rien du tranchant que nous avons remarqué à celles des chats. La carnassière a de particulier un talon assez développé en arrière de sa partie postérieure, et un petit tubercule à la face interne, qui toutefois n'existe pas dans toutes les espèces.

A l'égard des relations de ces deux mâchoires entre elles, tout ce qui résulte des différences que nous avons fait remarquer, c'est que le tubercule interne de la carnassière d'en-haut établit entre cette dent et la troisième fausse molaire d'en-bas des rapports plus étendus que ceux qui existaient entre ces dents chez les chats, et que la dent tuberculeuse des hyènes n'est plus rudimentaire, puisqu'au moyen du talon de la carnassière inférieure elle exerce une influence réelle dans la mastication.

Il est cependant à remarquer que l'épaisseur des molaires que nous venons de décrire diminue leur qualité tranchante; que l'augmentation du nombre des fausses molaires, en nécessitant l'allongement des mâchoires, affaiblit leur action, et que leur force est encore réduite par la situation du condyle placé fort au-dessus de la ligne des dents.

Les hyènes sont en effet des animaux bien moins carnassiers que les chats; aussi ne mangent-elles guère de viande que lorsqu'elle commence à se corrompre et à se diviser plus facilement. Il n'est point difficile de les habituer à se nourrir de substances végétales, de pain, par exemple; et ce qui se trouve en parfaite harmonie avec la grande épaisseur de leurs dents, c'est l'extrême facilité et le goût qu'elles ont pour briser les os les plus durs.

§ 3. *Du Ratel.* (Viverra mellivora, Sparm. et Gmel.)

Pl. 178, fig. 9, 10, 11, 12, 13.

De tous les animaux carnassiers, c'est le ratel qui nous montre le système de dentition où celui des chats a le moins été altéré, quant au nombre des dents : il n'a qu'une petite fausse molaire inférieure de plus qu'eux; mais sa carnassière inférieure et sa tuberculeuse supérieure se sont agrandies et ont pris assez exactement la forme des dents analogues des martes et des gloutons; et comme les dents tuberculeuses ont plus d'importance que les fausses molaires, nous plaçons le ratel après les hyènes, quoique celles-ci aient une fausse molaire supérieure de plus, parce que leur tuberculeuse n'est encore que rudimentaire.

A la mâchoire supérieure, il y a trois incisives, une canine, deux fausses molaires, une carnassière et une tuberculeuse. Les incisives n'offrent rien de remarquable, et sont ce que nous les avons vues chez les chats; il en est de même de la canine, sauf les sillons caractéristiques des chats. La première fausse molaire, plus petite que la seconde, a les mêmes formes; ce sont des dents analogues aux fausses molaires normales que nous avons décrites jusqu'à présent; mais elles sont un peu plus épaisses que celles des chats, et au lieu d'être plantées suivant l'axe de l'os maxillaire, elles ont une direction oblique d'arrière en avant, et du dehors en dedans. La carnassière ne diffère de celle des chats que par son petit tubercule interne, qui est plus distinct, et par sa partie moyenne, formée d'un tubercule plus aigu. La tuberculeuse s'est beaucoup agrandie, et est toujours beaucoup plus large du côté interne au côté externe que d'avant en arrière, et dans ce dernier sens elle est plus large à sa partie interne qu'à sa partie externe. Chacune de ces parties se compose de trois petits tubercules, et elles sont séparées l'une de l'autre par une cavité assez profonde.

A la mâchoire inférieure, on trouve trois incisives, une canine, trois fausses molaires et une carnassière. La première incisive est très-petite; les deux autres sont à peu près de même grandeur; mais la seconde est plantée plus en arrière que les autres, quoique sa couronne vienne en avant se placer sur la même ligne. La canine n'a rien de particulier. La première fausse molaire est petite, placée obliquement dans la mâchoire, et plus large au côté interne qu'à l'externe; à ce côté la dent se termine par un tubercule conique, et à l'autre par un talon; la seconde ressemble à la première, excepté qu'elle est plus grande; la troisième a la forme des fausses molaires normales, seulement elle est plus élargie à sa partie postérieure. La carnassière est épaisse, principalement à sa partie postérieure, et garnie de trois tubercules, un en avant, un au milieu et un en arrière.

Les relations de ces dents entre elles sont les mêmes que celles que nous avons observées dans les hyènes; c'est la partie postérieure très-agrandie de la carnassière d'en-bas qui correspond à la grande tuberculeuse supérieure. Le condyle est sur la ligne des dents, et il en est de même pour tous les genres suivans.

Le ratel, dont on ne connaît point encore bien le naturel, doit être à quelques égards plus carnassier que les hyènes, et à d'autres moins; en effet, si ses dents sont plus minces et plus tranchantes, sa molaire tuberculeuse supérieure s'est sensiblement agrandie : ce qui le rapproche de la manière la plus intime du groupe que nous allons décrire.

§ 4. *Des Putois, Zorilles et Martes.* (MARTES, CUV.)

Pl. 178, fig. III, IV et V; 1, 2, 3, 4, 5.

Nous réunissons ces animaux pour décrire leurs dents, parce que la seule différence qu'ils présentent sous ce rapport, c'est que les martes ont aux deux mâchoires une petite fausse molaire de plus que le putois et le zorille, et que le zorille a le tubercule interne de la carnassière inférieure plus développé qu'on ne le trouve sur la dent analogue des martes et des putois. Du reste, leurs systèmes de dentition sont tout-à-fait identiques et leur différence d'avec celui des chats consiste dans le développement et dans le nombre des tuberculeuses.

A la mâchoire supérieure, on trouve trois incisives, une canine, deux ou trois fausses molaires, une carnassière et une tuberculeuse. Les incisives et les canines n'offrent rien de remarquable et sont ce que nous les avons vues chez les chats, les hyènes et les ratels, si ce n'est que le lobe interne est très-petit. La première fausse molaire des martes est une très-petite dent à une seule racine et dont la couronne se termine par une pointe très-mousse. Les deux suivantes, qui sont les analogues des deux seules fausses molaires supérieures des putois et du zorille, sont à plusieurs racines, minces de dehors en dedans, larges d'avant en arrière et très-pointues; la première est un peu plus petite que la seconde. La carnassière ne diffère point de celle des chats, si ce n'est, comme nous l'avons dit pour le ratel, que le tubercule interne est plus distinct et la partie moyenne plus grande et plus aiguë. La tuberculeuse est tout-à-fait semblable à celle du ratel sans aucune exception.

A la mâchoire inférieure, se trouvent trois incisives, une canine, trois ou quatre fausses molaires, une carnassière et une tuberculeuse.

Les incisives présentent les mêmes formes et les mêmes irrégularités que celles du ratel, et les canines sont aussi tout-à-fait semblables à celles de cet animal.

Immédiatement à la base de la canine viennent les fausses molaires. La première, chez les martes, est rudimentaire et à une seule racine; les trois suivantes, qui sont les analogues des trois seules fausses molaires inférieures des putois et du zorille, ont deux racines, ainsi que les formes des fausses molaires normales, et, comme celles du ratel, elles sont placées un peu obliquement dans la mâchoire. La carnassière est semblable à celle des chats, à l'exception du talon qui s'est développé à sa partie postérieure, ainsi que nous l'avons déjà vu chez le ratel, et nous avons déjà fait remarquer que le tubercule interne de cette dent, qui n'est qu'à l'état rudimentaire chez les putois et les martes, est très-saillant chez le zorille. Enfin la tuberculeuse est petite, ronde, et sa couronne se termine par trois petites pointes.

Les relations de ces dents entre elles sont à peu près les mêmes que celles que nous avons observées jusqu'ici. Toute la différence c'est que la partie antérieure de la tuberculeuse d'en-bas est en opposition avec la portion postérieure de la partie interne de la tuberculeuse d'en-haut; et le grand développement du tubercule interne de la carnassière inférieure établit avec la tuberculeuse supérieure des rapports semblables à ceux que nous avons fait observer entre ces mêmes dents chez le ratel.

On voit, par ce qui précède, que les putois, les zorilles et les martes sont un peu moins carnassiers que le ratel, à cause de leur tuberculeuse inférieure; mais comme cette dent n'est que rudimentaire, son influence sur le naturel des animaux qui en sont pourvus ne peut être que fort légère.

Du reste, s'il y a de la différence entre ces

trois petites tribus, ce sont les putois qui doivent être plus carnassiers et avoir les mâchoires plus fortes.

§ 5. *Du Grison, du Tayra et du Glouton.* (GULO, CUV.)

Pl. 178, fig. VI et VII; 1, 2, 3, 4, 5.

J'aurais pu traiter des dents de ces animaux dans l'article précédent, car, sous ce rapport, ils ne diffèrent point des martes, des putois et du zorille. Le grison et le tayra ressemblent aux putois, et le glouton aux martes. Les deux premiers ont deux fausses molaires supérieures et trois inférieures, et le dernier en a une de plus à chaque mâchoire.

Du reste, ces animaux n'ont plus rien dans les dents qui les distingue, c'est-à-dire qu'ils ont les mêmes incisives, les mêmes canines, les mêmes carnassières et les mêmes tuberculeuses, et cela sans plus d'exception pour les relations que pour les formes et pour le nombre : aussi ont-ils tous le naturel sanguinaire; et on ne pourrait les séparer les uns des autres, sans la marche plantigrade du grison, du tayra et du glouton, qui ne change rien à leurs goûts et ne fait que modifier quelques-uns des moyens qu'ils ont de les satisfaire.

§ 6. *Des Moufettes et du Midaus* (1). (MEPHITIS, CUV.)

Pl. 179, fig. I; 1, 2, 3, 4, 5.

C'est à partir des moufettes que le système de dentition des martes commence à éprouver des modifications d'une certaine importance. On ne peut cependant encore le méconnaître chez ces animaux, ni même celui des chats que nous avons déjà vu recevoir des changemens notables dans les ratels, les martes et les gloutons. C'est principalement par le développement toujours croissant des

(1) Nouveau sous-genre que j'ai établi : Hist. naturelle des Mammifères, 19e livraison. C'est la *moufette de Java* de Leschenault.

dents tuberculeuses que les carnassiers dont il nous reste à parler diffèrent de ceux qui ont déjà fait l'objet de nos recherches, et ce sont les moufettes et les midaus qui nous en montrent les premières traces.

A la mâchoire supérieure, les incisives et les canines sont exactement celles des martes; il y a deux fausses molaires, une très-petite rudimentaire, et une normale à deux racines et à une pointe. La carnassière se fait remarquer par le grand développement du tubercule interne qui lui donne une grande épaisseur et une forme triangulaire, et la tuberculeuse, par ses dimensions, qui sont à peu près les mêmes du bord antérieur au bord postérieur que du côté interne au côté externe. Chez les martes, au contraire, cette dent n'a quelque étendue que dans ce dernier sens; mais ses tubercules peu saillans et arrondis ne se marquent pas nettement. Chez les moufettes, ces tubercules sont devenus très-forts et anguleux, ce qui en fait vraiment une dent triturante; il y en a quatre principaux séparés par des creux assez profonds, mais l'extrême irrégularité de leur figure ne permet pas de les décrire.

A la mâchoire inférieure, les incisives et les

canines sont semblables à celles des martes, sans exception, et il en est de même des trois fausses molaires qui ne diffèrent point de celles des grisons : la première est beaucoup plus petite que les autres, qui ont les formes et les proportions des fausses molaires normales. La carnassière est divisée en deux parties à peu près égales par une cavité assez forte; l'antérieure est formée de trois tubercules pointus disposés en triangle, et la postérieure d'un talon terminé par deux tubercules aigus et assez minces qu'un sillon profond sépare; enfin la tuberculeuse est la même que celle des martes.

Les caractères particuliers que nous avons fait remarquer aux carnassières et aux tuberculeuses, ont seuls occasioné des différences entre les rapports des dents des moufettes et du midaus et ceux que nous avions fait remarquer chez les martes. Le grand tubercule interne de la carnassière supérieure remplit le vide que laissent entre eux les trois tubercules disposés en triangle de la carnassière inférieure, et le talon de celle-ci est en relation avec la moitié antérieure de la grande tuberculeuse supérieure, qui, par sa partie postérieure, correspond avec la tuberculeuse inférieure.

Il résulte de ce qui précède que les moufettes et le midaus sont beaucoup moins carnassiers que les martes et les gloutons, à cause de l'épaississement de leurs dents tranchantes, et sont plus frugivores, à cause de l'élargissement de leurs dents tuberculeuses. La différence qui distingue les moufettes du midaus consiste entre autres dans la forme très-allongée de la tête de celui-ci, qui établit des rapports particuliers entre les sens, et dans son museau obtus terminé en forme de groin. Quant aux dents, elles sont les mêmes.

§ 7. *Des Loutres.* (LUTRA, CUV.)

Pl. 179, fig. II; 1, 2, 3, 4, 5.

Ces animaux se lient encore, sous le rapport de la dentition, d'une manière intime aux moufettes et au midaus, et par conséquent aux martes.

A la mâchoire supérieure, les incisives et les canines sont exactement ce que nous les avons vues chez les martes, les gloutons et les moufettes. Les fausses molaires sont au nombre de trois : la première est très-petite et rudimentaire; la seconde, un peu plus grande que la première, mais bien plus petite que la troisième, est, ainsi que cette dernière, régulièrement conformée comme toutes les fausses molaires normales. La carnassière est principalement remarquable par l'étendue et la forme que le tubercule interne a pris. Ce n'est plus même une pointe saillante reposant sur une base très-large, comme chez les moufettes : c'est une surface large, terminée du côté interne par une ligne circulaire, et bordée dans cette partie par une crête unie et saillante. La tuberculeuse a repris les dimensions et les formes de celle des martes : elle est de même plus étendue du côté externe au côté interne que d'avant en arrière, et les inégalités qui en hérissent la surface ne diffèrent en rien de ce que nous avons fait observer chez ces dernières.

A la mâchoire inférieure, les incisives et les canines n'ont rien qui les distingue du système de dentition des moufettes, et il en est de même des fausses molaires, toutes trois à deux racines, de la carnassière et de la tuberculeuse.

Des changemens que nous venons de faire remarquer, et qui se bornent à la forme du tubercule interne de la carnassière supérieure, il résulte que ce tubercule ne vient plus, dans les rapports des dents des deux mâchoires entre elles, remplir le vide que laissent entre eux les tubercules disposés en triangle de la carnassière inférieure. Chez les loutres, le premier de ces tubercules, celui qui est à la partie antérieure de la dent, est en opposition avec le centre creusé de la surface large, bordée d'une crête qui a remplacé chez ces animaux le tubercule que nous voyons encore chez les moufettes; les deux autres tubercules remplissent le vide qui reste entre la carnassière et la tuberculeuse opposée, et cette dernière présente presque toute sa couronne au talon postérieur de la carnassière d'en-bas. Il ne reste en opposition avec la tuberculeuse de cette dernière mâchoire que le bord postérieur de la dent analogue de la mâchoire d'en-haut.

On sait que les loutres sont des animaux qui se nourrissent principalement de poisson; on peut aussi les nourrir de chair; mais on les habitue sans peine à prendre des alimens végétaux. Il serait néanmoins assez difficile de déterminer si, par les dents, elles sont plus carnassières que les moufettes; car si elles paraissent avoir des carnassières qui s'éloignent un peu plus de celles des martes que les carnassières des moufettes, elles ont en revanche des tuberculeuses moins étendues que celles de ces derniers animaux.

§ 8. *Des Blaireaux.* (Meles, Cuv.)

Pl. 179, fig. III; 1, 2, 3, 4, 5.

Le système de dentition des blaireaux et celui des moufettes ont les plus grandes analogies, et ce n'est encore que par quelques modifications dans les carnassières et la tuberculeuse supérieure qu'ils se distinguent.

A la mâchoire supérieure, les incisives et les canines ne présentent rien que nous n'ayons dit en parlant des martes. Les fausses molaires, au nombre de deux, ont toutes les formes normales de cette sorte de dents. La carnassière, remarquable par sa petitesse, à cause de la diminution de sa partie postérieure qui en fait presque en apparence, extérieurement, une fausse molaire, a sa partie interne composée d'une base que garnissent trois petits tubercules séparés par un creux assez sensible. La tuberculeuse est démesurément grande et aussi large que longue; son bord externe est garni de trois tubercules; son bord interne d'une crête frangée, et son milieu d'une autre crête divisée en deux parties principales par une légère échancrure.

A la mâchoire inférieure, les incisives et les canines ne nous offrent rien de particulier à décrire. Les fausses molaires sont au nombre de quatre : la première est rudimentaire et à une seule racine; les trois autres ont les formes normales de ces sortes de dents. La carnassière a sa partie antérieure composée de trois tubercules, comme celles des moufettes et des loutres; mais sa partie postérieure, outre les deux tubercules dont nous avons parlé en décrivant cette partie chez les moufettes, a un talon qui se termine par une crête frangée. Enfin la tuberculeuse est toujours ce que nous l'avons vue à compter des putois, c'est-à-dire une dent assez petite, arrondie et divisée par quelques creux et quelques saillies irrégulières.

Le caractère principal de ces dents consiste, comme nous venons de le voir, dans la carnassière inférieure et dans la tuberculeuse supérieure; aussi les relations que ces deux dents ont entre elles sont des plus étendues. Les deux premiers tubercules de la carnassière inférieure sont en relation avec le bord postérieur de la carnassière opposée. C'est la partie carnassière de ce système de dentition. L'extrémité du premier de ces deux tubercules remplit le creux qui sépare les trois petits tubercules qui garnissent la base élargie de la face interne de la carnassière supérieure. Tout le reste de la carnassière inférieure se trouve en rapport avec les deux tiers de la tuberculeuse d'en-haut; le dernier tiers correspond avec la tuberculeuse d'en-bas. C'est la partie frugivore de l'appareil.

De ces dispositions on voit que le blaireau est un animal qui commence à devenir frugivore, et que ses facultés triturantes l'emportent de beaucoup sur les carnassières. En effet, on le nourrit sans peine de substances végétales.

§ 9. *Des Chiens*. (CANIS, L.)

Pl. 179, fig. V; 1, 2, 3, 4, 5.

Nous n'avons point interrompu la série des systèmes de dentition caractérisés par une seule molaire tuberculeuse à chaque mâchoire, parce qu'ils nous ont présenté d'une manière sensible la marche de la nature pour modifier graduellement les formes et changer les facultés, tout en conservant les caractères principaux des formes primitives. En effet, en plaçant les putois à la tête de cette série, nous sommes arrivés, par le développement successif de la tuberculeuse supérieure, de la partie interne de la carnassière qui la précède, et de la partie postérieure de la carnassière d'en-bas, nous sommes arrivés, dis-je, sans intervalle considérable, jusqu'aux blaireaux, en passant par les zorilles, les martes, les grisons, les gloutons, les moufettes et les loutres; c'est-à-dire, que d'animaux presque aussi carnassiers que les chats, nous sommes parvenus insensiblement à des animaux qui le sont presque aussi peu que les ours.

Il est arrivé de là que les chiens se trouvent fort loin du rang qu'ils doivent occuper comme animaux carnassiers, quoiqu'ils aient deux tuberculeuses supérieures et deux inférieures : car leurs carnassières ont tous les caractères de celles des martes ; et l'on a vu que la qualité de se nourrir de viande s'affaiblit, non-seulement à mesure que le nombre des tuberculeuses augmente, mais encore à mesure que les carnassières, en prenant de l'épaisseur, perdent de leur qualité tranchante. Ainsi les chiens, comme animaux carnivores, me paraissent se placer entre les gloutons et les moufettes, mais en se rapprochant beaucoup plus des premiers que des seconds. C'est ce que nous allons voir par les détails.

A la mâchoire supérieure, les incisives des chiens sont, quant au nombre, à la proportion et à la situation respective, les mêmes que celles des martes ; mais elles ont dans leurs formes des caractères qui leur sont propres : elles sont trilobées, c'est-à-dire qu'elles présentent un lobe moyen principal et deux autres plus petits sur ses côtés. Leur face interne n'est point partagée par un sillon transversal, mais elle est bordée d'une crête qui naît de chaque côté sur les bords des deux petits lobes et qui forme un angle plus ou moins aigu à la naissance de la racine. Les canines ressemblent encore à celles de la famille des martes, et il en est de même des fausses molaires; seulement un intervalle vide les sépare de la canine, et les deux dernières ont leur partie postérieure prolongée en un talon très-sensible, formé d'un lobe particulier séparé du lobe principal par une échancrure. La carnassière a tout-à-fait la forme que nous avons vue à la dent analogue des martes; elle est divisée en deux lobes dans sa partie principale : un antérieur, qui est plus grand, plus pointu, et un postérieur, qui est plus tranchant et plus obtus, et sa face interne ne présente antérieurement qu'un très-petit tubercule plus ou moins mousse ou arrondi suivant les espèces. La première tuberculeuse est très-grande, sa partie externe est plus large que sa partie interne, ce qui la distingue de celle de la famille des martes; sur sa face externe elle présente deux tubercules pointus, bordés extérieurement d'une crête. Dans son milieu on voit deux petites éminences qui semblent liées à la crête extérieure, et elles laissent entre elles et les tubercules de la face externe un creux large et profond; enfin sa face interne, qui est arrondie, se compose d'une crête qui en fait le contour et qui se termine postérieurement par une échancrure qui le sépare des éminences dont nous venons de parler; entre ces éminences et cette dernière crête se trouve un second creux très-marqué. La seconde tuberculeuse ressemble en tout point à celle que nous venons de décrire, si ce n'est qu'elle est de plus d'un tiers plus petite.

A la mâchoire inférieure, les incisives, semblables pour le nombre à celles des autres carnassiers, ne sont que *bilobées*, et le lobe le plus voisin de la canine est de moitié plus petit que l'autre. La canine ne diffère point de celle des martes. Après un intervalle vide viennent les fausses molaires au nombre de quatre; la première n'est que rudimentaire, et les trois autres, qui ont tous les caractères normaux de ces sortes de dents, ne diffèrent l'une de l'autre qu'en ce qu'elles augmentent un peu de grandeur de la première à la troisième, et en ce que leur partie postérieure se divise par deux dentelures.

La carnassière, par sa partie antérieure, rappelle celle des chats; son bord est tranchant et divisé dans son milieu par une échancrure en deux parties, mais l'antérieure est moins élevée que l'autre, et l'on trouve à sa base intérieurement, et un peu en arrière, le petit tubercule pointu dont nous avons déjà parlé en traitant des martes; sa partie postérieure est un talon qui se compose principalement de deux tubercules obtus, un au côté externe et l'autre au côté interne. La première tuberculeuse, plus longue que large et arrondie à ses deux extrémités, présente antérieurement et postérieurement deux tubercules, l'un du côté interne et l'autre du côté externe; ces deux paires de tubercules sont séparées par un creux assez profond; enfin la dernière tuberculeuse est très-petite, circulaire et composée de deux petits tubercules qu'environne, surtout intérieurement, une petite crête.

Les rapports de ces dents, quant aux incisives, aux canines, aux fausses molaires, sont ce que nous les avons vus précédemment. Le tubercule interne de la carnassière d'en-haut remplit le vide qui sépare la quatrième fausse molaire et la carnassière inférieure. La face externe de la partie antérieure de celle-ci se trouve en rapport avec la face interne de la partie postérieure de la dent opposée, et le talon de la première remplit par ses tubercules les vides de la tuberculeuse opposée, qui, par ses tubercules, remplit à son tour les vides du talon de la carnassière inférieure; la première paire de tubercules de la tuberculeuse inférieure remplit le vide qui se trouve entre les deux tuberculeuses supérieures, et la seconde paire de tubercules de cette même dent se trouve en opposition avec la seconde tuberculeuse supérieure. Quant à la seconde tuberculeuse inférieure, elle ne paraît être qu'une dent rudimentaire et sans fonction.

On sait que les chiens, quoique très-carnivores, mangent aussi des substances végétales; celles-ci font même la principale nourriture d'un grand nombre de races domestiques.

§ 10. *Des Civettes, Mangoustes, Genettes, Paradoxures* (*). (VIVERRA, CUV.)

Pl. 179, fig. IV et VI; 1, 2, 3, 4, 5.

Le système de dentition commun à ces quatre genres se caractérise surtout par le nombre des mâchelières tuberculeuses, qui est de deux à la mâchoire supérieure et d'un seulement à l'inférieure. Ces animaux par-là sembleraient devoir prendre place dans l'ordre des mammifères carnassiers avant les chiens, qui ont deux tuberculeuses à chaque mâchoire; mais les civettes, ayant leurs carnassières beaucoup moins tranchantes et beaucoup plus rapprochées de la forme des tuberculeuses que les chiens, sont réellement

(*) Nouveau genre que j'ai établi dans l'Hist. nat. des Mamm., dont j'ai parlé plus haut. C'est la *civette de Java* de Leschenault, la prétendue *genette de France*, Buffon, Supplém., tome III, pl. XLVII, le *Viverra musanga*, Horsfield, Zool. res. in Jav., n° I.

moins carnassières qu'eux, et par conséquent plus voisines des ratons et des ours, par lesquels nous terminons la série des carnassiers proprement dits.

A la mâchoire supérieure, nous trouvons les mêmes incisives et les mêmes canines que chez les martes, si ce n'est que celles des paradoxures sont un peu plus tranchantes à leur partie postérieure et plus déprimées à leur face interne; du reste, les incisives chez tous ont des formes simples et non point ces divisions formant des lobes que nous leur avons trouvées dans la plupart des chiens. Les fausses molaires sont au nombre de trois : la première qui est peu éloignée de la canine dans les civettes, les genettes et les mangoustes, et qui la touche dans le paradoxure, est à une seule racine, et rudimentaire ; les deux autres ont les formes propres à ces sortes de dents, et la seconde est un peu plus petite que la troisième et moins épaisse. La carnassière s'est fort élargie à sa partie postérieure par le développement du tubercule interne, ce qui donne à cette dent beaucoup de ressemblance avec les analogues des moufettes et des blaireaux, surtout chez les civettes, les genettes et les mangoustes; car les paradoxures ont de plus, tout autour du tubercule interne, une crête presque aussi élevée que lui, qui augmente encore d'une manière sensible l'épaisseur de cette dent. La première tuberculeuse présente deux tubercules pointus, mais peu saillans à son bord externe, dont le premier repose sur une base très-large; la face interne, bien plus étroite que l'autre, n'a qu'un tubercule plus saillant que les premiers, parce qu'il en est séparé par un creux profond. Cette description convient aux civettes, aux genettes et aux mangoustes, mais non pas au paradoxure, qui a la face interne de sa première tuberculeuse presque aussi large que la face externe, c'est-à-dire que le tubercule interne s'est transformé en une crête qui a la forme d'une portion de cercle.

La seconde tuberculeuse a, chez les mangoustes, la même forme que la première; elle prend de l'épaisseur à sa face interne chez les genettes, chez les civettes et chez les paradoxures, et elle a chez les uns et chez les autres des proportions relatives différentes: elle ne peut guère être considérée que comme rudimentaire chez les mangoustes; elle commence à être un peu plus grande chez les genettes et chez les paradoxures, où elle égale à peu près le quart de celle qui la précède; mais elle devient tout-à-fait importante chez les civettes, où elle n'est que d'un tiers moins grande que la première tuberculeuse. Ces différences résultent en grande partie du développement de la partie postérieure de l'os maxillaire.

A la mâchoire inférieure, on trouve les mêmes incisives et les mêmes canines que dans les systèmes de dentition précédens, et quatre fausses molaires : la première est en rudiment; les deux suivantes, à peu près de même grandeur, ont la forme qui est propre à leur espèce, mais la quatrième acquiert une épaisseur que nous n'avons point encore eu occasion de faire remarquer sur ces dents. Cette épaisseur vient surtout du développement, en un tubercule assez fort, du petit talon ou de la petite crête de la partie postérieure des fausses molaires; mais c'est principalement chez les paradoxures que cette épaisseur devient remarquable, car ce talon a pris des dimensions assez considérables et il s'est couvert de plusieurs petits tubercules.

La carnassière se compose en avant de trois pointes très-élevées qui forment entre elles un triangle, et en arrière d'un talon assez bas, sur le bord duquel se remarquent trois petites élévations. Enfin la dernière des dents de cette mâchoire qui est la tuberculeuse est petite, aussi large que longue, et formée de quatre tubercules à peu près également distans l'un de l'autre, et séparés du milieu de la dent par un creux sensible. Les mangoustes font cependant exception à ce que nous venons de dire en ce que leur tuberculeuse inférieure est plus grande d'avant en arrière que d'un côté à l'autre, et qu'elle présente principalement trois tubercules.

Quant aux relations que les dents de ces deux mâchoires ont entre elles, nous nous bornerons à faire observer que les trois tubercules de la partie antérieure de la carnassière d'en-bas remplissent le vide que laissent entre elles la carnassière et la première tuberculeuse supérieure, chez les civettes, les genettes et les mangoustes, où cette dernière dent est très-étroite à sa face interne; et que chez les paradoxures, où ce vide est beaucoup moindre, une partie de la première tuberculeuse supérieure et la crête interne de la carnassière sont en opposition avec trois tubercules antérieurs de la carnassière d'en-bas. Du reste, ces animaux ne présentent rien que nous n'ayons vu dans les systèmes de dentition précédens.

Nous voyons par ce qui précède que les civettes, les genettes et les mangoustes sont des animaux qui se nourriraient entièrement de substances végéto-animales, ce qui est en effet, et que le paradoxure s'éloigne encore plus qu'elles des animaux absolument carnassiers; aussi paraît-il que dans l'Inde, où se trouve cet animal, il se nourrit des fruits des palmiers, ce qui lui a valu dans ce pays la dénomination de marte des palmiers.

§ 11. *Du Suricate.* (RYZÆNA, Illiger.)

Pl. 177, fig. 14-18.

J'aurais pu parler des dents de cet animal en décrivant celles de la famille des civettes; cependant ses molaires inférieures présentent une telle anomalie que j'ai cru devoir en faire un article à part.

A la mâchoire supérieure, les incisives et

les canines offrent le nombre et les formes de celles des civettes. Il n'y a que deux fausses molaires, toutes deux avec les formes normales et la première un peu plus petite que la seconde. La carnassière ne diffère point de celle des mangoustes, et il en est de même de la seule tuberculeuse qui se trouve à la tête que j'ai entre les mains, et qui serait une première si les secondes ne manquaient pas; car il me paraît certain qu'elles ont existé, quoiqu'il n'en reste plus de traces.

A la mâchoire inférieure, je n'ai rien de particulier à faire remarquer sur les incisives, les canines et les deux fausses molaires normales; mais la troisième fausse molaire, la carnassière et la tuberculeuse ont cela de remarquable qu'elles ont évidemment été faites sur le même plan, quoiqu'elles présentent quelques différences. La fausse molaire est telle que nous l'avons trouvée chez le paradoxure; une pointe principale en avant et un talon divisé en plus petits tubercules. La carnassière, antérieurement, a un premier tubercule gros, divisé en trois petits mamelons, un tubercule moyen, le plus petit de tous, et deux autres ensuite, un à la face externe et l'autre à la face interne de la dent; en arrière cette dent est terminée par un talon divisé en trois ou quatre petits tubercules. Enfin la tuberculeuse a la plus grande ressemblance avec la carnassière pour les formes et les dimensions ; seulement son tubercule antérieur n'est divisé qu'en deux mamelons.

Avec une grande attention on retrouve bien à ces dents les formes que nous avons remarquées sur celles qui leur sont analogues chez les civettes ; mais les modifications qu'elles ont éprouvées ne peuvent manquer d'être en rapport avec des changemens analogues dans les goûts, les penchans, les besoins des animaux : aussi les suricates, carnassiers très-peu connus, présentent-ils une physionomie qui ne peut être confondue avec celle d'aucun autre mammifère.

§ 12. *Des Ratons* (Procyon, Storr.) *et des Coatis* (Nasua, *id.*)

Pl. 179, fig. VII; 1, 2, 3, 4, 5.

Au premier coup d'œil on ne peut plus apercevoir d'analogie entre le système des dents molaires de ces animaux et celui que nous avons pris pour type et pour point de comparaison ; autant ces dents, chez tous les chats, sont minces et tranchantes, autant celles des ratons et des coatis sont épaisses et tuberculeuses. Cependant, en y regardant attentivement et en suivant les dégradations successives ou plutôt les changemens que ces dents ont éprouvés, dans les genres dont nous avons parlé après les chats, nous retrouvons dans celles que nous allons décrire tous les caractères fondamentaux des premières, et l'intervalle qui sépare le paradoxure des ratons n'est guère plus grand que celui qui sépare ce premier animal des civettes ou des mangoustes.

A la mâchoire supérieure, nous trouvons des incisives qui, pour le nombre, la forme et les rapports, ne diffèrent point de celles des civettes ; une canine plus mince et plus tranchante que celle des chiens et assez ressemblante à celle des paradoxures ; trois fausses molaires, la première, qui touche la canine, petite et rudimentaire ; la seconde normale, mais plus petite et plus mince que la troisième, remarquable par l'épaisseur de sa base et le rudiment de tubercule qu'on y remarque.

La carnassière, vue à sa face extérieure, présente encore les trois divisions caractéristiques, sous cet aspect, de toutes les carnassières supérieures; mais le tubercule interne antérieur, que nous n'avions vu qu'en rudiment dans les chats, et qui, dans les civettes, avait pris une assez grande étendue, prend dans les ratons et les coatis un développement considérable, et un second tubercule naît derrière celui-ci au bord postérieur de la dent, ce qui la transforme en une véritable dent tuberculeuse. La tuberculeuse qui vient après la carnassière présente encore comme celle-ci à sa face externe les deux divisions ou les deux tubercules que nous avons remarqués dans la dent analogue des chiens et des civettes; mais, comme la carnassière aussi, elle s'est épaissie et présente dans son intérieur, après les deux tubercules externes, trois autres tubercules placés sur la même ligne et séparés des premiers par une dépression profonde; enfin un quatrième tubercule se montre sur le bord interne de la dent à sa partie postérieure, de telle sorte qu'il semble n'être qu'une division du troisième tubercule interne. La dernière tuberculeuse supérieure, d'un tiers plus petite que la précédente et beaucoup plus étroite à son côté interne qu'à son côté externe, semble présenter le même nombre de tubercules, mais ceux du milieu de la couronne, au lieu d'être sur une même ligne, se sont placés en triangle à cause du rétrécissement de la partie qu'ils occupent.

A la mâchoire inférieure, les changemens ont été moins sensibles qu'à la supérieure. Les incisives et les canines rappellent tout-à-fait celles des civettes, sinon qu'elles sont proportionnellement plus grandes, les os maxillaires leur offrant plus d'espace pour se développer. Les fausses molaires sont au nombre de quatre : la première, placée à la base de la canine, est rudimentaire; les trois autres vont en grandissant de la première à la dernière qui s'épaissit et s'étend à sa partie postérieure, comme la dent analogue du paradoxure. La carnassière est entièrement semblable à celle de ce dernier animal; sa partie antérieure est composée de trois tubercules principaux disposés en triangle; une petite pointe se montre à la base du premier tubercule, comme en étant une division, et sa partie postérieure se compose de deux pointes épaisses et mousses. La tuberculeuse, presque aussi grande que la carnassière, semble n'être que celle-ci renversée : antérieurement elle présente deux tubercules, un à son bord externe et l'autre à son bord interne, et postérieurement trois tubercules disposés en triangle.

Les rapports de ces dents consistent en ce que les tubercules des unes s'engrènent dans les intervalles que laissent entre eux les tubercules des autres.

Ce système de dentition annonce des animaux presque entièrement frugivores, et en effet les ratons et les coatis peuvent être tout-à-fait nourris de substances végétales, de pain, de racines, de fruits.

§ 13. *Des Ours.*

Pl. 179, fig. VIII; 1, 2, 3, 4, 5.

Nous voici arrivés au dernier point de modification connu du système de dentition des carnassiers en général. Nous ne pourrions même plus rattacher les ours à la famille des chiens ou des civettes que par les incisives et les canines, sans l'intermédiaire des ratons à l'aide desquels nous retrouvons encore dans ces animaux, presque exclusivement frugivores, les traces des molaires des animaux les plus carnassiers.

A la mâchoire supérieure, le nombre des incisives et celui des canines est le même que dans les genres précédens. Les deux premières incisives, d'égale grandeur, ont du rapport avec les analogues des chiens, mais le lobe moyen efface presque entièrement par sa grandeur les lobes latéraux, l'un et l'autre très-petits; elles sont divisées en deux parties par un sillon transversal, et la partie interne, bien moins saillante que la partie opposée, est divisée elle-même en deux lobes par une dépression qui est perpendiculaire au sillon transversal; la troisième incisive est divisée en deux parties par un sillon oblique, et sa forme crochue la rapproche un peu de la canine; celle-ci vient ensuite et après un petit intervalle vide. Elle est conique, un peu crochue et garnie longitudinalement en avant et en arrière d'une côte tranchante. Immédiatement à la base de la canine est une fausse molaire en rudiment, puis, après un vide assez grand, on en trouve une seconde à la base de la carnassière, très-peu développée, mais quelquefois à deux racines. Cette carnassière est réduite aux plus petites dimensions; extérieurement on y reconnaît le tubercule moyen qui lui est propre dans les genres précédens et le tubercule postérieur, mais le lobe antérieur est presque effacé; à son côté interne se trouve postérieurement un tubercule plus petit que les précédens qui l'épaissit. Cette position particulière du tubercule interne que nous avons toujours vu jusqu'à présent à la partie antérieure des carnassières supérieures, tandis que c'est à commencer par leur partie opposée que les fausses molaires deviennent tuberculeuses, me ferait pencher à regarder cette dent, que je viens de décrire chez les ours pour une carnassière, comme étant seulement une fausse molaire; mais alors la carnassière supérieure aurait entièrement disparu, et la seule fausse molaire normale qui existerait remplirait les fonctions de carnassière.

La dent suivante présente à son bord externe les deux tubercules principaux des premières tuberculeuses; à son côté interne sont deux tubercules parallèles aux deux premiers, mais séparés l'un de l'autre par un tubercule plus petit. Cette dent est à peu près du double plus longue que large.

La dernière molaire, d'un tiers plus grande que la précédente, mais dont les proportions sont les mêmes, quant aux rapports de la longueur à la largeur, présente sur son bord externe, à sa partie antérieure, deux tubercules qui ont l'apparence de leurs analogues dans la dent précédente, mais qui sont un peu plus petits. Au bord intérieur de cette même partie est une crête divisée en trois par deux petites échancrures. La partie postérieure est un talon qui fait à peu près un tiers de l'étendue de la dent, laquelle est bordée d'une crête divisée irrégulièrement par trois principales échancrures, et tout l'intérieur de la couronne est couvert de petits sillons, de petites aspérités qui sont propres aux ours.

A la mâchoire inférieure, le nombre des incisives et des canines est celui des genres précédens. Les incisives sont bilobées comme celles des chiens, et les canines garnies de côtes semblables à celles de la mâchoire opposée. Les fausses molaires sont au nombre de deux ou de trois, et même quelquefois de quatre; les premières sont à la base des canines, les autres en sont séparées par un intervalle vide et se trouvent rapprochées des molaires proprement dites.

La première est plus grande que la seconde et se conserve dans l'animal adulte; la seconde extrêmement petite tombe avec l'âge, et sous ces différens rapports la troisième lui ressemble; la quatrième seule a la forme normale.

Après elle vient une dent étroite comparativement à sa longueur, mais non tranchante. On y remarque antérieurement un tubercule, puis un autre à sa face externe et deux plus petits à sa face interne, vis-à-vis du précédent. Ces quatre tubercules forment à peu près la moitié de la dent; après eux vient une profonde échancrure, et la dent se termine en arrière par une paire de tubercules. La mâchelière suivante, qui est la plus grosse des dents de cette mâchoire, est fort irrégulière quant à la distribution de ses saillies et de ses creux, de ses tubercules et des vides ou des dépressions qui les séparent. On y distingue cependant deux tubercules principaux à sa moitié antérieure, l'un à la face interne, l'autre à la face externe, qui sont réunis par une crête transversale; mais ces tubercules sont subdivisés, l'interne surtout, par de petites échancrures qui le partagent en deux ou trois autres. On pourrait dire de même de la partie postérieure, et cependant la figure seule peut en donner une idée nette, car cette partie est encore plus irrégulière que l'autre. La dernière dent, encore moins susceptible d'être décrite que la précédente pour les détails, est plus petite qu'elle, a une forme elliptique, est bordée dans son pourtour d'une crête irrégulièrement dentelée et garnie dans son intérieur de rugosités plus irrégulières encore.

Toutes ces dents sont opposées couronne à couronne, excepté la première molaire inférieure, dont le bord externe de la partie antérieure est en rapport avec le bord interne de la carnassière supérieure, seules dents qui chez ces animaux sont propres à couper de la viande, encore ne peuvent-elles le faire qu'imparfaitement.

En effet les ours ont beaucoup de peine à déchirer la viande; ils ne le font qu'avec leurs incisives, et leurs molaires ne leur servent qu'à la mastication des fruits ou des racines qui font leur principale nourriture. Aussi est-ce sans raison qu'on a fait certains ours plus carnivores que d'autres; on aura pris la férocité pour la disposition à se nourrir de chair, et cette erreur aura occasioné l'autre.

Après avoir donné la description du système de dentition des carnassiers, nous donnerons celle du système de dentition des insectivores, mais d'une manière sommaire seulement; et nous nous attacherons à montrer les rapports qui existent entre l'un et l'autre : car nous y retrouverons encore les traces de l'unité de plan que paraît avoir suivie la nature dans toutes les parties de l'organisation animale.

§ 14. *Des Insectivores.*

Pl. 180.

L'ordre des insectivores, considéré sous le rapport des dents, forme une division tout aussi naturelle que celle dont nous venons de parler, division qui tient intimement d'une part aux quadrumanes et de l'autre aux carnassiers; mais alors elle ne renferme pas seulement les animaux qui y ont été rapportés jusqu'à ce jour, c'est-à-dire les galéopithèques, les chauves-souris, les desmans, les musaraignes, les scalopes, les condylures, les taupes, les chrysochlores, les cladobates (1), les tenrecs et les hérissons (je ne parle pas des roussettes, qui ne se rattachent point aux omnivores par leurs dents); il faut encore n'en point séparer les didelphes carnassiers, je veux dire les sarigues, les dasyures et les péramèles, qui se rattachent aux insectivores par des caractères aussi nombreux et aussi importans que ceux qui ont porté à les réunir aux autres marsupiaux. En effet, lorsque l'on embrasse d'une manière générale le système de dentition de ces divers animaux, on ne peut méconnaître ni les rapports qui unissent entre eux les genres qu'ils forment, ni ceux qui les rattachent aux deux ordres entre lesquels ils sont aujourd'hui placés dans

(1) Genre établi par M. Diard d'après plusieurs espèces qu'il avait découvertes à Java, et dont deux se trouvent déjà publiées dans mon Histoire naturelle des Mammifères. Le *Tupaya javanica* et le *Tupaya tana* (Horsfield, Zool. res: in jav., n° III) en font partie.

les méthodes naturelles : on les voit tous d'une part présenter le même système de dentition, et de l'autre n'offrir, dans la forme de leurs molaires, qu'une modification de celles des tarsiers, et de la tuberculeuse des civettes et des paradoxures. Cependant ces genres eux-mêmes ne sont pas tellement unis, leurs modifications caractéristiques ne se sont pas faites suivant une progression tellement régulière, qu'ils ne forment naturellement quelques groupes bien distincts les uns des autres.

Ainsi on ne peut méconnaître qu'il existe une plus grande analogie entre les desmans, les scalopes, les condylures, les cladobates, les musaraignes, les taupes et les chauves-souris, qu'avec les tenrecs, les pérameles, les sarigues et les dasyures, et les uns comme les autres se distinguent des galéopithèques, des chrysochlores et des hérissons, qui forment encore trois types particuliers dans le système général auquel tous appartiennent.

Mais si les insectivores forment un groupe naturel et si ce groupe peut aisément se subdiviser, ses subdivisions ne répondent plus, comme dans l'ordre des carnassiers proprement dits, aux modifications d'une qualité fondamentale et prépondérante, d'après lesquelles leurs rapports naturels pouvaient s'établir. En effet, chez les carnassiers nous avons pu déduire assez rigoureusement, de l'examen des formes des mâchelières, la disposition plus ou moins forte de ces animaux à se nourrir de chair, le plus ou moins de développement de leur faculté carnassière, et descendre graduellement, même en faisant abstraction de tous leurs autres systèmes d'organes, des plus sanguinaires de tous, des chats, aux coatis et aux ours qui le sont le moins.

Chez les insectivores, les modifications des mâchelières sont légères et peu susceptibles d'une influence appréciable; formées sur le même modèle, toutes se composent généralement d'un nombre à peu près fixe de pointes, situées entre elles dans des rapports constans, et qui, dans l'action des mâchoires, s'engrènent les unes dans les autres. Il résulte de là que ces mammifères ne se distinguent plus par une disposition plus ou moins grande à se nourrir de telles ou de telles substances, mais seulement par les moyens qu'ils ont reçus de les apercevoir, de les atteindre, de les saisir et de s'en rendre maîtres. Ils ne peuvent donc pas être considérés, dans les méthodes naturelles, comme un ordre du même rang que l'ordre des carnassiers, et leurs divisions ne sont plus comparables qu'à ce que sont, par rapport aux différens groupes génériques de ces derniers, les groupes secondaires qu'y établissent les différences des organes des sens, du mouvement, de la génération, etc., etc.

Toutefois nous avons remarqué chez les carnassiers une grande uniformité d'organisation dans les incisives, les canines et même les fausses molaires; les variations que ces dents nous ont présentées sont peu importantes et ne permettent point de leur supposer une influence efficace sur le naturel des animaux. Chez les omnivores, au contraire, ces diverses dents présentent les anomalies les plus étranges, et c'est sur elles seules que pourraient s'établir les caractères de ces animaux considérés dans leurs rapports avec les substances dont ils se nourrissent. Dans certaines espèces, les incisives prennent un développement considérable et des formes tout-à-fait singulières; dans d'autres, elles disparaissent entièrement. Chez ceux-ci les canines sont fortes et crochues, comme celles des carnassiers; chez ceux-là elles se sont transformées en fausses molaires ou sont réduites à des dimensions tout-à-fait rudimentaires; enfin on voit des incisives et des fausses molaires prendre les formes des canines et en remplir les fonctions, de sorte qu'il est souvent difficile de caractériser ces sortes de dents. Leurs noms même deviennent inexacts et demanderaient un changement, si, par le long usage qu'on en a fait, par l'association qui s'est établie entre les idées, ils n'indiquaient la place et les rapports de ces dents, tout aussi exactement que leurs fonctions et leurs formes. Pour apprécier les motifs ou les effets de ces différences, il faudrait connaître le naturel et les mœurs des insectivores avec plus de détails qu'on ne le fait. C'est une lacune dans l'histoire naturelle de ces animaux qui se remplira sans doute. Alors seulement il sera possible d'employer ces modifications d'une manière rationnelle comme caractère distinctif. Jusque-là ils ne pourront guère être employés à cet effet qu'empiriquement.

Ce sont ces diverses considérations qui nous déterminent à ne point nous étendre avec autant de détail sur le système de dentition des omnivores que nous l'avons fait sur celui des carnassiers ; nous nous bornerons donc, après avoir décrit ce qui est commun à tous, à faire connaître ce qui est particulier à chacun.

Des mâchelières supérieures (1).

Nous en comptons trois dans les desmans, les scalopes, les condylures, les cladobates, les musaraignes, les taupes et les chauves-souris ; quatre dans les tenrecs, les péramèles, les sarigues et les dasyures. Nous en comptons également quatre dans le hérisson et quatre dans le galéopithèque, mais nous en trouvons six dans la chrysochlore ; ces dents, comme nous l'avons déjà dit, ont toutes la même forme ; les pointes dont leur couronne

(1) J'entends par cette dénomination les dents qui sont au fond des mâchoires, et je commence à les compter de la première, après les fausses molaires qui présentent les caractères normaux de cette dernière espèce de dent.

se hérisse, les creux et les saillies qui la divisent, sont disposés entre eux de manière à faire généralement voir, sur le côté externe de chaque dent, deux prismes terminés par trois pointes sur les angles du triangle que leur coupe présente. Ces deux prismes, placés parallèlement l'un à l'autre, sont posés sur une base qui varie un peu de forme et s'étend plus ou moins du côté interne de la dent. Dans les genres qui ont quatre mâchelières c'est la première, constamment un peu plus petite que les deux suivantes, lesquelles se ressemblent, qui paraît s'être développée pour former ce nombre, en quelque sorte anomal, car dans les genres à trois mâchelières, la première et la seconde sont de même grandeur, c'est-à-dire semblables à la deuxième et à la troisième du groupe précédent; elles surpassent toujours sous ce rapport la troisième, qui, pour eux, est la dernière. Cette dernière dent est aussi plus petite que les deux qui la précèdent, dans les tenrecs, les péramèles, les sarigues et les dasyures. Il en est de même pour les chrysochlores et les hérissons, mais non pas pour les galéopithèques; chez ceux-ci, cette dent est une des plus grandes.

Quant aux détails des formes, nous ferons

remarquer que les prismes conservent toute la pureté de leur caractère dans les galéopithèques, les desmans, les scalopes, les condylures, les taupes, les musaraignes, les cladobates, les chauves-souris et les péramèles ; que ce caractère s'affaiblit un peu dans les tenrecs, les chrysochlores, les dasyures et les sarigues, et qu'il commence à s'effacer dans les hérissons. Tous ceux de ces animaux qui ont la dernière mâchelière plus petite que celles qui la précèdent, ont cette dent tronquée à son bord externe et postérieur à cause du rétrécissement subit de la mâchoire, ce qui n'y laisse qu'en rudiment le prisme postérieur dans les desmans, les scalopes, les condylures, les cladobates, les taupes, les musaraignes, les péramèles et même les dasyures et les sarigues ; mais la troncature devient plus considérable dans les chauves-souris, les tenrecs et surtout dans les hérissons et les chrysochlores : car dans ces deux derniers genres cette dent ne présente plus qu'une lame assez mince.

La partie qui s'étend du côté interne des mâchoires se termine, dans le desman, le condylure et la taupe, par trois pointes, une au milieu, plus grande et plus éloignée du bord externe que les deux autres, et cette base enchâsse à peu près uniformément les prismes, mais en se portant un peu en avant. Dans les scalopes et les cladobates, cette base consiste en une pointe qui s'est développée au pied du prisme antérieur; dans le cladobate, où cette pointe s'est épaissie, une seconde pointe très-petite se voit à la base postérieure de la première. Dans les musaraignes et les chauves-souris, on trouve la pointe antérieure que nous avons fait remarquer dans le scalope et de plus une portion aplatie à la base du prisme postérieur.

Dans les tenrecs, cette partie se termine intérieurement en un angle très-aigu. Les péramèles ne diffèrent des desmans que parce que dans ceux-ci la base des prismes est circonscrite uniformément dans une portion de cercle, tandis que dans les premiers cette portion de cercle se porte plus en avant qu'en arrière. Dans les dasyures et les sarigues cette base forme à peu près un angle droit, mais en se rapprochant plus du prisme antérieur que du postérieur.

Enfin dans les galéopithèques cette partie interne des mâchelières se termine aussi en un angle; mais on voit à la base du sommet de chaque prisme une petite pointe très-aiguë et très-détachée, qui fait un caractère exclusif pour ces animaux.

En envisageant d'une manière générale et abstraite les formes de ces mâchelières, on y retrouve sans trop d'efforts, comme nous l'avons dit plus haut, celles qui caractérisent les dents tuberculeuses des mangoustes ou des paradoxures avec quelques légers développemens de plus : car pour transformer ces dernières dents en mâchelières de cladobates ou de dasyures, par exemple, il suffirait d'un peu coucher en dedans leurs deux tubercules externes; alors ces dents ne se distingueraient plus l'une de l'autre. Or, lorsque des organes de même nature se rapprochent si intimement, il est bien difficile de ne pas penser qu'ils dérivent l'un et l'autre d'un type commun, et que nous retrouvons encore là une preuve de cette simplicité de vue qui semble avoir présidé à toute l'organisation.

Ces détails ne suffiraient point à beaucoup près pour qu'on pût se représenter les formes compliquées de cette espèce de dent; les figures même n'en donnent qu'une idée grossière; mais on pourra facilement suppléer aux imperfections du langage et du dessin en se procurant un des animaux les plus communs de cet ordre dans le pays où l'on se trouve, une chauve-souris, par exemple.

Des mâchelières inférieures.

Nous trouvons le même nombre de mâchelières à la mâchoire inférieure qu'à la supérieure, et elles se composent généralement, mais sans la base intérieure, des deux prismes que nous avons fait remarquer sur les dents de cette dernière mâchoire. Cela est évident pour les desmans, les scalopes, les condylures, les musaraignes, les taupes, les chauves-souris, les péramèles et les hérissons; mais la ressemblance est un peu moins évidente pour les chrysochlores, les tenreçs, les cladobates, les dasyures, les sarigues et les galéopithèques; cependant les différences ne sont pas telles que nous ne puissions encore y retrouver les traces de ces prismes caractéristiques. Ces différences consistent en effet en ce que le prisme postérieur s'est moins développé que l'antérieur; mais il est encore manifeste dans les dasyures, les sarigues et les cladobates; il est réduit à un petit talon dans le tenrec, et n'est effacé tout-à-fait que dans la chrysochlore; mais si les trois premiers de ces animaux n'ont pas les formes normales de l'ordre à leurs mâchelières inférieures, ils nous montrent du moins le passage de ces dents à celles des carnassiers : elles ne sont en effet que les carnassières inférieures des mangoustes, des paradoxures, etc. Ces dents comparées l'une à l'autre présentent les mêmes formes, les mêmes parties : antérieurement trois pointes disposées en triangle et un talon divisé en deux ou trois pointes plus petites que les premières; la ressemblance est entière, et l'analogie plus complète encore que celle que nous avons trouvée entre les mâchelières supérieures et les tuberculeuses des mêmes carnassiers.

Les galéopithèques présentent une anomalie plus grande; leurs mâchelières inférieures se composent de deux pointes parallèles antérieurement et de deux semblables postérieurement, avec une partie anguleuse et pointue à leur bord externe, comme celle que nous avons remarquée au côté interne des molaires supérieures des dasyures, par exemple.

Il nous reste maintenant à jeter un coup d'œil sur les incisives, les canines et les fausses molaires.

Des incisives supérieures.

Pour la forme elles sont à peu près à l'état normal dans les sarigues, les dasyures, les taupes. Les premiers en ont dix (1), dont la première crochue et plus longue que les autres, qui sont tranchantes; les seconds n'en ont que huit, toutes tranchantes; et les derniers en ont six, également toutes tranchantes. Les péramèles en ont d'abord huit à peu près tranchantes, puis de chaque côté, à quelque distance de celles-ci, une cinquième crochue, ce qui élève leur nombre à dix. Les hérissons en ont six; les deux moyennes très-fortes et un peu crochues. Le desman en a deux très-grandes, triangulaires et pointues, et il en est à peu près de même des condylures; les scalopes, deux très-grandes aussi, mais arrondies

(1) Je donne le nombre total des incisives.

en avant, plates en arrière et tranchantes; la chrysochlore, deux également assez semblables à celles des scalopes, mais plus pointues; le cladobate, quatre, petites et pointues; la musaraigne, deux fortes, pointues et crochues, avec une pointe comprimée à leur base en arrière; dans les chauves-souris elles varient considérablement pour le nombre, et sont presque toutes à l'état rudimentaire. Les tenrecs en ont six, toutes crochues et comprimées, avec une petite dentelure en arrière; enfin les galéopithèques, deux dentelées et très-écartées l'une de l'autre.

Des incisives inférieures.

Les sarigues en ont huit, les dasyures six, les taupes huit, et elles sont les unes et les autres à peu près à l'état normal; les scalopes, ainsi que les chrysochlores, en ont quatre, les moyennes très-petites, les externes plus grandes et crochues; le cladobate en a six, étroites, cylindriques, couchées en avant, les quatre moyennes très-longues; le condylure, quatre elliptiques, plates et couchées en avant; la musaraigne, deux très-grandes, crochues et couchées en avant; chez les chauves-souris ces incisives, comme les supérieures, varient beaucoup pour le nombre et sont fort souvent à l'état rudimentaire; les tenrecs et les péramèles en ont six petites; dans les premiers les deux dernières sont lobées, c'est la dernière seulement qui l'est dans les seconds; les hérissons en ont deux fortes obtuses, couchées en avant et à peu près semblables à celles de la mâchoire opposée; enfin les galéopithèques en ont six, divisées comme des peignes, premier et seul exemple qu'on ait de semblables dents.

Des canines supérieures.

En admettant pour canines des dents à une seule racine, implantées dans l'os maxillaire. entre les incisives et les fausses molaires, et qui se distinguent des dernières par leur allongement et leur forme arrondie et crochue, nous trouverons que les desmans, les scalopes, les cladobates, les musaraignes, les chrysochlores, les hérissons et les galéopithèques en sont tout-à-fait privés; mais que les condylures, les taupes, les chauves-souris, les tenrecs, les péramèles, les sarigues et les dasyures en sont pourvus, et nous rappellerons que celle des taupes a deux racines, ce qui montre qu'elle n'est qu'une fausse molaire qui a pris la forme de canine.

Des canines inférieures.

En n'admettant dans la mâchoire inférieure pour canines que des dents à une seule racine, longues et crochues, placées entre les incisives et les fausses molaires, et qui passent en avant des canines supérieures, nous en trouvons dans les chauves-souris, les tenrecs, les péramèles, les sarigues et les dasyures; nous n'en trouvons point dans les scalopes, les condylures, les cladobates, les chrysochlores, les taupes, les musaraignes, les hérissons et les galéopithèques.

Des fausses molaires supérieures.

Les fausses molaires situées entre les canines ou les incisives et la première molaire, c'est-à-dire celle qui commence à réunir le complément des caractères de cette espèce de dent, dans le système de dentition où elle se trouve, sont au nombre de sept dans le desman, de cinq dans le scalope et le condylure, de quatre dans le cladobate, dans la musaraigne et dans la taupe. Ce nombre est, comme celui des incisives, extrêmement variable dans les chauves-souris. Les tenrecs en ont deux; les péramèles, trois; les sarigues, deux ou trois; le dasyure, deux; la chrysochlore, quatre; le hérisson, cinq, et le galéopithèque, trois. Chez tous, les deux dernières, ou au moins la dernière, sont à l'état normal; les autres sont de petites pointes, de petits rudimens qui durant la vie de l'animal restent cachés dans les gencives.

Des fausses molaires inférieures.

Nous en trouvons cinq dans le condylure, quatre dans le cladobate et la taupe; trois dans le scalope, le péramèle, le sarigue, le dasyure, la chrysochlore et le hérisson, et deux seulement dans la musaraigne, le tenrec et le galéopithèque; et nous devons faire remarquer, comme pour la mâchoire supérieure, que les premières de ces dents sont ordinairement rudimentaires et que les dernières seules sont normales, et ces dents normales tiennent toujours plus ou moins des formes des vraies molaires et n'en sont que des développemens imparfaits; tandis que les premières tiennent davantage de la forme des incisives ou des canines.

Nous terminerons ici ce que nous nous proposions de dire sur les dents des insectivores; nous n'avons dû en parler que d'une manière sommaire; nous entrerons dans de plus grands détails dans le travail spécial que nous publions sur les dents des mammifères, considérées comme caractères zoologiques; en attendant on peut prendre des idées assez nettes des dents de la plupart de ces genres, en consultant la pl. 180.

ARTICLE III.

Ostéologie de la tête dans les carnassiers.

La tête du CHIEN, pl. 177, fig. 19, 20, 21 et 22 (1), peut nous servir de type pour les carnassiers en général, et spécialement pour les carnivores, qui sont proprement les animaux dont nous nous occupons dans ce chapitre.

Le museau du chien représente un demi-cône dont le sommet serait tronqué obliquement par l'ouverture des narines.

La face supérieure se prolonge en s'élevant et en se bombant pour former le front, qui est large entre les orbites, et s'élargit encore plus pour former l'apophyse post-orbitaire du frontal, *a*.

(1) N. B. Parmi les différentes espèces du genre, on a préféré de représenter la tête du chacal, qui a moins souvent été gravée.

Au-dessous de l'orbite la face latérale du museau produit l'arcade zygomatique arquée en-dessus et en-dehors, et qui produit aussi une apophyse post-orbitaire, *b*.

Le crâne est presque en portion de cylindre, plus comprimé derrière et sous les apophyses post-orbitaires du frontal, plus bombé sur les côtés en arrière.

La fosse temporale couvre tout le côté du crâne. La crête qui la limite part de l'apophyse post-orbitaire du frontal, *a*, fait avec sa correspondante un angle aigu qui se continue en une crête sagittale jusqu'au point de rencontre avec la crête occipitale, *bb*.

Celle-ci forme un angle aigu vers le haut. La face qu'elle limite est inclinée ou retombante en arrière. La crête se termine de chaque côté en arrière du trou auriculaire, sous lequel est une caisse vésiculaire bombée, *c*, et derrière cette caisse une apophyse mastoïde comprimée et crochue, *d*.

En-dessous le crâne montre en avant des deux caisses les deux facettes glénoïdes fort étendues en travers, *f*, ce qui écarte beaucoup les arcades zygomatiques.

Près de la caisse est l'apophyse descendante, *g*, qui arrête la mâchoire inférieure en arrière.

Le palais est un long triangle isocèle plus large entre les antépénultièmes molaires ou carnassières, *h*, *h*, et dont le bord postérieur est précisément entre les dernières ou deuxièmes tuberculeuses, *i*, *i*.

Les crêtes ptérygoïdes, *k*, *k*, interceptent un intervalle moitié plus étroit que le palais et des deux tiers plus court. Elles sont simples, hautes et un peu crochues à leur extrémité, et ne s'étendent point jusqu'à la caisse.

La région basilaire, A, est fort plane en-dessous.

Dans le chien naissant les mâchoires sont renflées, à cause des germes de dents qu'elles contiennent; les bosses frontales sont peu saillantes, parce que les sinus qui les doivent remplir ne sont pas développés; l'apophyse post-orbitaire du frontal n'est point marquée, et il n'y a nulle crête temporale, ni occipitale, ni sagittale, en sorte que tout le crâne est arrondi.

Ces crêtes commencent à se montrer et à se rapprocher de plus en plus à mesure que l'animal fait usage de ses muscles crotaphites.

Elles se marquent et s'aiguisent d'autant plus que le chien est plus fort et qu'il est livré à un régime plus carnassier.

Les petits chiens d'appartement conservent souvent toujours la rondeur de leur crâne.

Les vieux mâtins, les vieux dogues, prennent au contraire une épine occipitale très-aiguë.

La coupe diffère beaucoup selon les âges et selon les variétés.

En général, le plancher est uni; la selle presque point élevée, son rebord postérieur est étroit, l'antérieur peu saillant; il n'y a pas de sinus sphénoïdal.

La tente du cervelet est osseuse et sa partie moyenne très-saillante en-dedans. La crête du rocher est aiguë, le sinus en est profond.

La courbe de la cavité cérébrale, assez plane en-dessus, s'abaisse en avant pour venir à la grande lame cribleuse qui au total est presque verticale; la direction du trou occipital est aussi à peu près en ligne directe.

L'aire de la coupe de la face, si l'on n'y comprend pas les sinus frontaux, est à peu près égale à celle du crâne.

Mais les sinus frontaux sont énormes dans certains chiens, tels que le mâtin et surtout le dogue. Ce sont eux qui remplissent le devant du crâne et les apophyses post-orbitaires du frontal et qui établissent les plus grandes différences entre les diverses variétés de chiens.

Cette tête est divisée par des sutures comme il suit :

Les deux nasaux, B, B, bien distincts, remontent jusque entre le milieu des orbites, où ils échancrent les frontaux, C, C, par une pointe aiguë.

Les inter-maxillaires, D, D, prennent à peu près au milieu de la longueur des nasaux. Leur suture marche presque parallèle au bord des narines, passe en avant de la canine et traverse le palais vis-à-vis de son milieu ; elle arrive aussi au milieu des deux trous incisifs ; mais l'apophyse interne de l'inter-maxillaire se porte plus en arrière que l'externe, en sorte que la suture est là à l'extrémité postérieure du trou.

La suture fronto-maxillaire commence au côté de la pointe des nasaux, va en demi-cercle jusque vers le tiers antérieur du bord de l'orbite, où elle rencontre le lacrymal, E, E, qui est presque entièrement dans l'orbite.

La face malaire du maxillaire, F, F, n'est pas saillante, en sorte que l'apophyse zygomatique commence avec le jugal, G, G.

En-dessous le palatin, H, H, s'étend paraboliquement dans le palais sur un peu plus du tiers de sa longueur, et arrive jusque vis-à-vis de l'antépénultième molaire.

Ce palatin prend moitié de la crête ptérygoïde et occupe un grand espace dans l'orbite, s'articulant avec le sphénoïde, L, le frontal et le lacrymal, et faisant disparaître l'os planum qui est entièrement caché par le palatin et par le frontal.

L'autre moitié de la crête ptérygoïde est formée à la face interne et en partie à l'externe par un os particulier K, K, qui représente l'apophyse ptérygoïde interne de l'homme. L'apophyse externe est réduite à un léger tubercule terminant une lame du sphénoïde postérieur qui embrasse en cet endroit l'os dont je viens de parler.

Le sphénoïde postérieur, L, se soude de bonne heure au basilaire, A; son aile temporale assez étroite remonte dans la tempe jusqu'à moitié de la hauteur de la tête, entre le temporal, N, et le frontal, et touche au pariétal, M, par son extrémité.

Le sphénoïde antérieur, P, reste distinct. Son corps s'articule au postérieur entre les deux apophyses ptérygoïdes internes; son aile orbitaire se porte horizontalement en avant entre le frontal et l'aile ptérygoïde du palatin, et est tronquée par la partie antérieure et montante du palatin. Elle embrasse ainsi la lame cribleuse de l'ethmoïde, avec laquelle elle se soude de bonne heure.

La suture du frontal dans l'orbite, après être descendue derrière le lacrymal, marche horizontalement sur le palatin et le sphénoïde antérieur; ensuite elle remonte obliquement devant l'aile temporale du sphénoïde postérieur, d'où elle coupe le crâne transversalement devant les pariétaux.

La suture inférieure de ceux-ci marche aussi presque horizontalement sur le sphénoïde postérieur et le temporal jusqu'à la crête occipitale.

Celle qui les sépare de l'occipital, R, suit presque les bords de la crête du même nom; mais, arrivée à la crête sagittale, elle remonte en avant de telle sorte que l'occipital forme presque la moitié de cette dernière crête par une apophyse qui avance entre les deux pariétaux, sans y former ni y rencontrer aucun inter-pariétal (1).

Le temporal, N, occupe par la partie postérieure du rocher l'angle inférieur externe de la face occipitale.

Son apophyse zygomatique forme près de moitié de l'arcade et se distingue de celle du jugal par une suture montant obliquement d'avant en arrière.

Ainsi le crâne du chien adulte est composé de l'occipital, des deux pariétaux, des deux

---

(1) M. Meckel dit avoir trouvé dans des fétus de chiens un et même quelquefois deux inter-pariétaux : c'étaient apparemment des séparations accidentelles; dans la règle il n'y en a point. Je m'en suis assuré sur des fétus à tout âge.

frontaux, des deux temporaux, du sphénoïde postérieur, du sphénoïde antérieur, de l'ethmoïde; en tout dix os.

La face se compose : des deux ptérygoïdiens internes, des deux palatins, des deux jugaux, des deux lacrymaux, des deux maxillaires, des deux inter-maxillaires, des deux nasaux; en tout quatorze, sans compter les cornets du nez.

Le vomer, Q, est uni avec l'ethmoïde.

Dans le chien naissant, l'occipital est divisé en quatre, comme dans l'enfant; le cadre du tympan est un os distinct qui s'unit par degrés au rocher moyennant l'ossification successive de la capsule qui forme la caisse; les grandes ailes du sphénoïde se laissent séparer de son corps; la face orbitaire du maxillaire est peu ossifiée, et il reste un espace membraneux assez grand entre le palatin, le lacrymal et la partie voisine du frontal.

Les trous de la tête du chien sont disposés comme il suit :

Les deux incisifs, $\alpha\ \alpha$, sont oblongs, assez grands, placés entre les canines et bien séparés.

Le lacrymal, β, est entièrement dans l'os de ce nom et dans l'orbite, mais près de son bord antérieur.

Le sous-orbitaire, γ, est une fente verticale, courte et large, assez près du bord de la mâchoire, au-dessus de la molaire qui précède l'anté-pénultième. Il donne dans l'orbite par un canal qui s'ouvre dans un angle profond, derrière la racine antérieure de l'arcade zygomatique et aux bords duquel le lacrymal et le palatin contribuent.

Dans ce bord même, du côté du palatin, est un trou particulier qui donne dans le nez à peu près vis-à-vis du milieu des cornets supérieurs (c'est le reste de l'espace membraneux qu'on voit dans les jeunes, et il est toujours fermé ainsi).

Le palatin a lui-même, un peu en arrière de ce trou sous-orbitaire postérieur, deux trous rapprochés dont le premier, analogue du trou sphéno-palatin, conduit dans le nez, un peu plus avant que le bord postérieur des narines; le second, qui est l'analogue du canal ptérygo-palatin, donne dans le palais par deux trous en-dedans de la pénultième et de l'antépénultième molaire, l'un, ε, percé dans le palatin, l'autre, δ, entre lui et le maxillaire. Il y a de plus derrière la dernière mâchelière une échancrure commune au maxillaire et au palatin qui tient en partie lieu de canal ptérygo-palatin.

Le trou optique, le trou sphéno-orbitaire qui n'est guère moins rond et seulement un peu plus grand, et le trou rond sont à la suite et près l'un de l'autre dans le fond de l'orbite sur une ligne montant obliquement en avant. Le trou ovale, θθ, est plus en arrière, en-dedans de la facette glénoïde.

Un canal vidien, ζζ, court et gros va du trou rond au bord interne du trou ovale.

Celui-ci, ainsi que le rond, est entièrement percé dans le sphénoïde postérieur; l'optique est dans l'antérieur; le sphéno-orbitaire sur la ligne de séparation.

L'orifice de la trompe d'eustache est à la pointe du rocher, derrière le trou ovale; et un peu plus en avant, à la même pointe, est le trou carotidien, dont le canal est beaucoup plus en avant, plus droit et plus court que dans l'homme, et de là commence un canal qui va en arrière rejoindre le trou déchiré postérieur. Celui-ci, φ, φ, est beaucoup plus en arrière des précédens que dans l'homme à cause de la grandeur de la caisse vésiculeuse qui les sépare : c'est une ouverture transverse.

Le trou stylo-mastoïdien est derrière le méat auditif externe, en dehors de la caisse, avant l'apophyse mastoïde.

Le trou condyloïdien est au droit de l'apophyse mastoïde et plus en avant que le condyle, qui est plus reculé que cette apophyse.

La scissure de Glaser se trouve derrière cette lame proéminente qui retient la mâchoire inférieure et en-dehors de laquelle, en avant du méat auditif externe et à la racine de l'arcade zygomatique, est un canal veineux assez large, auquel ne répond dans l'homme qu'un très-petit trou; il aboutit au sinus de la base de la tente (1).

---

(1) Voyez aussi pour l'ostéologie de la tête du chien, prise du renard, Spix, Cephalogenesis, pl. 167, fig. XVII; et pour celle de l'ours, la tête d'ours maritime, *ib.*, fig. XVI.

L'OURS a les mêmes os, les mêmes sutures, les mêmes trous, les mêmes connexions que le chien, excepté en quelques points peu importans. (Voyez les pl. 181, 182, 183 et 184.)

1° La proportion du crâne à l'égard de la face est plus considérable.

2° Les inter-maxillaires montent jusqu'au frontal.

3° L'orbite est plus vertical, reculant moins du haut; le lacrymal plus petit.

4° L'arcade zygomatique plus droite, plus large; la portion du jugal derrière l'apophyse post-orbitaire plus considérable.

5° Le sphénoïde antérieur avance moins dans l'orbite et ne dépasse guère le trou optique.

6° Le temporal a une large apophyse mastoïde saillante en dehors, terminée par une épiphyse; l'occipital n'a qu'un tubercule; c'est l'inverse du chien.

7° Les caisses sont aplaties et petites ; toute la région basilaire est plus plate.

8° Le tubercule ptérygoïdien externe est plus en avant, tout près de la suture avec le palatin.

9° La lame horizontale des os palatins se prolonge en arrière, de façon que la portion du tube nasal située derrière les dents fait plus du quart de tout le palais dans les adultes.

10° Dans les jeunes, les dents sont plus en arrière, comme dans tous les animaux. L'orifice supérieur du canal ptérygo-palatin y est en partie formé par le maxillaire.

11° Le trou sous-orbitaire antérieur, l'optique, le sphéno-orbitaire et le rond sont sur une ligne obliquement montante, protégée en-dessus et en arrière par une crête de l'aile temporale du sphénoïde postérieur.

Le RATON se rapproche du chien pour la direction de l'orbite et la forme de l'arcade, et de l'ours pour la proportion moindre de la face; ses apophyses post-orbitaires du frontal sont moins saillantes; son crâne s'élargit en arrière beaucoup plus que dans l'ours et le chien; ses crêtes temporales se rapprochent beaucoup plus tôt; ses crêtes occipitale et sagittale sont moins relevées et ne forment pas une grande épine.

Ses os du nez s'élargissent dans le haut; ses inter-maxillaires montent comme dans l'ours; le trou sous-orbitaire est très-près du bord de l'orbite et quelquefois double; je ne trouve pas de canal vidien. Ses caisses sont grandes et bombées, plus encore que dans le chien, et la partie du canal des arrière-narines formée par le palatin plus prolongée encore que dans l'ours.

Le tubercule de l'occipital, qui dans l'ours se joint à l'apophyse mastoïde du temporal, en est séparé par une large échancrure.

La tête du COATI n'est que celle du raton plus étroite et plus allongée, surtout de la partie du museau.

La tête des CHATS (pl. 195 et 196) diffère essentiellement de celle des chiens par la brièveté et la grosseur du museau.

Les sutures inter-maxillaires ne vont de même qu'à moitié des os du nez.

L'os lacrymal a un petit crochet au bord de l'orbite; tout le reste de l'os, qui est grand à proportion, est en-dedans et le trou y est percé.

Le trou sous-orbitaire est tout près de l'os jugal, et conséquemment le canal sous-orbitaire est très-court.

On voit dans l'orbite une parcelle d'os planum au point de jonction du frontal, du lacrymal et du palatin, comme dans le galéopithèque; quelquefois elle ne touche pas le palatin.

Les trous sphéno-palatin et ptérygo-palatin sont dans le palatin.

Le sphénoïde antérieur s'avance dans l'orbite, comme dans le chien.

Le sphénoïde postérieur va de même dans la tempe jusqu'au pariétal.

Les trous optique, sphéno-orbitaire, rond, ovale, sont comme dans le chien; je ne trouve pas de canal vidien entre ces deux derniers.

Les apophyses post-orbitaires du frontal et du jugal sont beaucoup plus saillantes et se rapprochent plus l'une de l'autre que dans le chien.

Les arcades zygomatiques saillent davantage en dehors.

Les dernières molaires sont plus écartées; la région postérieure du palais plus large. Le bord osseux des arrière-narines se porte un peu plus en arrière.

Mais les ailes ptérygoïdes sont à peu près les mêmes; toutefois l'apophyse interne se soude de suite après la naissance.

Les caisses sont plus rondes et plus bombées que dans le chien.

Le tubercule mastoïdien du temporal est plus fort que celui de l'occipital.

Le trou derrière l'arcade zygomatique ne se trouve pas.

Les jeunes chats ont un inter-pariétal triangulaire qui se soude avec l'âge aux pariétaux et non pas à l'occipital (1).

L'HYÈNE, pl. 190 et 191, a quelque chose du chien et du chat.

Son épine occipitale, formée par la rencontre de la crête sagittale et de l'occipital, est plus grande que dans aucun animal; de là sa ligne de profil va toujours en descendant, en se bombant un peu entre les apophyses post-orbitaires du frontal, qui sont très-saillantes, et en descendant encore un peu plus rapidement au museau, qui est moins long qu'au chien et plus qu'au chat. La plus

(1) Pour l'ostéologie des têtes de chats, voyez celle du lynx, Spix, Cephalogenesis, pl. VI, fig. 19. Il donne pl. I, fig. III, une tête qu'il croit de lion, mais qui me paraît plutôt de tigre.

grande partie de cette épine qui est comprimée appartient à l'occipital.

Les arcades zygomatiques saillent beaucoup en-dehors et en-haut.

L'apophyse post-orbitaire du jugal saille plus que dans le chien, moins que dans le chat.

Les principales connexions des os sont comme dans le chien; seulement l'inter-maxillaire atteint le frontal vers le milieu de la longueur des naseaux.

Le maxillaire s'avance entre le lacrymal et le palatin de manière à toucher au frontal en cet endroit. Près de là, sur sa jonction au lacrymal, reste un très-petit espace membraneux.

Ce lacrymal est tout entier dans l'orbite, ainsi que son trou.

Le sous-orbitaire est comme dans le chien, mais à canal bien plus court. Le sphéno-palatin et le ptérygo-palatin sont plus grands que dans le chien.

Le trou optique et ceux de la cinquième paire, savoir, le sphéno-orbitaire, le rond, le vidien et l'ovale, diffèrent peu du chien.

J'ai un individu où il y a un canal vidien d'un côté et pas de l'autre.

Les apophyses ptérygoïdes internes se soudent dès le premier âge. Les externes se réduisent à un petit tubercule. La caisse est assez saillante et irrégulièrement bombée.

L'apophyse mastoïde est toute de l'occipital. Le canal des narines postérieures se prolonge plus que dans le chien.

Les rapports les plus marqués des Civettes et Zibeths sont avec les chiens.

Leurs différences tiennent surtout à plus d'allongement de la partie du crâne, d'où résulte un allongement correspondant de la partie ptérygoïde du palatin, de tout le sphénoïde postérieur, des pariétaux et des temporaux.

Le front est beaucoup moins bombé que dans le chien, et par conséquent la courbe du profil d'une venue. Le sphénoïde antérieur s'avance beaucoup moins dans l'orbite; la rencontre du lacrymal avec le maxillaire et le palatin est aussi plus reculée, et l'espace membraneux de cet endroit plus petit. Les trous optique, sphéno-orbitaire et rond sont plus enfoncés; il y a un canal vidien. Le trou ovale est moins rapproché du carotidien; du reste, les rapports des trous et ceux des os sont les mêmes.

L'apophyse mastoïde, qui appartient tout entière à l'occipital, prend une forme large et concave où s'enchâsse le derrière de la caisse.

Les Mangoustes ont les plus grands rapports avec les civettes, et se rapprochent cependant un peu des martes par la brièveté du museau et par la longueur du palais en arrière des dents. Les apophyses post-orbitaires de leur frontal et de leur jugal sont longues et pointues et se rapprochent souvent au point de se toucher et même de s'articuler ensemble comme dans les makis (1).

---

(1) M. Spix donne une tête qu'il croit de mangouste, Cephalogenesis, pl. VI, fig. 20; mais à coup sûr elle n'en est pas.

Les Blaireaux, les Grisons, les Martes, ont des têtes semblables entre elles et qui tiennent à celle de l'ours et du raton plus qu'à aucune autre par la brièveté du museau et les détails des connexions.

La brièveté du museau se marque surtout dans les putois.

Les inter-maxillaires montent peu et sont loin d'atteindre le front.

Ces animaux ont, comme l'ours et le raton, le plafond du palais très-prolongé en arrière des dents, et comme l'ours et le chien la caisse saillante et vésiculeuse. Le tubercule de l'occipital est séparé de l'apophyse mastoïde du temporal, comme dans l'ours et le raton.

Ils manquent de canal vidien, comme le raton.

Leur trou sous-orbitaire est simple, grand et court.

Les Loutres ont encore le trou sous-orbitaire plus large, presque autant que dans certains rongeurs; le museau plus court et la partie antérieure du crâne entre et derrière les orbites plus serrée; leurs caisses sont moins bombées; leur crâne plus déprimé, sa base plus large et plus plate.

L'os lacrymal est tout entier en dedans de l'orbite; son trou est au-dessus du sous-orbitaire intérieur.

Le trou rond se confond extérieurement avec le trou sphéno-orbitaire; mais intérieurement il en est séparé assez long-temps par une lame osseuse.

Dans tous ces animaux on trouve l'apophyse ptérygoïde interne soudée dès la première jeunesse.

La tête du Phoque commun (*Phoca vitulina*) a des rapports sensibles avec celle de la loutre : par la brièveté du museau ; par la compression de la région inter-orbitaire encore plus grande dans le phoque ; par l'élargissement et l'aplatissement du crâne ; par l'aplatissement et l'élargissement de toute la région du dessous du crâne, excepté les caisses qui sont grandes et bombées.

L'orbite est très-grand, et le frontal ne le cerne point en arrière par une apophyse post-orbitaire ; il ne se distingue de la tempe que par la convexité de celle-ci.

Les crêtes temporales sont peu marquées, la crête occipitale est insensible.

Le frontal ne forme point en avant cet élargissement en triangle dont il reste encore des marques dans la loutre ; mais l'apophyse post-orbitaire de l'arcade est très-marquée et le jugal et le temporal y contribuent également, ce dont nous n'avions pas encore d'exemple. Les inter-maxillaires finissent près des os du nez sans même les atteindre ; en-dessous leur suture traverse vis-à-vis des canines et même au milieu vis-à-vis des premières molaires.

Les palatins ne passent pas en avant la dernière molaire, mais leur bord postérieur est très en arrière; ce bord postérieur des narines est échancré par un angle rentrant. Les apophyses ptérygoïdes du palatin vont aussi fort en arrière, se glissant sur celles du sphénoïde qui se soudent très-vite au corps de l'os et qui ont un tubercule à leur bord antérieur à l'endroit où elles touchent le bord des narines postérieures. La partie du palatin dans l'orbite est médiocre, l'aile orbitaire du sphénoïde également; la temporale est petite et surtout étroite; les pariétaux se soudent de très-bonne heure à l'occipital.

Je n'ai pu découvrir ni os, ni trou lacrymal.

L'espace membraneux à la jonction du maxillaire, du palatin et du frontal est très-grand et situé fort en arrière; c'est cette membrane qui remplace le lacrymal.

Le trou sous-orbitaire est encore grand, quoique moindre que dans la loutre, et son canal est très-court. L'analogue du sphéno-palatin est très-grand.

Le trou rond se confond avec la fente sphéno-orbitaire.

Je ne vois de canal vidien qu'un trou en-dedans du bord antérieur de l'apophyse ptérygoïde du sphénoïde.

Le trou ovale est petit. Le canal carotidien s'unit au trou jugulaire et donne un canal recourbé logé dans la paroi interne inférieure de la caisse et qui s'ouvre à sa face interne et postérieure; le trou jugulaire est très-grand, ainsi que le condyloïdien et le mastoïdien.

Extérieurement la caisse a un enfoncement plissé, au milieu duquel est percé le trou stylo-mastoïdien.

La cavité du crâne est grande, large et haute; son front est très-aplati; le crible ethmoïdal est médiocre, peu abondant en trous, élevé et non enfoncé dans un canal comme aux chiens; la crête cristagalli y est très-distincte; les apophyses clinoïdes antérieures sont à peine relevées et la région optique est fort plate, mais les postérieures le sont beaucoup. La région de la selle est de niveau avec les régions latérales; les rochers en-dedans n'ont point de crête aiguë, mais le creux de leur partie supérieure est très-profond et plus large au fond qu'à l'entrée. Il reste long-temps un espace non ossifié à la région basilaire au-devant du trou occipital.

Les os du crâne sont minces ; il n'y a point de sinus frontaux (1).

Le caractère de la tête du MORSE (*Trichecus rosmarus*) est principalement déterminé par l'énorme renflement de ses os maxillaires, nécessité par la prodigieuse grosseur de ses canines ; d'où résulte un museau renflé et arrondi, plus gros que la tête elle-même, et composé d'os d'une épaisseur disproportionnée. Du reste, cette tête montre des rapports sensibles avec celle du phoque.

Les inter-maxillaires saisis entre les deux renflemens des maxillaires m'ont paru, dans de jeunes individus, divisés en deux parties : l'une entourant les bords des narines ; l'autre

---

(1) Figures de têtes de phoques (le phoque commun), Spix, Cephalogenesis, pl. VI, fig. 21. Nous en donnerons d'autres dans l'un des volumes suivans.

formant les alvéoles. Ceux-ci contiennent deux incisives, dont les intermédiaires très-petites, et les externes placées à la base interne des alvéoles des canines. La suture incisive dans le palais est d'ailleurs comme à l'ordinaire.

Les deux os du nez forment ensemble un carré presque parfait.

Je ne trouve aucun os ni trou lacrymal; le frontal et le maxillaire forment ensemble une proéminence à l'endroit où ils devraient être.

Il n'y a point d'apophyse post-orbitaire au frontal, ni de crête sagittale.

L'apophyse post-orbitaire de l'arcade appartient entièrement au jugal.

La crête occipitale appartient aux pariétaux.

L'apophyse mastoïde, qui est très-grosse, est tout entière du temporal, lequel occupe une grande partie de la face occipitale.

Le trou sous-orbitaire est grand et son canal très-court.

Le palatin tient peu de place dans l'orbite,

et y est percé d'un énorme trou qui tient lieu du sphéno-palatin. Le trou optique, le sphéno-orbitaire et le rond qui lui est uni sont cachés dans un sillon profond du sphénoïde, derrière l'arête qui répondrait à l'aile post-orbitaire de l'homme, et qui se termine en bas par un crochet.

L'orifice postérieur du canal vidien et le trou ovale sont percés dans un enfoncement entre la facette glénoïde, l'aile ptérygoïde qui est en forme de crochet et se sépare du sphénoïde, et la caisse qui est plate et irrégulière.

Le palatin ne commence au palais que beaucoup en arrière de la dernière molaire, en sorte que le bord postérieur des narines internes est très-reculé. L'espace entre les apophyses ptérygoïdes est large et légèrement concave. La région basilaire remonte un peu vers le trou occipital, et a une arête longitudinale dans son milieu.

Considérée de profil et en supposant le palais horizontal, cette tête a le museau au-dessus des naseaux plus relevé que le reste. La région inter-orbitaire est horizontale et légèrement concave; la région occipitale est presque verticale.

La coupe du crâne est un peu moindre que celle de la face; la région de la selle est très-plate et les apophyses clinoïdes peu saillantes; la fosse cribleuse est profonde, percée de peu de trous, et divisée par une crête cristagalli très-saillante; la tente du cervelet est très-étendue et très-saillante, mais peu épaisse (1).

ARTICLE IV.

Quelques caractères tirés du reste du squelette.

Je ne puis, comme on le croit bien, entrer ici dans tous les détails qu'exigerait une ostéologie comparée un peu complète, et qui me conduiraient trop loin pour mon objet. Quelques traits saillans, propres à faire distinguer les grands carnassiers que le géologiste rencontre le plus communément, suffi-

---

(1) Figures de têtes de Morse, Daubenton, ap. Buffon, XIII, pl. LVI; Spix, Cephalogenesis, pl. VII, fig. 25.

ront pour la préparation que j'essaie de donner à mes lecteurs.

L'OMOPLATE des carnassiers se distingue aisément de celles de l'homme, des singes, des chéiroptères, parce qu'au lieu d'un bec coracoïde recourbé elle n'a qu'un simple tubercule.

Sa fosse antérieure plus large, son bord antérieur arrondi, son angle spinal postérieur beaucoup moins aigu, son épine prolongée en un grand acromion, la distinguent de celles de tous les grands herbivores.

Quelques rongeurs pourraient seuls donner lieu à l'équivoque; mais encore la fosse postérieure y est-elle généralement plus large que l'antérieure.

Il n'est ensuite pas un genre qui n'ait une circonscription caractéristique pour son ensemble, pour son acromion, pour sa facette articulaire.

Ainsi dans les ours le bord antérieur a sa

plus grande convexité vers le col, et va ensuite en se rapprochant de l'épine, où il fait un angle vers le bord spinal; celui-ci s'arrondit en arrière jusque vers le milieu de la longueur de l'os, où commence le bord postérieur qui est en courbe concave. Le col est très-large et la facette articulaire en ovale étroit surtout dans le haut. L'acromion va en s'élargissant et se termine par un bord arrondi.

Dans les *félis*, le bord antérieur a une courbure à peu près uniforme, saillant davantage au milieu. Le bord postérieur est presque rectiligne, et fait un angle prononcé avec le spinal; la facette articulaire est en ovale large, échancré obliquement au droit de l'épine; l'acromion a une large échancrure à son bord inférieur, en sorte qu'il envoie une pointe vers le bas; on y voit un commencement de bec coracoïde recourbé, etc.

Dans les *canis*, la forme générale diffère peu des félis, et est seulement un peu plus étroite; la facette articulaire a son bord externe légèrement concave, mais l'acromion n'est pas échancré, et il n'y a qu'un simple tubercule coracoïde.

Les *hyènes* tiennent une sorte de milieu

entre les chiens et les ours; les *civettes* entre les *ours* et les *félis*, ayant le contour des premiers et l'échancrure à l'acromion des seconds. Les *martes* ont cette échancrure aussi; mais leur bord antérieur, au lieu d'une courbure uniforme, fait presque un angle saillant, surtout dans la loutre, etc.

Dans les *phoques*, la concavité du bord postérieur fait ressembler l'ensemble de l'os à un croissant ou à une large faux; il n'y a point d'acromion proéminent; encore moins de bec coracoïde. La facette articulaire est en ellipse étroite.

L'HUMÉRUS des carnassiers est moins droit et moins grêle que celui de l'homme et d'aucun singe.

La tête supérieure n'est pas ronde, mais a son diamètre antéro-postérieur plus grand.
L'articulation inférieure a bien une partie conique en dedans pour le cubitus, une partie bombée en dehors pour le radius, et quelquefois une légère côte convexe entre deux, ce

qui la fait ressembler à l'homme et aux singes; mais on la distingue de suite dans les uns, comme *ours*, *félis*, *martes*, *blaireaux*, *mangoustes*, par la hauteur et la saillie de la crête qui s'élève sur le condyle externe; dans les autres, comme *hyènes* et *canis*, par un grand trou percé de part en part au-dessus de la poulie articulaire.

Le grand trou dont je viens de parler existe dans toutes les espèces de ces deux genres, et ne se remontre ensuite que dans certains rongeurs, tels que les *lièvres*.

Mais il y a un autre trou au-dessus du condyle interne pour le passage de l'artère cubitale qui se remarque dans les sapajous, et qui, parmi les carnassiers, existe chez les *phoques*, les *blaireaux*, les *coatis*, les *ratons*, les *martes*, *loutres*, *putois*, etc., les *mangoustes*, *civettes*, etc., enfin dans tous les *félis*; mais qui manque chez les *canis*, les *hyènes*, les *ours*.

Ces règles sur les trous de la partie inférieure ne souffrent pas d'exception et fournissent des caractères très-commodes.

Lorsque les caractères que nous venons d'indiquer ne suffisent pas, on recourt à la longueur proportionnelle de l'os et aux saillies de ses différentes crêtes.

Ainsi le *phoque* a l'os très-court, et les crêtes et tubérosités très-saillantes.

Après lui vient la *loutre*, puis l'*ours*, le *blaireau*, le *raton*, le *coati*.

Les *félis* ont les crêtes inférieures moins montantes; les *canis*, les *hyènes*, les ont fort petites.

Les marsupiaux et les rongeurs à clavicules ont encore des articulations d'humérus assez semblables à celles des carnassiers et qu'il est nécessaire d'examiner avec précaution; mais tous les autres herbivores ont l'articulation radiale en ginglyme plus compliqué et plus serré.

Le RADIUS à lui seul suffirait pour distinguer l'ordre des carnassiers, car si l'on excepte le phoque et la chauve-souris, qui ont la tête supérieure ronde et à concavité simple, comme l'homme et les singes, elle est dans tous les autres ovale avec une partie relevée, et comme repoussée en-dessus à son bord antérieur.

Elle redevient ronde dans les marsupiaux et plusieurs rongeurs claviculés; mais à compter des lièvres et dans tous les animaux à sabot elle redevient oblongue et sillonnée en ginglyme.

La tête inférieure dans les carnassiers est élargie, fortement creusée pour le passage des extenseurs, et n'offre au carpe qu'une seule facette transversalement ovale.

Cette tête inférieure de radius a, du côté du pouce et un peu au-dessus de l'articulation, une apophyse saillante et comprimée dans les *félis*, et un peu moindre dans les *hyènes*. Elle se termine en s'élargissant obliquement dans les *ours*; elle a une facette plate au-dessous d'une légère proéminence dans les *canis*.

La facette pour l'articulation inférieure avec le cubitus est ovale, transverse dans les *félis*, grande et presque ronde dans les *ours*, oblongue et longitudinale dans les *canis*, etc.

Le CUBITUS des carnassiers ne peut se confondre avec celui des rongeurs sans clavicules et des animaux à sabot, à cause de l'articulation radiale supérieure qui dans ces herbivores est toujours en ginglyme.

Il se distingue aisément de celui des singes et de l'homme par la longueur proportionnelle de son olécrâne.

La forme de l'olécrâne fait reconnaître les genres.

Dans les *canis*, il est très-comprimé; sa tubérosité se bifurque en-dessus en deux tubercules presque égaux.

Ces tubercules sont plus inégaux, plus obliquement placés dans les *félis;* en-dessous elle est plus arrondie.

Dans les *ours* elle est très-haute, verticalement comprimée à sa partie supérieure, et n'a qu'un tubercule au-dessous de son sommet.

Dans toutes les espèces, la tête inférieure du

radius n'offre au carpe qu'une facette simple, transverse et légèrement convexe.

C'est que, en effet, les carnassiers n'ont au carpe qu'un seul os qui s'articule avec le radius. Il se forme de la réunion du *scaphoïde* et du *sémilunaire* de l'homme.

Il faut aussi remarquer que l'os nommé dans l'homme le *grand os* est presque toujours celui qui occupe le moins de place à la face antérieure du carpe; dans l'*ours*, il est effectivement le plus petit; dans le lion, etc., il est à peu près égal pour cette face au trapézoïde, mais il est toujours de beaucoup surpassé par le cunéiforme.

Le *pisiforme* des carnassiers est toujours allongé, etc.

Il serait difficile d'entrer dans le détail de toutes les formes des os du métacarpe et des phalanges; mais on peut assurer que leurs proportions de longueur et de largeur sont caractéristiques pour chaque genre. Il faut aussi faire attention aux variétés qu'impriment à leurs formes la présence ou l'absence du pouce, soit devant, soit derrière, soit aux deux extrémités; mais nous y reviendrons par la suite.

La dernière et l'avant-dernière phalange des *félis* sont parfaitement caractérisées; la dernière a son articulation postérieure telle qu'elle peut se retirer en-dessus et la pointe vers le ciel, et l'avant-dernière se prête à cette réversion par son obliquité, qui laisse à la dernière une place entre les doigts lorsqu'elle est ainsi recourbée.

Le BASSIN des carnassiers, comme celui des singes, est tiré en longueur, et de manière que son entrée antérieure fasse avec l'épine un angle fort oblique.

Il diffère des singes parce que sa partie ischiale et son pubis sont plus prolongés, et les bords externes de ses ischions moins dirigés de côté.

Chaque genre a aussi dans cette partie des caractères propres.

L'*hyène*, par exemple, a l'ILÉON plus large à proportion et son épine externe plus saillante et plus écartée en-dehors que tous les autres; et de plus elle se caractérise par un tubercule portant une facette lisse au-devant de la fosse cotyloïde et par beaucoup de largeur de la partie postérieure.

Les *ours* ont l'iléon un peu moins large que les hyènes et une simple protubérance irrégulière en avant de la fosse.

Les *félis* sont ceux où il est le plus étroit, son bord spinal et l'externe étant presque parallèles; le bord antérieur se portant obliquement en arrière.

Au-devant de la fosse est un petit enfoncement.

Les *canis* tiennent le milieu, et ont une épine marquée et le bord antérieur arrondi, etc.

Le bassin postérieur, le pubis et l'ischion

sont aussi plus déprimés, plus plats et plus élargis en arrière dans les *canis*; en avant de la fosse est une légère tumeur comme aux ours, etc.

Les bassins des quadrupèdes à sabots ne peuvent aucunement être confondus avec ceux des fissipèdes, à cause de l'élargissement de leur iléon en avant, de la longueur de son col, etc., etc.

L'*ours* seul parmi les carnassiers ressemble un peu à l'homme pour le FÉMUR, à cause de l'obliquité de son col et du peu de diamètre antéro-postérieur de son articulation inférieure; mais outre qu'il est plus court absolument et proportionnellement, sa tête n'est pas une portion de sphère aussi complète et n'a point de fossette pour le ligament rond; sa poulie rotulienne et l'échancrure entre les condyles sont plus étroites.

Tous les autres carnassiers ont la tête inférieure plus longue d'arrière en avant à proportion de sa largeur, le col plus court et la tête articulaire supérieure au niveau du grand trochanter.

En général ils ont le fémur plat en arrière, et y manquent de la crête qui règne sur celui de l'homme. Les *canis* seuls en ont un léger vestige.

Entre eux ces animaux ne diffèrent guère que par les proportions.

Les ours sont ceux qui ont la tête inférieure plus large et moins longue; les canis, ceux qui l'ont plus étroite à proportion de sa longueur, etc.

Le TIBIA est peut-être l'os par lequel les quadrupèdes se distinguent le plus difficilement, surtout quand on n'en a qu'une extrémité; et cependant on y découvre encore des caractères sûrs.

Ainsi l'ours, qui diffère si peu de l'homme par la tête supérieure, y a cependant le condyle interne convexe, tandis qu'il est concave dans l'homme.

Quant à la tête inférieure, tous les carnassiers se distinguent de l'homme par sa figure plus étroite du côté externe que de l'interne, et par sa division en deux fosses obliques, au moyen d'une arête arrondie qui répond à la poulie de l'astragale.

Entre eux ces tibia ne diffèrent guère que par les proportions, plus ou moins grêles suivant celles des jambes de chaque espèce.

Le phoque l'a cependant d'une forme très-particulière par l'excessif aplatissement de sa moitié supérieure, et par sa facette articulaire inférieure, qui est en concavité simple et peu profonde.

La forme de la poulie de l'ASTRAGALE correspond à celle de la tête inférieure du tibia. Dans l'homme c'est une portion de cylindre à peine concave dans son milieu. Le col est à peu près dans la même direction.

Elle se creuse un peu plus dans les singes et le col y devient plus oblique.

Ces deux caractères augmentent dans les carnassiers, qui d'ailleurs ont tous, comme l'homme et les singes, la facette scaphoïdienne en convexité uniforme occupant toute l'extrémité de la tête inférieure.

Ils diffèrent entre eux par les proportions.

L'*ours* l'a plus large et à col plus court. Le *lion* et les *félis* ont le col un peu plus allongé et le bord du côté du péroné plus aigu. Le *chien* l'a plus long et plus étroit que les deux autres.

Il y a aussi des différences pour les facettes calcaniennes plus ou moins concaves, plus ou moins égales, etc.

Dans le *phoque*, l'astragale ne ressemble à celui d'aucun autre animal. Il a d'abord une apophyse ou tubérosité en arrière, comme si c'était un calcanéum; ensuite ses facettes tibiale et péronienne presque égales font ensemble un angle obtus placé le long du milieu de l'os, en sorte qu'au lieu d'une poulie il présente une forme de toit.

Le CALCANÉUM de l'homme est plus court et plus gros que dans aucun fissipède.

Sa tubérosité se comprime et s'allonge dans les quadrupèdes; en même temps son apophyse interne portant la seconde facette astragalienne s'y écarte davantage de l'axe.

Dans l'*ours*, il est encore très-gros et assez court; son apophyse interne est très-près de l'extrémité cuboïdienne.

Elle en est plus éloignée dans les félis et les canis, où de plus la tubérosité est beaucoup plus allongée et comprimée.

Les *félis* se distinguent des *canis* parce que leur apophyse interne est beaucoup plus saillante en dehors, etc.

Pour le reste du pied, nous trouverions les mêmes difficultés que pour la main. Un coup d'œil sur nos dessins en dira plus que toutes les paroles.

Il faut remarquer que le pouce manque plus souvent au pied qu'à la main. Les *félis*, les *canis*, ne l'ont point, tandis qu'à la main il ne manque guère qu'aux hyènes parmi les grandes espèces.

Il en résulte des modifications surtout dans la forme du scaphoïde et des premiers os du tarse.

Les observations sur les phalanges s'appliquent au pied à peu près comme à la main.

Les paroles nous manqueraient encore davantage, à moins d'une longueur excessive, pour indiquer les différences de toutes les vertèbres. Elles en ont cependant toutes, et, en recourant à une comparaison effective, on ne confondra jamais celle d'un genre avec son analogue dans un autre.

Ainsi l'ATLAS dans tous les carnassiers se distingue par des apophyses transverses, déprimées, très-grandes, très-larges et plus élargies à leur bord externe qu'à leur base; mais leur configuration est toute différente. Dans les *félis*, le bord antérieur est aussi long que le postérieur. Dans les *ours*, il est très-court et se réduit à une petite échancrure, en sorte que le bord externe est fort oblique.

Dans les *canis*, sa forme est à peu près intermédiaire.

Il y a de même des caractères généraux et des distinctions particulières pour l'axis et pour toutes les autres vertèbres; au surplus nous aurons occasion d'y revenir dans plusieurs des chapitres qui vont suivre.

CHAPITRE II.

DES CAVERNES OÙ LES *OSSEMENS DE CARNASSIERS* SONT ACCUMULÉS EN GRAND NOMBRE.

Après nous être préparé, par les observations ostéologiques qui ont rempli le chapitre précédent, à l'étude des carnassiers fossiles, il convient de parler de leur gisement sous le rapport géologique, et surtout d'examiner les étranges réceptacles où ils ont été réservés en si grande abondance pour l'étonnement de l'âge présent.

Rien n'est en effet plus curieux que le nouveau théâtre où nous avons à transporter nos lecteurs.

Des grottes nombreuses, brillamment décorées en stalactites de toutes les formes, se succédant l'une à l'autre jusqu'à une grande profondeur dans l'intérieur des montagnes, communiquant ensemble par des ouvertures si étroites que l'homme peut à peine y pénétrer en rampant, et que l'on trouve cependant jonchées d'une énorme quantité d'ossemens d'animaux grands et petits, sont sans contredit l'un des phénomènes les plus remarquables que l'histoire des fossiles puisse offrir aux méditations du géologiste, surtout lorsque l'on songe que ce phénomène se répète en un grand nombre de lieux et dans un espace de pays très-étendu. Aussi ces cavernes ont-elles été l'objet des recherches de plusieurs naturalistes, dont quelques-uns ont très-bien décrit et représenté les os qu'elles recèlent; et avant même que les naturalistes s'en occupassent, elles étaient célèbres parmi le peuple, qui, suivant sa coutume, ajoutait bien des prodiges imaginaires aux merveilles naturelles que l'on y observe en réalité. Les os qu'elles renferment étaient depuis long-temps, sous le nom de *licorne fossile*, un article important de commerce et de matière médicale, à cause des vertus puissantes qu'on leur attribuait : et il est probable que le désir de trouver de ces os a beaucoup contribué à faire connaître plus exactement ces cavernes, et même à en faire découvrir plusieurs.

La plus anciennement célèbre est celle de Bauman, située dans le pays de Blankenbourg qui appartient au duc de Brunswick, au sud de la ville de ce nom, à l'est d'Elbingerode et au nord du village de Rubeland, l'endroit habité le plus voisin, dans une colline qui fait l'une des dernières pentes du Hartz vers l'orient. Elle a été décrite par beaucoup d'auteurs, parmi lesquels nous citerons surtout le grand Leibnitz dans sa Protogæa, pl. I, page 97, où il en donne une carte empruntée des Acta eruditorum, 1702, pag. 305.

Sa direction totale est d'orient en occident, mais l'entrée regarde le nord. Elle est fort étroite, quoique percée sous une voûte naturelle assez ample; on n'y pénètre qu'en rampant. La première grotte est la plus grande. De là dans la seconde il faut descendre par un autre couloir, d'abord en rampant, et ensuite avec une échelle; la différence de niveau est de 30 pieds. La seconde grotte est la plus riche en stalactites de toutes les formes. Le passage à la troisième grotte est d'abord le plus pénible de tous; il faut y grimper avec les pieds et les mains; mais il s'élargit ensuite, et les stalactites de ses parois sont celles où l'imagination des curieux a prétendu voir les figures les plus caractérisées. Il y a deux dilatations latérales dont la carte des Acta eruditorum fait la troisième et la quatrième grotte. A son extrémité, on trouve encore à remonter pour arriver à l'entrée de la véritable troisième grotte, qui forme une espèce de portail. Behrens dit, dans son Hercynia curiosa, qu'on n'y pénètre point, parce qu'il faudrait descendre plus de soixante pieds; mais la carte ci-dessus, et la description de *von der* Hardt, qui l'accompagne, décrivent cette troisième grotte, sous le nom de cinquième, et placent encore au-delà un couloir terminé par deux petits antres. Enfin Silberschlag, dans sa Géogénie, ajoute que l'un de ces antres conduit dans un dernier couloir qui, descendant beaucoup, mène sous les autres grottes et se termine par un endroit rempli d'eau. Il y a encore beaucoup d'ossemens dans cette partie reculée et peu visitée.

La plupart de ceux que l'on en possède, ou qui ont été décrits, sont du genre de l'ours. Nous en avons quelques-uns au Cabinet du roi.

Une seconde caverne, à peu près aussi célèbre que la première et fort voisine, est celle que l'on nomme de la Licorne (*einhorns-hœhle*), au pied du château de Scharzfels, dans la partie de l'électorat de Hanovre qui se nomme le duché de Grubenhagen, et à peu près sur la dernière pente méridionale du Hartz. Elle a aussi été décrite par Leibnitz, ainsi que par M. Deluc dans ses Lettres à la reine d'Angleterre. L'entrée a dix pieds de haut, sept de large; on descend verticalement de quinze dans une espèce de vestibule dont le plafond s'abaisse au point qu'au bout de soixante pas il faut se mettre à ramper. Après un long passage, viennent encore deux grottes selon Leibnitz; mais Behrens en ajoute trois ou quatre et dit que, selon les gens du pays, on pourrait pénétrer à près de deux lieues.

Bruckmann, qui donne une carte de cette caverne (Epistol. itin. 34), n'y représente que cinq grottes, disposées à peu près en ligne droite, jointes par des couloirs extrêmement étroits; la seconde est la plus riche en ossemens; la troisième, la plus irrégulière, a deux petites grottes latérales; la cinquième est la plus petite et contient une fontaine.

Les os que l'on en a tirés, dont nous avons vu quelques-uns chez M. Blumenbach et ailleurs, et dont Leibnitz et Mylius en avaient représenté d'autres, appartiennent aux genres de l'ours, de l'hyène et du tigre ou du lion.

La chaîne du Hartz offre encore quelques cavernes moins célèbres, quoique de même nature, indiquées par Behrens dans son Hercynia curiosa, savoir :

Celle de Hartzbourg, sous le château de ce nom, au-dessus de Goslar au sud. Je ne sais pourquoi Büsching conteste son existence. Il est vrai que Behrens cite à tort J.-D. Horstius pour en avoir vu tirer des os de divers animaux : car Horstius ne parle (Obs. anat. dec., pag. 10) que de la caverne de Scharzfels.

Celle d'Ufftrungen, dans le comté de Stollberg, au sud du château de ce nom; on la nomme dans le pays *Heim-kœhle* ou *Cachette*. Behrens pense qu'on pourrait y trouver des os fossiles.

Une autre du même voisinage, nommée *Trou de Voleur*, *Diebesloch*. On y a trouvé des crânes qu'on a crus humains.

Je ne parle point ici de celles des cavernes du Hartz où l'on n'a point découvert d'ossemens.

Au reste, celles même où l'on en a trouvé en sont à peu près épuisées aujourd'hui, et ce n'est presque plus qu'en brisant la stalactite qu'on peut en obtenir; tant on en a enlevé pour les vendre dans les pharmacies.

Les cavernes de Hongrie viennent après celles du Hartz, pour l'ancienneté de la connaissance qu'on en a. La première notice en est due à Paterson-Hayn (Ephemer. natur. cur. 1672, obs. CXXXIX et CXCIV). Bruckmann, médecin de Wolfenbüttel, les a ensuite décrites plus au long (Epistola itineraria 77, et Breslauer Samlung, 1725, 1er trim. p. 628).

Elles sont situées dans le comté de Liptau, sur les pentes méridionales des monts Crapacks. On les connaît dans le pays sous le nom de *grottes des Dragons*, parce que le peuple des environs attribue à ces animaux les ossemens qu'on y trouve, et qu'il connaît de temps immémorial; mais tous ceux qui ont été représentés par les auteurs sont du genre de l'ours et de l'espèce que nous appellerons *grand ours des cavernes*.

Les cavernes d'Allemagne les plus riches en ossemens sont celles de Franconie, dont J. F. Esper, ecclésiastique du pays de Bayreuth, a donné une description fort détaillée dans un ouvrage *ex professo*, imprimé en français et en allemand (Description des Zoolithes nouvellement découvertes, etc., Nuremberg, knorr. 1774, in-fol., avec 14 pl. enlum.), et dans un mémoire inséré parmi ceux de la Société des naturalistes de Berlin, tome IX, pour 1784, p. 56. Il y en a eu ensuite une description sous le titre de : Objets dignes de remarque des environs de Muggendorf, par J.-C. Rosenmüller, in-fol., avec des vues enluminées, Berlin, 1804. Et plus nouvellement M. Goldfuss, aujourd'hui professeur d'histoire naturelle à Bonn et secrétaire de l'Académie des Curieux de la nature, en a fait l'objet d'un ouvrage particulier imprimé en 1810 en allemand, sous le titre d'Environs de Muggendorf, où il les décrit avec le plus grand soin, ainsi que la contrée environnante, dont il donne une carte topographique très-exacte.

Une grande partie de ces grottes est située dans un petit bailliage nommé Streitberg, qui dépendait autrefois du pays de Bayreuth, mais était enclavé dans celui de Bamberg, et qui fait aujourd'hui partie du royaume de Bavière.

Le plus grand nombre est placé dans une petite presqu'île formée par la rivière de Wiesent, qui se jette dans la Regnitz et appartient au bassin du Mein.

Cependant la principale de toutes, l'étonnante caverne de Gaylenreuth, est en-dehors de cette espèce de presqu'île, sur la rive gauche de la Wiesent, au nord-ouest du village dont elle tire son nom. Son entrée est percée dans un rocher vertical; elle est haute de 7 pieds et demi et regarde l'orient. La première grotte tourne à droite et a plus de 80 pieds de long. Les inégales hauteurs de la voûte la divisent en quatre parties : les premières ont 15 à 20 pieds de haut; la quatrième n'en a que 4 ou 5. Au fond de celle-ci, à fleur de terre, est un trou de 2 pieds de haut par où l'on va dans la seconde grotte. Elle est d'abord dirigée au sud dans une longueur de 60 pieds sur 40 de large et 18 de haut; puis elle tourne à l'ouest pendant 70 pieds, devenant de plus en plus basse jusqu'à n'avoir que 5 pieds de haut. Le passage qui conduit à la troisième grotte est fort incommode; on tourne par divers corridors. Elle a trente pieds de diamètre sur 5 à 6 de hauteur. Le sol en est pétri de dents et de mâchoires. Près de l'entrée, est un gouffre de 15 à 20 pieds, où l'on descend avec une échelle. Après y être descendu, l'on arrive à une voûte de 15 pieds de diamètre sur 30 de haut, et, vers le côté où l'on est descendu, à une grotte toute jonchée d'ossemens. En descendant encore un peu, on rencontre une nouvelle arcade qui conduit à une grotte de 40 pieds de long, et un nouveau gouffre de 18 à 20 pieds de profondeur. Quand on y est descendu, on arrive encore à une caverne d'environ 40 pieds de haut, toute jonchée d'ossemens.

Un passage de 5 pieds sur 7 mène dans une grotte de 25 pieds de long sur 12 de large : des canaux de 20 pieds de long conduisent dans une autre de 20 pieds de haut; il y en a enfin une de 83 pieds de largeur sur 24 de hauteur, et l'on ne trouve nulle part tant d'ossemens.

La sixième grotte, qui est la dernière, se dirige vers le nord, de manière que toute la série des grottes et des couloirs décrit à peu près un demi-cercle.

Une fente de la troisième grotte en a fait

découvrir, en 1784, une nouvelle de 15 pieds de long sur 4 de large, où se sont trouvés le plus d'ossemens d'hyènes ou de lions. L'ouverture en était beaucoup trop petite pour que ces animaux y aient pu passer. Un canal particulier qui aboutissait dans cette petite grotte a offert une quantité incroyable d'os et de grandes têtes entières.

On peut voir dans les Transactions Philos. de 1822, pl. XXVI, un profil de cette caverne, pris sur les lieux, en 1816, par M. le professeur Buckland, où l'on doit remarquer surtout une masse énorme entièrement composée d'os enveloppés dans de la stalactite et formant ainsi une brèche osseuse, mais d'une toute autre nature que celles que nous avons décrites dans notre troisième partie.

La caverne de Gaylenreuth est une de celles dont on connaît le plus complètement les os, par les recherches qu'y ont faites ou fait faire depuis long-temps des savans distingués, tels que MM. Esper, de Humboldt, Ebel de Brême, Rosenmüller, Sœmmerring, Goldfuss, etc., et par les nombreuses et riches collections que ces recherches ont produites. D'après l'examen que j'ai fait des principales de ces collections, les os qui s'y trouvent viennent pour les trois quarts du genre de l'ours, et de deux ou trois espèces de ce genre; il y en a ensuite d'*hyène*, de *tigre*, de *loup*, de *renard*, de *glouton*, de *putois* ou de quelque espèce voisine. On y trouve aussi, bien qu'en moindre nombre, des os d'herbivores, et nommément de *cerfs*, dont j'ai vu des fragmens chez M. Ebel. Il paraîtrait même, par un passage de M. Sœmmerring, que l'on en aurait retiré une parcelle d'os de crâne d'éléphant (1).

Selon M. Rosenmüller, il y en aurait d'hommes, de chevaux, de bœufs, de brebis, de cerfs, de chevreuils, de mulets, de blaireaux, de chiens et de renards, mais qui, d'après les recherches qu'il a faites dans la caverne même, et d'après leur état de conservation, doivent y avoir été déposés à des époques beaucoup plus récentes que ceux des ours, des tigres et des hyènes (2).

(1) Sœmmerring, sur les os fossiles gravés dans le Protogæa de Leibnitz; mémoire imprimé dans le Magasin pour l'histoire naturelle de l'homme, par C. Grosse, IIIe vol., 1790, p. 73.

(2) Rosenmüller, Descr. de l'Ours des cavernes, p. 2.

La petite presqu'île placée à l'opposite de cette caverne en offre plusieurs autres, comme le *Schœne-stein* ou *Belle Roche*, qui contient sept grottes contigües; le *Bronnen-stein* ou *roche de la Fontaine*, où l'on ne trouve, suivant Esper, que des os d'espèces connues, tels que blaireaux, chiens, renards, cochons et cerfs; mais Esper avait trop peu de connaissances anatomiques pour que l'on s'en rapporte entièrement à cet égard à son témoignage; ces os y sont quelquefois encroûtés de stalactite, le *Holeberg* ou *Montagne creuse*, où huit ou dix grottes forment une enfilade de 200 pieds, a deux issues; des ossemens des mêmes ours qu'à Gaylenreuth s'y trouvent dans divers enfoncemens latéraux, et il y en a aussi de cerfs et de cochons. Le *Wizer-loch*, ainsi nommé d'un ancien dieu slavon qu'on y adorait autrefois, l'antre le plus lugubre de toute la contrée, situé dans sa partie la plus élevée, et où l'on a trouvé quelques vertèbres; il a plus de 200 pieds de longueur. La *Wunder-hœhle*, qui tire son nom de son inventeur; elle n'est connue que depuis 1773 : son circuit est de 160 pieds. Enfin la caverne de *Klaustein*, composée de quatre grottes, et profonde de plus de 200 pieds; on y a trouvé des ossemens dan s la troisième grotte, et encore davantage dans le fond. On pouvait croire que le nom de *Klau-stein* signifiait *roche aux Ongles* ou *aux Griffes;* il conviendrait très-bien à un lieu où l'on trouve sans doute comme à Gaylenreuth une infinité de phalanges onguéales d'ours et d'animaux du genre des tigres. Mais M. Gold-fuss nous assure qu'il faut dire *Klaus-stein* ou *roche de Saint-Nicolas*, d'après une chapelle de ce nom qui l'occupait autrefois.

Il y a encore le *Geiss-knok* ou *grotte aux Chèvres*; et une caverne découverte en 1793. M. Rosenmüller y trouva deux squelettes humains déjà couverts de stalactite.

La contrée qui entoure cette petite presqu'île a elle-même plusieurs cavernes, indépendamment de celle de Gaylenreuth, comme celles de Mokas, de Rabenstein et de Kirchahorn, trois villages, le premier au sud, les deux autres au nord-est de Gaylenreuth : on a trouvé autrefois des os dans la première; la dernière porte dans le pays le nom expressif de *Zahn-loch* ou *grotte aux Dents;* elle porte aussi le nom de Hohen-Mirschfeld, village sur le territoire duquel elle est située, et les paysans y ont long-temps cherché de ces os qu'ils croyaient médicinaux. MM. Rosenmüller et Goldfuss y en ont en effet trouvé d'ours et de tigre. Il y en a deux autres dans le territoire du même village, dont celle que l'on nomme *Schneider-loch* (*Trou du Tailleur*) doit avoir fourni une vertèbre d'éléphant. Celle de Zewig, tout près de Waschenfeld, au bord même de la Wiesent, a près de 80 pas de profondeur, et l'on dit y avoir trouvé des squelettes d'hommes et de loups.

Toutes ces collines creusées de cavernes, et si voisines les unes des autres, semblent former une petite chaîne interrompue seulement par des ruisseaux, et qui va se joindre à la chaîne plus élevée du Fichtelberg, où sont les plus hautes montagnes de la Franconie, et d'où découlent le Mein, la Saale, l'Eger, la Naab, et beaucoup de petites rivières.

M. Rosenmüller, et après lui M. Buckland, assure que celles qui sont dans les collines au nord de la Wiesent n'ont pas un seul fragment d'os, tandis que celles du sud en sont remplies.

On a découvert en 1799 une caverne remarquable par sa situation, qui lie en quelque sorte celles du Hartz à celles de Franconie : c'est celle de Glücksbrunn, au bailliage d'Altenstein, dans le territoire de Meiningen, dans la pente sud-ouest de la chaîne du Thüringerwald (Blumenb. archæol. telluris, pag. 15. Zach. monatl. corresp. 1800, janvier, pag. 30). C'est la même que M. Rosenmüller nomme Liebenstein, parce qu'elle est sur le chemin d'Altenstein à ce dernier endroit, qui est un lieu de bains.

Il y en a une description, par M. Kocher, dans le Magasin de Minéralogie, par M. C. E. A. de Hof., 1er vol., IVe cah., p. 427.

Le calcaire dans lequel elle est creusée repose sur du schiste bitumineux, et, s'élevant beaucoup au-dessus, appuie sa partie supérieure sur des roches primitives. Ce calcaire varie pour la dureté et la cassure, et contient des pétrifications marines comme pectinites, échinites, etc.

On découvrit, en faisant un chemin, une ouverture d'où sortait un air très-froid, qui détermina le duc de Saxe-Meiningen à faire creuser plus avant. Un couloir de 20 pieds de long conduisit dans une grotte de 35', large de 3 à 12, haute depuis 6 jusqu'à 12, suivant les endroits, et terminée par un gros morceau de roche que l'on enleva. Un travail de deux ans découvrit et nettoya une série de grottes liées ensemble, et dont le sol s'élève et s'abaisse alternativement; elles se terminent dans un endroit où coule de l'eau; mais diverses fentes latérales font présumer qu'il y a encore plusieurs grottes qui n'ont pas été ouvertes, et qu'elles forment peut-être une sorte de labyrinthe.

Le sol et les parois de cette caverne sont garnis du même limon que dans les autres, mais plus noirâtre. Les os y étaient assez nombreux et teints de la même couleur, mais on n'a pu en retirer que deux crânes un peu entiers. Celui dont M. Kocher donne la figure est de notre première espèce d'ours. Nous en avons reçu un fémur de M. Smithson, gentilhomme anglais résidant à Cassel.

Il y a aussi de ces cavernes en Westphalie.

J.-Es. Silberschlag décrit, dans les Mém. des naturalistes de Berlin (Schriften, tom. 6, pag. 132), celle dite *Kluter-hœhle*, près du village d'Oldenforde, dans le comté de La Mark, au bord de la Milspe et de l'Enpe, deux ruisseaux qui se jettent dans la Ruhr, et avec elle dans le Rhin.

Son entrée est à peu près à moitié de la hauteur d'une colline dite Kluterberg, n'a que 3 pieds 3 pouces de haut, et regarde le midi. La grotte elle-même forme un véritable labyrinthe dans l'intérieur de la montagne.

Non loin de là, dans le même comté, à Sundwich, à deux lieues d'Iserlohn, est encore une grotte qui a fourni, depuis environ vingt-cinq ans, une très-grande quantité d'ossemens, dont une partie a été envoyée à Berlin; une autre est restée dans le pays entre les mains de divers particuliers. On n'en a point, que je sache, de description spéciale.

Si l'on jette un coup d'œil sur une carte générale, il n'est pas difficile d'apercevoir une certaine continuité dans les montagnes où se trouvent ces singulières cavernes.

Les monts Crapacks se lient avec les montagnes de Moravie et celles de Bohême dites Bœhmerwald, pour séparer le bassin du Danube de ceux de la Vistule, de l'Oder et de l'Elbe. Le Fichtelberg sépare le bassin de l'Elbe de celui du Rhin; le Thuringerwald et le Harz continuent à limiter le bassin de l'Elbe en le séparant de celui du Weser.

Ces diverses chaînes n'ont entre elles que de légers intervalles. Les cavernes de Westphalie sont les seules qui ne tiennent pas aux autres d'une manière aussi évidente.

Tout récemment on a découvert de ces os dans une caverne qui s'étend davantage vers le sud et même est située sur le revers des Alpes, du côté de l'Italie. C'est celle d'Adelsberg en Carniole, lieu placé sur la grande route de Laybach à Trieste et à peu près à égale distance entre ces deux villes. Toute cette contrée est creusée de grottes et de cavernes, qui ont même occasioné à la surface un grand nombre d'enfoncemens qui rendent l'aspect du pays fort singulier. Plusieurs de ces cavernes sont depuis long-temps célèbres parmi les naturalistes.

Celle d'Adelsberg est généralement visitée par les voyageurs parce qu'elle est voisine du grand chemin, et qu'il s'y perd une rivière dite la *Piuka* ou la *Poike*, qui y formeun lac souterrain et en ressort ensuite, du côté septentrional, sous le nom d'*Unz*.

Un trou que M. le chevalier de Lowengreif découvrit en 1816, dans une de ses parois à 14 brasses de hauteur, le conduisit dans une suite de grottes nouvelles d'une étendue immense et d'une beauté incomparable par l'éclat et la variété de leurs stalactites.

Une partie de ces grottes avait cependant été connue et doit même être ou avoir été accessible par quelque autre endroit, car on y trouve des inscriptions avec des dates depuis 1393 jusqu'à 1676, des os humains et des cadavres entiers qui y ont été ensevelis. On a imprimé à Trieste, en 1821, une brochure allemande où sont décrits tous les détours de ces conduits souterrains, leurs différentes salles, leurs dômes, leurs colonnes et tous les autres accidens de leurs stalactites. Je ne suivrai point l'auteur (M. de Volpi, directeur de l'École de commerce et de navigation de Trieste) dans cet immense labyrinthe; qu'il me suffise de dire que ce savant zélé assure y avoir fait plus de trois lieues de chemin, presque en ligne droite, et n'a été arrêté que par un lac qui lui a rendu le passage impossible. C'est à près de deux lieues de l'entrée qu'il découvrit des os d'animaux dont il donne les figures et qu'il décrit sous le nom de palæothériums. Il avait eu la complaisance de m'en communiquer les dessins l'année d'auparavant; mais il paraît que ma réponse ne lui parvint point, car il n'en fait aucune mention dans son livre.

Quoi qu'il en soit, ses figures indiquaient déjà qu'il s'agissait du grand ours des cavernes, et je m'en suis assuré depuis par une inspection immédiate. En effet, plusieurs de ces os ayant été présentés au congrès de Laybach, S. A. M. le prince de Metternich, dont le goût éclairé pour les progrès des connaissances a déjà rendu tant de services, voulut bien me les adresser, et je les ai déposés au Cabinet du roi, où chacun peut se convaincre de leur espèce.

Il y a sans doute des cavernes dans beaucoup d'autres chaînes; on en connaît plusieurs en France. J'en ai vu moi-même en Souabe, mais je n'y ai point trouvé d'ossemens : et en général il paraît qu'avant les dernières découvertes et surtout celle qui vient d'être faite dans le comté d'York, on ne connaissait guère que celles d'Allemagne et de Hongrie qui fussent riches en ossemens de carnassiers.

A la vérité, on pouvait déjà croire que le rocher de Fouvent, dont nous avons parlé dans notre second volume, page 61, et qui montre dans une de ses cavités des os d'hyènes en même temps que d'éléphans, de rhinocéros et de chevaux, appartenait à cet ordre de phénomènes; mais, comme on ne pénétra point dans la profondeur, on ne put constater ce qui en était.

Il n'en a pas été de même de la caverne de Kirkdale. Visitée aussitôt après sa découverte par plusieurs hommes instruits, et surtout par le savant et ingénieux géologiste M. Buckland, on n'a rien à désirer à son sujet.

Elle est située dans la division orientale du comté d'York, à 25 milles au N. N. E. de la ville d'York et à peu près à la même distance à l'ouest de la mer et de la ville de Scarborough. La petite rivière de Hodgebeck se perd sous terre dans le voisinage, à peu près comme la Piuka près d'Adelsberg.

Elle est creusée dans l'une des collines calcaires qui bordent au nord la vallée de Pickering, dont les eaux se jettent dans la Derwent. M. Buckland en compare la pierre à celle des dernières couches de calcaire alpin, telle qu'on en voit près d'Aigle et de Meillerie.

Ce fut pendant l'été de 1821 que des ouvriers, travaillant à une carrière, en découvrirent par hasard l'ouverture, qui était fermée par des décombres recouvertes de terre et de gazon.

Elle est à 100 pieds environ au-dessus du ruisseau voisin; on y pénètre jusqu'à 150 et 200 pieds, mais on ne peut s'y tenir debout qu'en un petit nombre d'endroits, des stalactites diverses la hérissant.

On voit sur ses côtés des pointes d'oursins et d'autres restes marins incrustés dans la masse du roc; mais c'est sur le sol de la grotte, et sur le sol seulement, que se trouve étendue cette couche de limon d'un pied environ d'épaisseur, toute pétrie d'ossemens, comme à Gaylenreuth. Ce limon et les os qu'il contient sont en divers endroits recouverts ou pénétrés de stalactite, surtout près des endroits où le roc a des fissures latérales.

La découverte ayant acquis beaucoup de célébrité, un grand nombre de personnes se sont procuré de ces os, et l'on en a placé dans divers dépôts publics. J'en dois une belle collection, que j'ai donnée au Cabinet du roi, à la bienveillance de M. Buckland et de MM. Salmon et Gibson, et pour compléter ce que cette suite peut laisser à désirer, j'ai reçu de M. Clift plusieurs dessins exécutés avec son grand talent, et j'ai pu profiter aussi des gravures annexées au Mémoire de M. Buckland, de celles de MM. Young et Bird et d'une collection d'os et de dessins qui m'a été communiquée par M. de Férussac au nom de sir Georges Cailey, baronnet, et qui a été formée en grande partie par le révérend M. Eastmead, de Kirby-Moorside, près de Kirkdale.

Le plus grand nombre sans comparaison appartient à des hyènes de la même espèce que celle des cavernes d'Allemagne; mais il y en a aussi de beaucoup d'autres animaux grands et petits que M. Buckland estime former vingt-une espèces.

D'après les pièces que j'ai sous les yeux, il s'y en trouve incontestablement d'*éléphant*, de *rhinocéros*, d'*hippopotame*, de *cheval*, de *bœuf* dans les proportions du bœuf commun, de *cerfs*, de *lapins*, de *campagnols*, de *rats*.

Il y en a aussi de quelques autres carnassiers, nommément de *tigre*, de *loup*, de *renard* et de *belette*.

Tous ces os et ces dents sont accumulés sur le sol, brisés et rongés, et l'on y voit même les traces des dents qui les ont fracturés; il s'y mêle jusqu'à des excrémens qui ont été reconnus parfaitement semblables à ceux de l'hyène.

Les collines où ces cavernes sont creusées se ressemblent par leur composition; elles sont toutes calcaires, et produisent toutes d'abondantes stalactites : celles-ci y enduisent les parois, y rétrécissent les passages, y prennent mille formes variées. Les os sont à peu près dans le même état dans toutes ces cavernes : détachés, épars, en partie brisés, mais jamais roulés, et par conséquent non amenés de loin par les eaux; un peu plus légers et moins solides que des os récens : cependant encore dans leur vraie nature animale, fort peu décomposée, contenant beaucoup de gélatine, et nullement pétrifiés; une terre durcie, mais encore facile à briser ou à pulvériser, contenant aussi des parties animales, quelquefois noirâtre, y forme leur enveloppe naturelle. Elle est souvent imprégnée et recouverte d'une croûte de stalactite d'un bel albâtre ; un enduit de même nature revêt les os en divers endroits, pénètre leurs cavités naturelles, les attache quelquefois aux parois de la caverne. Cette stalactite est souvent colorée en rougeâtre par la terre animale qui s'y mélange. D'autres fois sa surface est teinte de noir ; mais il est aisé de voir que ce sont là autant d'accidens modernes et indépendans de la cause qui a amené les ossemens dans ces cavités. On voit même journellement la stalactite faire des progrès et embrasser çà et là des groupes d'ossemens qu'elle avait respectés auparavant.

Cette masse de terre, pénétrée de parties animales, enveloppe indistinctement les os de toutes les espèces ; et si l'on en excepte quelques-uns trouvés à la surface du sol, et qui y auront été transportés à des époques bien postérieures, que l'on peut distinguer aussi à leur bien moindre décomposition, ils doivent avoir été tous enterrés de la même manière et par les mêmes causes. Dans cette masse de terre, pêle-mêle parmi les os, sont (du moins dans la grotte de Gaylenreuth) des morceaux d'un marbre bleuâtre dont tous les angles sont arrondis et émoussés, et qui paraissent avoir été roulés. Ils ressemblent singulièrement à ceux qui font partie des brèches osseuses de Gibraltar et de Dalmatie.

Enfin ce qui achève de rendre le phénomène bien frappant, les plus remarquables de ces os sont les mêmes dans ces cavernes, sur une étendue de plus de deux cents lieues. Les trois quarts et davantage appartiennent à des ours que l'on ne trouve plus vivans. La moitié ou les deux tiers du quart restant vient d'une espèce d'*hyène* qui est également inconnue aujourd'hui. Un plus petit nombre appartient à une espèce du genre du *tigre* ou du *lion*, et à une autre du genre du *loup* ou du *chien*; enfin, les plus menus viennent de divers petits carnassiers, comme le *renard*, le *putois*, ou du moins d'espèces très-voisines de ces deux-là, etc.

La caverne de Kirkdale cependant fait une exception notable en ce que l'on n'y trouve point ou très-peu d'ossemens d'ours, et que c'est l'hyène qui paraît y dominer parmi les carnassiers.

Les espèces si communes dans les terrains d'alluvion, les *éléphans*, les *rhinocéros*, les *chevaux*, les *bœufs* ou *aurochs*, les *tapirs*, sont très-rares dans les cavernes d'Allemagne; il en est même où personne ne dit en avoir trouvé, et l'on n'y cite comme os d'herbivores que quelques débris de cerfs; mais encore en ce point la caverne de Kirkdale diffère beaucoup des autres, en ce qu'elle abonde presque autant en ossemens d'herbivores grands et petits qu'en ossemens de carnassiers. On y voit tous les grands pachydermes des terrains meubles: les éléphans, les rhinocéros, les hippopotames. On y voit aussi des os de bœufs, de cerfs, et jusqu'à de petits osselets de rats et d'oiseaux; mais il n'y a d'ossemens d'animaux marins d'aucune espèce ni à Kirkdale ni en Allemagne. Ceux qui ont prétendu y voir des os de *phoques*, de *morses* ou d'autres espèces semblables, ont été induits en erreur par les hypothèses qu'ils avaient adoptées d'avance.

Ces os de carnassiers si nombreux dans les cavernes sont rares dans les grandes couches meubles; l'hyène seule s'y est montrée en certaine quantité à Canstadt, près d'Aichtedt, et dans quelques autres endroits; on a aussi quelques traces de l'ours en Toscane et en Autriche, mais leur proportion relative est toujours infiniment moindre que dans les cavernes, et toutefois il est suffisamment prouvé par ces circonstances que ces divers animaux ont vécu ensemble dans les mêmes pays et ont appartenu à la même époque.

Ce fait important me paraît avoir été parfaitement établi par M. Buckland.

On ne peut guère imaginer que trois causes générales qui pourraient avoir placé ces os en telle quantité dans ces vastes souterrains : ou ils sont les débris d'animaux qui habitaient ces demeures et qui y mouraient paisiblement; ou des inondations et d'autres causes violentes les y ont entraînés; ou bien enfin ils étaient enveloppés dans des couches pierreuses dont la dissolution a produit ces cavernes, et ils n'ont point été dissous par l'agent qui enlevait la matière des couches.

Cette dernière cause se réfute, parce que les couches dans lesquelles les cavernes sont creusées ne contiennent point d'os; la seconde, par l'intégrité des moindres éminences des os, qui ne permet pas de croire qu'ils aient été roulés : car si quelques os sont usés, comme l'a remarqué M. Buckland, ils ne le sont que d'un côté, ce qui prouverait seulement que quelque courant a passé sur eux et dans le dépôt où ils sont. On est donc obligé d'en revenir à la première supposition, quelques difficultés qu'elle présente de son côté, et de dire que ces cavernes servaient de retraite aux animaux carnassiers; qu'ils y entraînaient pour les dévorer les animaux dont ils faisaient leur proie ou les parties de ces animaux.

M. Buckland a observé que les ossemens d'hyène ne sont pas moins rompus et fracturés que ceux d'herbivores, d'où il conclut qu'elles dévoraient les cadavres de leur propre espèce, comme le font encore les hyènes d'aujourd'hui.

Ces carnassiers s'attaquaient aussi mutuellement pendant leur vie, car nous verrons au chapitre de l'hyène une tête qui évidemment avait été blessée et ensuite guérie.

Au reste, cette supposition est confirmée par la nature animale du terreau dans lequel ces os sont ensevelis, nature déjà reconnue par plusieurs naturalistes, mais qui a été déterminée encore plus rigoureusement, à ma demande, par le très-habile chimiste M. Laugier, mon collègue dans notre Muséum, qui a bien voulu me permettre d'insérer son travail dans mon ouvrage, dont il va faire un des beaux ornemens (1).

---

(1) *Examen et Analyse de la terre servant d'enveloppe aux os de la caverne de Gaylenreuth, par M.* Laugier.

Cette terre qui sert d'enveloppe aux os fossiles en a reçu l'empreinte et la forme. Elle a contracté avec eux une adhérence telle, qu'il est assez difficile de l'en séparer exactement. Elle a une couleur jaunâtre semblable à celle des os qui ont été long-temps enfouis. Elle noircit par le contact de la chaleur dans les vaisseaux fermés ; mais cette couleur noire disparaît promptement lorsqu'on la chauffe avec le contact de l'air. Elle fait une vive effervescence par les acides.

On a séparé le plus exactement qu'il a été possible cinq grammes de cette terre ; on a fait choix des parties les plus compactes, et on a rejeté celles dans lesquelles on apercevait le tissu osseux. On a réduit ces cinq grammes en poudre, et on les a chauffés fortement dans une cornue revêtue à l'extérieur d'une couche de terre à four, jusqu'à ce que le fond du vaisseau fût rouge. En délutant l'appareil qu'on avait laissé refroidir, on a été frappé de l'odeur qu'exhalaient les matières animales ; le récipient contenait quelques gouttes d'eau qui tenaient une substance alcaline en dissolution, car une seule goutte suffisait pour verdir fortement le sirop de

Ce qui est certain, c'est que l'établissement de ces animaux dans les cavernes est bien postérieur à l'époque où ont été formées les

---

violettes. Au bout de quelques jours, celui-ci a repris sa couleur bleue; vraisemblablement à mesure que cet alcali, qui était de l'ammoniaque, s'est dégagé. La poudre restée dans la cornue était noircie par le charbon de la matière animale décomposée. Dans cet état, elle ne pesait plus que quatre grammes et demi; elle avait donc perdu un demi-gramme, ou 10 pour 100. Calcinés de nouveau, et fortement, dans un creuset de platine, les 4 grammes et demi ont été réduits à 3 grammes 30 centigrammes; ainsi la dissolution et la calcination ont fait perdre à la poudre soumise à ces expériences 1 gramme 70 centigrammes ou 34 pour 100. Cette seconde perte de 34 pour 100 doit être attribuée au dégagement de l'acide carbonique combiné à la chaux, et à une petite quantité d'eau qui avait échappé à la distillation. Le résidu de la calcination avait la saveur âcre, alcaline, de la chaux: il s'échauffait fortement avec l'eau et se dissolvait dans les acides sans effervescence; il avait repris sa couleur jaunâtre.

Les 3 grammes 30 centigrammes restant se sont dissous à l'aide d'une douce chaleur dans l'acide nitrique; il n'est resté qu'une petite quantité d'une matière rougeâtre qui pesait 2 décigrammes ou 4 pour 100, et que l'on a reconnue pour de la silice colorée par du fer.

La dissolution, qui contenait un assez grand excès

couches pierreuses étendues, non-seulement celles dont se composent les montagnes où les cavernes sont creusées, mais les couches

---

d'acide, a été mêlée à de l'ammoniaque, qui y a formé un précipité blanc, gélatineux, que l'on a recueilli sur un filtre et lavé avec soin. On l'a fait bouillir encore humide avec une dissolution de potasse caustique; au premier contact de la chaleur, le mélange a pris une couleur rougeâtre due au fer, qui s'est séparé vraisemblablement de l'acide phosphorique auquel il était combiné. Le mélange, étendu d'eau et filtré, a laissé une matière d'un jaune rougeâtre qui, traitée de nouveau avec la potasse caustique lavée et calcinée, pesait 0,82 centigrammes, ou 26 et demi pour 100.

Ces 0,82 centigrammes ayant été dissous dans l'acide nitrique, l'ammoniaque versée dans cette dissolution y a formé un précipité gélatineux qui avait tous les caractères de phosphate de chaux. C'était la portion de ce sel qui n'avait point été décomposée par la potasse; ce précipité était légèrement rougeâtre; son poids était de 45 centigrammes; on en a séparé, par l'acide nitrique très-affaibli, 5 centigrammes d'oxide de fer : ainsi la quantité du phosphate de chaux non décomposée équivalait à 8 pour 100, et l'oxide de fer qui le colorait à 1 pour 100.

On a versé dans la dissolution, d'où le phosphate de chaux avait été séparé par l'ammoniaque, une solution de beaucoup plus modernes. Aucune inondation permanente n'a pénétré dans ces antres souterrains et n'y a formé de dépôt pierreux régulier.

---

de carbonate de potasse et quelques gouttes de solution de potasse caustique ; il s'y est formé un précipité floconneux et lourd, assez abondant, et après avoir fait bouillir le mélange, pour faciliter la précipitation en dégageant l'acide carbonique, on a recueilli sur le filtre une matière d'un blanc grisâtre qui, après une forte calcination, pesait 37 centigrammes et demi ou 7 et demi pour 100 : c'était de la chaux mêlée à une petite quantité de magnésie.

La solution alcaline devait contenir, outre l'acide phosphorique enlevé à la chaux, toute l'alumine que la terre pouvait recéler. Pour séparer celle-ci, on a versé dans la dissolution du muriate d'ammoniaque liquide : on a en effet obtenu un précipité léger, floconneux, auquel on a reconnu les caractères de l'alumine ; mais elle est devenue noire par la calcination. Ce phénomène doit être attribué à la présence d'une très-petite quantité de manganèse qui avait donné à la potasse une couleur verte que l'addition de quelques gouttes d'acide avait fait passer au rose.

L'eau de chaux a formé dans la dissolution alcaline un précipité floconneux, abondant, léger, qui, lavé, séché, redissous dans l'acide nitrique et précipité par l'ammoniaque, pesait, après la calcination, 0,67 centigrammes

Le limon provenant de la propre décomposition de ces animaux et les stalactites filtrées au travers des parois des grottes sont

---

et demi; ce qui fait pour lors 13 parties et demie, lesquelles ajoutées aux 8 parties de phosphate de chaux non décomposé, en portent la somme à 0,21 parties et demie pour 100 de la terre soumise à l'analyse.

On a séparé de ce phosphate artificiel, à l'aide de l'acide nitrique très-étendu d'eau, 0,12 centigrammes et demi d'oxide de fer, qui vraisemblablement étaient restés combinés avec l'acide phosphorique, et qui, ajoutés aux 0,05 centigrammes enlevés par le même moyen au phosphate de chaux naturel, forment un total de 3 parties et demie pour 100.

Il restait à faire l'examen de la dissolution nitrique d'où l'ammoniaque avait précipité le phosphate de chaux, le fer et l'alumine : le carbonate de potasse y a formé un précipité blanc, abondant, dont l'ébullition a fourni par l'acide sulfurique 4 grammes de sulfate de chaux qui représentent 1,60 de chaux ou 32 pour 100 de cette substance alcalino-terreuse. Le lavage du sulfate de chaux a fourni par l'évaporation une petite quantité de sulfate de magnésie. Il paraît que cette terre s'y trouve à peu près dans les proportions où les os la contiennent.

Les nouvelles découvertes sur la présence de l'acide fluorique dans les substances fossiles pouvaient faire présumer que la terre qui sert d'enveloppe aux os fosles seules matières qui y recouvrent ces débris, et ces stalactites s'accroissent si rapidement, que M. Goldfuss en a déjà trouvé une couche recouvrant les noms de MM. Esper et Rosenmüller, dont les visites ne dataient pas de trente ans avant la sienne. Les pierres rou-

---

siles n'en était pas entièrement exempte ; mais un mélange de cette terre et de 4 parties d'acide sulfurique concentré, soumis à la distillation, n'en a pas indiqué la moindre trace.

Il résulte du travail dont on vient de rendre compte, que 100 parties de la terre qui sert d'enveloppe aux os fossiles de la caverne de Gaylenreuth sont formés des principes ci-après indiqués et dans les proportions suivantes :

1° Chaux mêlée d'un peu de magnésie et combinée à l'acide carbonique.	32	
2° Acide carbonique et un peu d'humidité.	24	
3° Phosphate de chaux.	21	5
4° Matière animale et eau.	10	
5° Alumine colorée par un atome de manganèse.	4	
6° Silice colorée par du fer.	4	
7° Oxide de fer peut-être combiné à l'acide phosphorique.	3	5
Perte.	1	
	100	0

lées qui s'y rencontrent, les traces de détrition observées sur quelques os, n'annoncent tout au plus que des courans passagers.

Mais comment tant d'êtres féroces qui peuplaient nos forêts en ont-ils été extirpés? Toute la réponse que nous puissions faire, c'est qu'ils ont dû être détruits en même temps et par la même cause que les grands herbivores qui les peuplaient comme eux, et dont on ne trouve pas plus de traces aujourd'hui.

ADDITION.

L'année dernière (1822), M. Buckland a publié, sous le titre de Reliquiæ diluvianæ, un ouvrage de la plus grande importance, dont ces cavernes et les os qu'elles contiennent font un objet principal. A la description déjà si exacte qu'il avait donnée de celle de Kirkdale, il ajoute celle de plusieurs autres récemment découvertes en Angleterre :

1° Celle du parc de Duncombe, peu éloignée de la première, qui ne contient que des os récens;

2° Celle de Hutton, village du comté de Sommerset, au pied des collines de Mendip, qui forment un petit cap dans le canal de Bristol, au nord de la baie de Bridgewater : on y a trouvé des os d'éléphans, de chevaux, de sangliers, de deux espèces de cerfs, de bœufs, le squelette presque entier d'un renard, et un os de métacarpe d'un grand ours;

3° Celle de Derdham-Down, près de Clifton, qui est tout près de Bristol, à l'ouest : il y avait des os de cheval;

4° Celle de Balleye, près de Wirksworth, dans le comté de Derby : on y découvrit, en 1663, des dents d'éléphans dont on conserve encore quelque chose;

5° Celle de Dream, au village de Callow, près du même Wirksworth : des ouvriers occupés de la recherche des mines de plomb la découvrirent au mois de décembre 1822. On y trouva, au milieu d'une masse de limon, presque tous les os d'un rhinocéros en très-bon état, qui ont été recueillis avec soin par le propriétaire M. Gell.

6° Les trois séries de fentes et de cavernes d'Oreston, près de Plymouth, dont nous avons déjà parlé plusieurs fois : c'est en faisant disparaître, pour des travaux relatifs à ce port, une petite colline de calcaire de transition, qu'on les a successivement ouvertes; la dernière ne l'est que depuis 1822. Outre les os de rhinocéros déjà décrits par sir Everard Home, et dont nous avons parlé, on y a trouvé des restes d'hyène, de tigre, de loup, de cerf, de bœuf, et surtout de cheval. Les Transactions philosophiques de 1823 contiennent une lettre de M. Joseph Widbey sur ces cavernes, avec deux coupes, et suivie d'une description et d'excellentes figures des os les plus remarquables qui y ont été trouvés, faites par M. Clift, dont le beau talent a déjà enrichi ce recueil de tant de planches, non moins remarquables par leur exécution que par leur fidélité.

7° Celle de Nicholaston, sur la côte du comté de Glamorgan, dans la baie d'Oxwich : on y trouva en 1792 des os d'éléphant, de rhinocéros, de bœuf, de cerf et d'hyène;

Et enfin 8° celles de Paviland, dans le même comté, entre la baie d'Oxwich et le cap de Worms, qui marque l'entrée du canal de Bristol : il y en a deux ouvertes dans une falaise, à trente ou quarante pieds au-dessus de la haute mer, où l'on ne peut arriver qu'à la marée basse, et dont le sol va en montant. Le curé et le chirurgien du village voisin de Portinan y trouvèrent une défense et une molaire d'éléphant, en suite de quoi on y recueillit beaucoup d'autres os d'éléphant, de rhinocéros, de cheval, d'ours, d'hyène, de renard, de loup, de bœuf, de cerf, de rat, d'oiseau; et même un squelette de femme et des épingles d'os; mais plusieurs de ces os sont modernes, et des fouilles faites à des époques inconnues ont déplacé les anciens, et les ont mêlés avec les modernes ainsi qu'avec des coquilles de la mer actuelle.

A ces descriptions des cavernes anglaises, M. Buckland a joint celles de plusieurs cavernes d'Allemagne, qu'il a pris la peine de visiter exprès. Il établit que les os qui les garnissent sont du même âge que ceux des cavernes d'Angleterre, et il y applique la même théorie; mais, d'après ses observations, il pense que l'hyène y est plus rare que je ne l'avais cru.

M. Goldfuss, dans la 2e partie du XIe volume des Nouveaux Mémoires de l'Académie des Curieux de la Nature, imprimés en 1823, a continué ses recherches sur les os fossiles, et particulièrement sur ceux des cavernes de Westphalie et de Franconie.

Il estime que la proportion des espèces y est à peu près telle que pour huit cents ours des cavernes, on y trouve soixante ours arctoïdes, dix *Ursus priscus*, trente gloutons, vingt-cinq tigres ou lions, cinquante loups et vingt-cinq hyènes, ce qui est tout-à-fait l'inverse des cavernes d'Angleterre.

Dans la caverne de Sundwich, et dans une caverne voisine plus petite, dite de Henri, on a trouvé en différens temps, outre les morceaux d'ours des cavernes, un crâne et une portion de mâchoire d'hyène, des os de cerfs gigantesques, de cerf semblable à l'ordinaire, d'une troisième espèce de la taille du daim, un crâne de glouton, un fragment de mâchoire inférieure de cochon, des dents et un occiput de rhinocéros, mais point de tigres ou lions, ni de loups. Ces amas d'os ressemblent plus à ceux d'Angleterre que ne font ceux de Franconie, où c'est à peine si l'on trouve quelques débris d'animaux herbivores.

CHAPITRE III.

DES OSSEMENS D'OURS.

PREMIÈRE SECTION.

DES *OURS VIVANS*.

ARTICLE PREMIER.

De leurs espèces.

Dès l'origine de mes recherches sur les os des cavernes, je m'aperçus de la nécessité de déterminer les caractères, tant extérieurs qu'ostéologiques, des espèces vivantes d'ours, et je fis des efforts pour en obtenir les moyens. Nous n'avions au Muséum qu'un seul squelette d'ours, d'espèce indéterminée; je fus donc obligé pendant plusieurs années d'examiner tous les ours que je pus me procurer et d'en faire exécuter les squelettes. Notre ménagerie m'a été à cet égard de la plus grande utilité, et l'on a vu en cette occasion comme en tant d'autres l'importance scientifique d'un pareil établissement, surtout lorsqu'il est dirigé par un naturaliste tel que mon savant collègue M. Geoffroy. On est parvenu à y réunir jusqu'à cinq espèces ou races d'ours, et à les comparer ensemble, vivantes et en squelettes. Nos ardens voyageurs, MM. Leschenault, Diard et Duvaucel, ont contribué à étendre nos matériaux en m'envoyant des peaux, des têtes et des squelettes des ours des Indes, dont j'ai trouvé aussi diverses parties au Muséum des chirurgiens de Londres.

Il ne fallait rien moins que de pareils moyens pour éclaircir un peu l'obscurité répandue par les naturalistes sur l'histoire de ce genre, et dont on peut prendre une idée par le résumé que je vais faire de leurs opinions.

Quoique les anciens aient bien connu les

ours et qu'ils en aient vu souvent; quoiqu'ils aient expressément distingué l'ours blanc; que Ptolomée Philadelphe en ait montré un à l'Égypte (Athen., lib. V, page 201, édit. 1597); qu'Aristote dise qu'il y en avait en Mysie (De Mirab. auscult. sub fin.), et Pausanias en Thrace (Arcad., pag. 483, édit. Hanau 1513), ils n'ont rien dit sur les différences des ours bruns et noirs.

Le fameux dominicain et évêque de Ratisbonne, Albert-le-Grand, paraît être le premier qui ait aperçu ces différences, et qui ait regardé les ours noirs et bruns comme deux races particulières. « *Sunt autem apud nos nigri, fusci et albi*. Alb. »

Georges Agricola semble avoir considéré les couleurs comme accidentelles, et ne distinguer deux races que par la taille.

Gessner l'a suivi (Quadr., pag. 941), et dit qu'on appelle en allemand la petite race *Stein-bær* (ours de roche), et la grande, *Haupt-bær* (ours capital).

Selon eux, les petits ours grimpent plus facilement aux arbres.

Les Allemands et les Russes distinguent depuis long-temps, selon Pallas, de grands ours noirs plus cruels, et d'autres plus petits, d'un gris-brun et d'un naturel plus doux (Spicil. zool. fascic. XIV, pag. 4). Il paraît que c'est la même distinction que fait Pontoppidan en *ours-cheval* (*Hestebiorn*) et en *petit ours des fourmis*.

D'autres naturalistes ont distingué trois races; mais chacun d'eux semble l'avoir fait à sa manière.

Gadd établit un grand *ours noir* plus rare; un *ours à collier*, brunâtre avec un collier blanc, et un *ours des fourmis*, brun et le plus petit de tous.

Wormius dit que, selon les Norwégiens, c'est l'*ours brun*, qu'il nomme *Græssdjur* (*ours d'herbe*), qui est le plus grand et le moins dangereux, ne vivant que de végétaux; l'*ours noir* (*Ildgiersdjur*) est plus petit et carnassier, attaquant les chevaux; enfin l'*ours des fourmis* (*Myrebiorn*) est le plus petit de tous, et cependant encore assez dangereux. Ces trois races se mêlent et produisent des individus de couleurs et de grandeurs intermédiaires (Worm. Mus. 318).

Rzaczinski et Klein, d'après lui, nomment *ours des fourmis* la grande variété noirâtre dont ils distinguent une variété fauve plus petite, et une autre argentée ou à poils blanchâtres. C'est aussi la distinction adoptée par M. Blumenbach, qui du reste paraît attribuer à l'âge les différences d'appétit (Trad. fr., t. I, p. 115).

Buffon (Hist. nat., VIII, p. 249) réduit tous les ours à une espèce brune et une espèce noire; mais comme Duprats et Lahontan établissaient une distinction semblable entre les *ours d'Amérique*, Buffon suppose qu'ils sont les mêmes que ceux d'Europe, et attribue à la *race noire* de ces derniers tout ce que les voyageurs ont observé sur celles d'Amérique, et particulièrement sa douceur et son naturel frugivore. Du reste, il ne leur donne d'autre caractère que la couleur du poil. Daubenton y ajoute conjecturalement le nombre des dents, parce que le squelette de celui qu'il avait disséqué, qui était de la race brune, en avait quatre de moins que celui de Perrault, qu'il supposait de la race noire. Buffon regarde aussi l'*ours blanc maritime* comme spécifiquement différent des deux autres, quoiqu'il n'ait pas eu d'occasion de l'examiner par lui-même.

Linnæus confondit tous les ours, même le

blanc maritime, en une seule espèce. Ce ne fut qu'à sa dixième édition, qu'il commença à soupçonner que celui-ci pourrait bien être distinct.

Pallas fut le premier qui constata les caractères distinctifs de l'*ours blanc maritime* (Spic. zool. fasc. XIV), et qui indiqua ceux de l'*ours noir d'Amérique* (ib., p. 5), caractères que j'ai confirmés depuis dans la Description de la ménagerie du Muséum; mais, à l'égard des ours ordinaires d'Europe, il paraît disposé à attribuer leurs différences à l'âge, conformément au sentiment de Riedinger (l, c., p. 4 et 5).

Gmelin ne fait de l'*ours noir* et de l'*ours brun* que deux variétés, dont la seconde serait à la fois la plus grande et la plus carnassière; il distingue, comme Pallas, spécifiquement l'*ours blanc maritime* et l'*ours noir d'Amérique*.

Il y a donc parmi les modernes presque autant d'opinions qu'il y a d'auteurs, et il est remarquable qu'aucun de ceux-ci ne donne les raisons sur lesquelles il fonde la sienne.

Sans en vouloir proposer une nouvelle, je dirai que tous les ours terrestres d'Europe que j'ai pu observer, me paraissent pouvoir se réduire à deux espèces différentes par les formes et surtout par le squelette de la tête, et que l'une d'elles au moins se divise en plusieurs variétés, par rapport à la nature et aux teintes du poil.

Dans l'une de ces espèces, le dessus du crâne est bombé de toute part. Le front fait partie de la même courbe qui règne depuis le museau jusqu'à l'occiput. Il est bombé de droite à gauche comme dans sa longueur, et il n'y a point de distinction bien nette entre le front, la partie moyenne des pariétaux et les fosses temporales. La crête sagittale ne commence à se marquer que fort près de l'occipitale.

Dans l'autre espèce, la partie frontale est aplatie et même concave, surtout en travers; les deux arêtes qui la séparent des fosses temporales sont bien marquées, et forment en arrière un angle aigu qui se prolonge en une crête sagittale très-élevée, laquelle ne finit qu'à sa rencontre avec la crête occipitale.

On peut se faire une idée de cette différence très-sensible, en comparant, pour les courbures du profil, les fig. 2, 3 et 4, pl. 183, qui sont de la première espèce, avec les fig. 1 et 2 de la pl. 182, qui sont de la seconde; et pour la face supérieure, la fig. 1, pl. 183, avec les fig. 2 et 3, pl. 181.

A la première espèce appartient l'ours brun ordinaire des Alpes, de Suisse et de Savoie, celui qu'on élevait dans les fossés de la ville de Berne. Plusieurs des individus que l'on y prit, en 1798, ayant été amenés à Paris, ont été examinés par nous avec soin, vivans et morts. Leur poil était brunâtre et un peu laineux; les pointes en tiraient sur le fauve ou le jaunâtre, surtout à la partie antérieure du corps et à la tête. On voit une excellente figure de l'un d'eux, faite sur le vivant par Maréchal, dans la Description de notre Ménagerie.

De la même espèce était encore un ours brun des Pyrénées, qui avait beaucoup plus de fauve et de jaunâtre dans le pelage, et dont toute la tête notamment était d'un fauve doré et les oreilles blanchâtres. J'imagine que c'est à cette variété qu'appartiennent les *ours dorés* dont parlent quelques naturalistes.

Je rapporte encore à cette espèce une race qui s'écarte déjà un peu plus des deux précédentes. J'en ai vu et disséqué deux individus amenés de Pologne. Le premier se rapprocherait encore assez des ours des Alpes; mais l'autre avait son poil plus égal, plus serré, beaucoup moins laineux, et plutôt soyeux ou velouté. Sa couleur est brune, presque sans mélange de jaune; la tête est d'un gris-brun cendré, avec une teinte de roux entre les oreilles. Lorsqu'on le regarde d'un certain côté, il paraît plutôt avoir un reflet blanchâtre.

Il est probable que c'est à cette race particulière qu'appartiennent les *ours argentés* des naturalistes polonais. Peut-être aussi que la variété entièrement blanche de l'*ours terrestre* dont parle Pallas, comme d'un animal très-différent de l'*ours maritime* (Spicil., XIV, p. 7), et que Buffon paraît avoir représentée, t. VIII, pl. 32, n'est que le dernier point d'albinisme auquel cette race peut atteindre. Elle paraît arriver à une plus grande taille; son crâne est plus bombé dans la région frontale que celui des autres individus que je rapporte à la même espèce : ce qui, joint au lisse et au soyeux de son poil, donne un autre aspect à sa tête.

Au reste, tous les ours ont leur poil d'été plus ras et plus soyeux, leur poil d'hiver plus long et plus laineux.

Le caractère commun de cette espèce me paraît être d'avoir le poil brun foncé à sa base et fauve à sa pointe. C'est du plus ou moins d'étendue de cette extrémité fauve que dépend la teinte générale, plus ou moins brune, plus ou moins dorée.

Je me suis assuré que les *ours à collier* ne sont que des *ours* de cette première espèce dans leur jeune âge. Le petit ours qui vient de naître est très-bien formé et fort éloigné de ressembler à une masse grossière, comme l'ont cru les anciens. Son poil est lisse et d'un gris-brun cendré avec un beau collier blanc. Il conserve souvent des traces de ce collier, qui jaunit cependant par degrés, jusqu'à deux ou trois ans, et quelquefois plus tard.

J'ai eu à disséquer un troisième ours de Pologne (pl. 183, fig. 4), le plus grand des ours que j'aie vus jusqu'ici. Il était plus élancé, plus élevé sur jambes que les autres, et son squelette montre encore ces proportions particulières. Son crâne proprement dit a les mêmes caractères que ceux des ours bruns, mais il est plus allongé dans l'espace qui s'étend depuis l'occiput jusqu'au front. Le devant du front est plus plat et la racine du nez plus enfoncée, plus concave.

Son poil est brun foncé, avec de très-légers reflets de fauve à la tête et aux oreilles, et du noirâtre aux jambes.

Il faudrait avoir vu plusieurs individus pour savoir si ces différences constituent une race séparée; mais je suis sûr du moins qu'elles ne viennent pas du sexe : car cet individu était mâle, et j'ai eu des mâles de toutes les autres races.

Je n'ai vu de la deuxième espèce d'*ours d'Europe* qu'un seul individu vivant, que j'ai disséqué ensuite. Il était d'assez grande taille et d'un poil brun noirâtre, assez grossier, demi-laineux et long, surtout au ventre et aux cuisses. Le dessus du nez est fauve clair, et le reste du tour du museau d'un fauve-brun-roux. Je crois que c'est cet ours que les naturalistes ont désigné sous le nom d'*ours noir d'Europe*, et qu'il faut bien se garder de confondre avec l'*ours noir d'Amérique*, à poil noir, lisse et luisant. La forme particulière et aplatie de son crâne se fait assez remarquer au travers du poil qui le garnit, pour frapper par sa différence de celui de l'*ours brun ordinaire*.

Le squelette d'ours trouvé par Daubenton au Cabinet, et qu'on y conserve encore, était de cette espèce : il paraît qu'il venait des anciens travaux anatomiques de l'Académie des Sciences. (Voyez son crâne, pl. 181, fig. 2, et pl. 182, fig. 1.) Un crâne séparé, que j'ai aussi trouvé dans ce Muséum, sans indication de son origine, pl. 181, fig. 3, et pl. 182, fig. 2, paraît en être également, quoiqu'il offre quelques différences dans les proportions, dont les principales tiennent à moins de hauteur verticale, à plus d'allongement, eu égard à la largeur, et à plus de minceur du museau. Je crois cependant qu'il doit être dans l'espèce de l'ours noir d'Europe une race particulière, à peu près comme le troisième ours de Pologne dont j'ai parlé ci-dessus en est une dans l'espèce de l'ours brun.

Je ne peux dire d'où était l'individu que j'ai

vu vivant : ainsi je ne puis indiquer si cette espèce habite de préférence dans certains pays, ou si on la trouve pêle-mêle dans les mêmes lieux que l'autre.

Je ne puis dire non plus, par conséquent, si elle varie pour la couleur et les autres accidens du pelage.

Mais je puis assurer que les caractères qu'elle offre ne viennent ni de l'âge ni du sexe ; car j'ai, dans la première espèce, des crânes de sexe différent et tout aussi adultes que ceux de la seconde.

A en juger par la forme du crâne, par la grandeur des fosses temporales et par les attaches que les crêtes doivent fournir aux muscles crotaphites, on ne peut guère douter que ce ne soit l'*espèce noire* qui semble mieux organisée pour être carnassière, et je suis presque persuadé que si le contraire passe aujourd'hui pour véritable, c'est parce qu'on a confondu cet *ours noir d'Europe* avec celui d'*Amérique*, qui paraît en effet constamment *frugivore* ou *piscivore* dans son pays natal ; mais, dans le fait, tous les *ours* sont *omnivores*, et dans les ménageries on les nourrit tous, même le *blanc maritime*, que l'on a dit si cruel, avec du pain seulement, sans qu'ils en pâtissent le moins du monde. Nous en avons tous les jours la preuve sous les yeux dans cette ménagerie, où l'on ne fait point suivre d'autre régime à ces animaux depuis plus de vingt ans. En effet, les dents mâchelières des ours, plates et tuberculeuses comme celles de l'homme et des singes, et jamais tranchantes comme celles des lions et des loups, montrent d'avance qu'ils sont destinés à prendre toutes les sortes d'alimens.

L'*ours noir d'Amérique* forme, selon moi, une troisième espèce plus voisine de l'*ours noir d'Europe* que de l'*ours brun*; on peut cependant aussi le distinguer du premier par des caractères assez sûrs.

Sa tête osseuse est plus courte à proportion de sa grosseur; et ses arcades zygomatiques moins convexes, moins écartées du crâne, laissent par conséquent moins de volume au muscle crotaphite: ce qui explique jusqu'à un certain point le naturel plus doux de cette espèce, attesté par tous les voyageurs. (Voyez pl. 183, fig. 5 et 6.)

D'un autre côté, son front est bombé comme dans l'*ours brun*, et non *plat* ou *concave* comme dans le *noir*; et cependant ses crêtes temporales sont bien marquées, et se rapprochent de bonne heure pour former une crête sagittale qui occupe sur le crâne autant d'espace que dans les *ours noirs d'Europe*.

Il faut remarquer ici que dans les uns et les autres, ainsi que dans tous les carnassiers, la crête sagittale augmente de longueur avec l'âge, parce que les crotaphites grossissent et produisent des impressions plus marquées; mais cette observation n'altère en rien la justesse de la distinction que nous établissons entre l'ours brun et l'ours noir, parce que le premier n'a de longue crête sagittale à aucun âge.

Le poil de cet ours est généralement d'un beau noir, bien lisse, bien luisant. Dans sa première jeunesse, il est plus brun, couleur de chocolat; et, à un certain âge, il se couvre d'un duvet gris, avant de prendre son beau noir.

Dans tous les temps, ce noir est la teinte de

l'extrémité des poils; et leur base est d'un gris-brun plus ou moins pâle, ce qui est l'opposé de l'ours brun d'Europe.

Sur plusieurs individus adultes que j'ai observés, deux, qui étaient mâle et femelle, de même âge, se ressemblaient entièrement; leur museau était brun foncé dessus, et gris-fauve aux côtés; une petite tache fauve marquait le devant de l'œil : tout le reste était d'un beau noir luisant. Un troisième, mort de maladie, avait le poil un peu plus brun et moins lisse, et la tache de l'œil moins marquée. Un quatrième est du plus beau noir, sans tache à l'œil; son museau est brun en-dessus, et les bords de ses deux lèvres sont blanchâtres; deux lignes blanchâtres occupent la région du sternum entre les jambes de devant et représentent un H. Je regarde cet ours comme une variété individuelle; mais on doit remarquer ces traits blancs de la poitrine, qui vont reparaître dans les ours des Indes.

Un cinquième qui forme une variété encore plus marquée a vécu à Chantilly; il est aujourd'hui au cabinet de l'Académie de Leyde. Son noir est fort beau; tout le tour de son museau est fauve clair; une tache blanche occupe le sommet de la tête; une ligne blanche, commençant sur la racine du nez, va de chaque côté à l'angle de la bouche et se continue sur la joue jusqu'à un grand espace blanc, mêlé d'un peu de fauve, qui occupe toute la gorge, et dont une ligne étroite descend sur la poitrine. C'est l'*ours gulaire* de M. Geoffroy (Catal. des quadr. du Mus. d'Hist. Naturelle).

Je regarde encore comme une variété individuelle de cette espèce, l'*ours jaune de Caroline*, qui était à la ménagerie de la Tour de Londres en 1788, et dont on voit la figure dans l'ouvrage intitulé *Animals drawn from nature, by* Charles Catton. Le fauve du museau et de la gorge des précédens se sera étendu sur tout le corps.

Les ours noirs d'Amérique ont fait des petits à la Ménagerie. Ils sont d'un cendré clair, uniforme et sans collier.

Il paraît que l'Amérique produit aussi des ours différens de son ours noir ordinaire. Hearne compte, outre l'*ours polaire*, ou *blanc maritime*, et l'*ours noir ordinaire*, un *ours gris* dont il n'a vu que la peau, mais qui devait être énorme (Voyage de Hearne, trad. fr., in-8°, II, page 196).

Le savant naturaliste M. Bosc m'assure qu'il y en a au moins de trois espèces dans les États-Unis, dont un plus grand que le noir ordinaire; il n'a cependant vu par lui-même que celui-ci. C'est à peu près aussi ce qu'annonce M. Warden (Descript. des États-Unis, V, page 608) d'après les observateurs américains. « Outre l'ours noir, dit-il, il y a « l'*ours brun*, connu aussi sous le nom d'*ours* « *rôdeur*, qui est moins gras et plus élancé « que le noir, et l'*ours gris*, le plus grand et « le plus féroce du genre, qui atteint plus « de 8 pieds de longueur. »

Il serait bien intéressant que les naturalistes du pays nous donnassent une description exacte et comparée de ces animaux et de leurs crânes. Peut-être trouvera-t-on en définitive que le grand ours gris est le même que le noir d'Europe, et l'ours rôdeur le même que notre brun des Alpes.

Il est certain toutefois que le gris devient très-grand. J'ai vu entre les mains du feu général Collaud un collier de sauvage dans lequel entraient trois ongles d'ours, au moins doubles en longueur de ceux de nos ours d'Europe.

Depuis long-temps on pouvait croire que les ours des pays chauds différaient des nôtres par l'espèce. M. Péron m'avait remis une note de M. Chapotin, médecin du capitaine-général de l'île de France, et zélé naturaliste, portant qu'il y a dans les montagnes des Gattes, dans l'Indoustan, des ours qui se distinguent par une tache en forme d'œil placée au milieu de la poitrine.

M. Leschenault vient de nous apporter la peau d'un très-jeune individu de ces ours des Gattes, avec son squelette.

Son pelage est lisse et fort long, principalement autour des oreilles; sa teinte est d'un noir plus profond même qu'aux ours d'Amérique; on aperçoit quelques longs poils blancs parmi ceux qui couvrent le devant de l'oreille; une tache sur l'œil et le tour du museau sont d'un cendré blanchâtre; sous la poitrine est un collier blanc formé par un grand croissant blanc de chaque côté, dont la concavité est tournée en arrière; la partie nue du tour des narines est plus déprimée qu'aux autres ours, et les narines elles-mêmes forment des fentes transverses. Ce jeune individu n'a que deux pieds de long sur un pied de hauteur au garrot; mais l'espèce devient aussi grande qu'aucun autre ours. La tête osseuse d'un si jeune sujet n'a pas sa forme définitive : ses fosses temporales, ses crêtes, n'y sont point encore prononcées; toutefois l'on y voit déjà que son crâne sera très-bombé en-dessus, sa face fort courte, et que ses petites molaires auront très-peu de place; enfin que sa dernière molaire supérieure sera plus courte qu'aux autres ours. Nous le représentons pl. 184, fig. 5, et il peut servir à donner une idée du changement de dents tel qu'il a lieu dans les ours.

Ce qui est bien à remarquer, c'est que depuis plusieurs années on avait vu en Europe un ours des Indes, au sujet duquel les naturalistes avaient commis la plus singulière méprise. Un individu adulte, et peut-être vieux, car il avait perdu ses incisives, fut montré en Angleterre vers 1790 (1); mais les systèmes arbitraires dominaient tellement alors dans ce pays, que Pennant, Shaw, Smith, sur cette seule absence d'incisives, qui n'était qu'un accident, le déclarèrent du genre des paresseux et l'appelèrent *Bradypus ursinus*, tout en reconnaissant qu'il n'avait rien de paresseux dans ses mouvemens (2). C'est sur leurs notions qu'Illiger en fit son genre *Prochilus*.

De simples artistes, dans leur bon sens naturel, le jugèrent mieux et le rangèrent parmi les ours (3).

M. Francis Buchanan, dans son Voyage de Mysore, publié en 1807 (4), annonça que ce

---

(1) Lamétherie, Journal de Phys., 1792, t. I, p. 136 et 404, avec la fig. de Bewick.

(2) Shaw, Natur. Miscell., I, pl. 58, et General Zool., vol. I, pl. 1, p. 159, avec la fig. de Catton. Pennant, Hist. of Quadrup., édit. de 1793, t. II, p. 243, avec la figure de Catton. Smith, Journal de Phys., 1792, t. I, p. 404.

(3) Petre-bear. Catton's fig. of Anim., et Bewick, Hist. of Quadrup., p. 293 (4e édit.).

(4) A Journey from Madras through the countries of Mysore, etc., etc., t. II, p. 197.

prétendu *Bradypus ursinus* n'était autre qu'un ours des montagnes de l'Inde, et en effet, il y a au Muséum des chirurgiens de Londres une tête osseuse qui passe pour être celle de l'individu vu en 1790, et qui est sans contredit celle d'une espèce particulière d'ours.

M. Clift a bien voulu nous en faire de beaux dessins, dont nous copions un, au tiers, pl. 184, fig. 6.

Cette tête est singulièrement bombée de la partie du front; le crâne est court, et s'élève plus au-dessus de la face que dans les autres espèces, ce qui lui donne un profil fort différent, qui tient à la hauteur de la mâchoire inférieure; les deux dernières molaires sont aussi plus petites, et surtout la dernière d'en-haut est plus courte que dans les ours du nord; mais il y a beaucoup d'espace en avant, et l'on voit bien clairement par les alvéoles, qu'outre les quatre molaires en série, il y avait en-haut deux, en-bas trois petites molaires de chaque côté jusqu'à la canine.

D'après les descriptions qui furent faites, dans le temps, de cet animal, il doit avoir singulièrement ressemblé à celui que nous devons à M. Leschenault (1). Cependant je n'oserais pas affirmer qu'il fût le même, tant les deux crânes paraissent peu se ressembler.

---

(1) Il est grand comme un ours (dit Shaw, Gener. Zool., I, part. 1, p. 159), couvert partout d'un long poil noir, excepté au museau qui est ras et blanchâtre. Le poil de la nuque et du dos est le plus long; sur le devant du corps, il se dirige en avant; sur le reste, en arrière. Les yeux sont petits; les oreilles aussi, et en partie cachées par le poil; les incisives manquent. On voit trois molaires de chaque côté en-haut et six en-bas, dont les antérieures sont petites et simples. La langue est douce. Le nez semble pourvu d'une sorte de cartilage transverse doué d'un mouvement particulier. Il y a à chaque pied cinq ongles, très-forts, aigus, médiocrement courbés; ceux de derrière sont plus courts. L'animal passait pour avoir quatre ans. Il était doux et vivait de végétaux, surtout de fruits. Il aimait le miel, le sucre, etc.; ses mouvemens n'avaient rien de la lenteur des paresseux.

A quoi Pennant ajoute (Hist. of Quadrup., 2e édit., II, p. 243), que le poil a une teinte pourprée, que le front s'élève subitement au-dessus du nez, que la queue longue de cinq pouces est cachée dans le poil, qu'il y a une ligne blanche en travers de la poitrine, que les narines sont des fentes transversales étroites, et que les lèvres sont susceptibles de beaucoup d'allongement. Bewick (General Hist. of Quadrup., p. 294) remarque encore qu'il a une tache blanchâtre sur chaque œil, et décrit le blanc de la poitrine comme un croissant.

M. Blainville en a parlé sous le nom d'*Ursus labiatus*, et M. Tiedeman l'a décrit sous celui d'*Ursus longirostris*, dans un mémoire particulier imprimé à Heidelberg en 1820.

M. Diard nous a envoyé de Java une autre tête d'ours, que nous représentons pl. 184, fig. 3 et 4. Elle semble se rapprocher davantage, pour la partie antérieure des mâchoires, du jeune individu de M. Leschenault; elle est extraordinairement bombée de la partie du crâne, et sa face est proportionnellement près de moitié plus courte que dans l'ours brun; ses deux dernières molaires sont plus petites; la dernière d'en-haut est beaucoup plus courte que dans nos ours du Nord; la petite dent placée derrière la canine est au contraire plus grosse, et loin qu'il y ait un espace vide entre elle et la première des molaires en série continue, ces deux dents se touchent d'un côté, et celle-ci a peine à trouver de la place pour se montrer, et est réduite à une très-petite dimension. Cependant, au côté droit de la mâchoire inférieure, il est resté encore dans ce petit espace deux petites molaires entre celle de derrière la canine et la première des continues.

Il paraît, au reste, non-seulement que cet

ours des îles de la Sonde diffère de celui qui a été pris pour un paresseux, mais qu'il se trouve aussi sur le continent. C'est ce que m'annonce une lettre que je reçois à l'instant même de mon beau-fils, M. Duvaucel, et que je place ici en note, pour faire profiter plus promptement mes lecteurs des observations de cet infatigable naturaliste (1).

---

(1) *Sur les Ours de l'Inde.*

Extrait d'une lettre de M. Alfred Duvaucel, *datée de Barakpour, près de Calcutta, mars* 1822.

« Aux figures parties depuis long-temps, je joins celles de deux ours, et de plus une troisième espèce que je vous ai indiquée dans quelques lettres de Sumatra et que j'ai retrouvée depuis peu au Bengale. L'analogie qui règne entre tous les animaux de ce genre, et l'incertitude où l'on est encore à l'égard de ceux qui vivent dans l'ancien continent, me font espérer que vous accueillerez avec intérêt quelques observations comparatives qui tendent à les spécifier. Leur différence, qui consiste principalement dans la conformation des têtes, quoique moins sensible sur les autres parties, s'étend néanmoins sur tout l'ensemble, et l'on reconnaît, soit dans les pieds, soit dans le pelage ou dans les proportions des membres, plusieurs caractères invariables et non équivoques.

« Le plus grand des trois a le museau épais, quoique singulièrement allongé. Sa tête est petite et ses oreilles

On voit que d'après ces observations faites avec soin sur des animaux vivans, et accom-

---

sont grandes; mais le poil du museau, d'abord ras et uni, venant à grandir et se rebrousser subitement tout autour de la tête, à la hauteur des oreilles, ensevelit celles-ci sous une fourrure épaisse, et augmente considérablement le volume de celle-là. Le cartilage du nez consiste en une large plaque presque plane, et facilement mobile. Le bout de la lèvre inférieure, dans tous les individus que j'ai vus, dépasse la supérieure, et se meut également soit par contraction, soit en s'allongeant, soit en se portant sur les côtés, ce qui donne à cette espèce une figure stupidement animée. Ses jambes sont élevées, son corps allongé et ses mouvemens faciles; caractères plus ou moins déguisés par la longueur des poils qui touchent presque à terre quand l'animal est vieux. Sa poitrine est ornée d'une large tache blanche qui figure un fer à cheval renversé, dont les deux branches s'étendent sur les bras. Cet ours, qui paraît plus docile, plus intelligent et plus commun au Bengale que les autres espèces, est celui que les jongleurs instruisent et promènent pour amuser le peuple. On le rencontre souvent dans les montagnes du Sylhet, aux environs des lieux habités, où il passe pour exclusivement frugivore. »

(N. B. Il est évident que ce premier ours de M. Duvaucel est le même qui avait été pris pour un paresseux, l'*Ursus labiatus*, Blainv., l'*Urs. longirostris*, Tiedem.

Notre Ménagerie possède aujourd'hui vivant ce fameux ours du Bengale, qui avait été pris d'abord pour pagnées de figures fort exactes, il n'y a plus lieu de douter maintenant de l'existence d'au

---

un paresseux, et mon frère va en publier la description (*). Je puis dire, en attendant, qu'il ressemble parfaitement à la gravure qu'en avait donnée M. Bewick. Les longs poils qui lui font, autour du crâne et des deux côtés du cou, une espèce de perruque; son museau allongé; ses cartilages du nez larges, déprimés et mobiles; la manière dont il tient ordinairement la tête baissée et près du sol, lui donnent un aspect fort extraordinaire et très-différent des autres ours. Il est noir, et a le museau et les bouts des doigts blanchâtres, et sur chaque sourcil une tache d'un blanc fauve; sa taille est celle d'un ours médiocre.

Une chose remarquable, c'est que cet individu a aussi perdu ses incisives et usé une grande partie de ses canines.)

« La plus petite espèce est d'un sixième moins grande que la précédente. Sa tête est ronde, son front large et son museau fort court. Le cartilage des narines est arrondi et fixe; les oreilles sont petites, mais plus apparentes et attachées plus bas que dans la première. La queue est à peine visible; le pelage est également ras, luisant et serré sur la tête ainsi que sur le corps. On remarque au-dessus des yeux une tache d'un fauve pâle, que l'âge fait disparaître; le museau est d'un roux plus ou moins foncé, et la tache pectorale, également rousse, présente sur tous les individus la figure imparfaite d'un large cœur. Cette espèce, assez rare partout, est néan-

(*) Voyez Histoire générale des Mammifères, par M. Frédéric Cuvier, 39e livr. in-fol.

moins trois espèces du genre de l'ours particulières aux climats chauds de l'Orient. Déjà

---

moins la plus répandue; c'est aussi la plus délicate et la plus modifiée : sa taille surtout varie notablement. Les plus petits viennent du Pégu; les plus grands se trouvent dans l'île de Sumatra où ils sont fort communs, et c'est la seule espèce de ce genre qui se soit échappée du continent. Elle cause de grands ravages dans ce pays, en grimpant au sommet des cocotiers pour en boire le lait, après avoir dévoré leur cime. »

(N. B. *Ce second ours de* M. Duvaucel *est celui dont* M. Diard *nous a envoyé la tête de Java*, pl. 184, fig. 3 et 4. M. Horsfield, dans ses *Zoological researches in Java*, etc., n° IV, donne un ours de Sumatra, qu'il nomme *Ursus malayanus*, et qui est le même.)

« L'espèce intermédiaire a le museau de grosseur médiocre; mais le front, déjà peu élevé dans les deux précédens, se trouve à peine senti dans celui-ci, et presque sur la même ligne que le nez. La disposition du poil est la même que dans la plus grande espèce, et le volume de la tête également emprunté; seulement le poil étant un peu plus court, ce caractère est un peu moins saillant. Les oreilles sont aussi fort grandes, et le nez assez semblable à celui des chiens. Cet ours a le corps ramassé, le cou épais et les membres trapus; mais cette conformation, qui supposerait une force supérieure, ne s'accorde pas avec la faiblesse de ses ongles, de moitié plus courts que ceux des précédens (peut-être en peut-on déduire que celui-ci n'est pas grimpeur); son museau supérieur est noir à tout âge, avec une légère teinte rousse

Turpin avait annoncé des ours à Siam (1), Legentil à Java (2), Knoxe dans l'île de Cey-

---

au bord des lèvres. La mâchoire inférieure est blanche en-dessous, et la tache pectorale a la forme d'une fourche dont les deux branches, très-écartées, occupent toute la poitrine, et dont la queue se prolonge jusqu'au milieu du ventre. Cet ours a été trouvé d'abord par M. Wallich, dans les montagnes du Népaul, et je l'ai rencontré également dans celles du Sylhet. Il paraît moins répandu et plus féroce que les deux autres.

« Il me serait facile de multiplier les dissemblances entre ces trois espèces, en comparant minutieusement chacune de leurs parties; mais je présume que l'inspection seule de mes figures suffira pour vous ôter tout soupçon d'identité et vous persuader que nous avons dans l'Inde trois ours invariablement noirs : car j'ai vu un assez grand nombre d'individus de chaque espèce, pour assurer que leur pelage conserve la même couleur à tout âge comme en toute saison. Quant aux dents, je ne connais un peu que celles de mon second ours, qui porte au moins trois fausses molaires. Il est assez probable que le troisième, si différent des deux autres, porte aussi quelque anomalie odontologique, et c'est ce dont je m'assurerai dès que mes modèles seront morts.

(N. B. *Je nommerai ce troisième ours de M. Duvaucel* Ursus Thibetanus.) »

Les figures des trois espèces seront incessamment publiées par mon frère.

(1) Hist. de Siam, I, 305.

(2) Voy. autour du Monde, III, 85.

lan ; mais ils n'avaient pas convaincu Zimmermann (1); aujourd'hui il ne reste plus d'incertitude.

L'existence de l'ours en Afrique n'est pas aussi incontestable. Pline ayant trouvé dans les annales romaines que sous le consulat de Pison et de Messala, c'est-à-dire 61 ans avant Jésus-Christ, Domitius Ænobarbus, édile curule, avait montré dans le cirque cent ours de Numidie, conduits par autant de chasseurs nègres, rapporte ce fait avec surprise : « Je m'étonne, dit-il, de cette épithète *numi-* « *dique*, car il est certain que l'Afrique ne « produit point d'ours (2). » Ursinus Lipse et Vossius ont pensé que par ce mot l'annaliste avait voulu désigner des lions, comme les éléphans furent d'abord appelés *bœufs de Lucanie;* et ils ont rapporté des médailles de cet Ænobarbus où le revers représente un

---

(1) Specim. Zool. Geogr., p. 277.

(2) Plin., lib. VIII, cap. XXXVI et cap. LVIII.

homme combattant contre un lion. Mais comment les Romains, qui, selon ce même Pline, avaient déjà vu plusieurs fois de nombreuses troupes de lions, auraient-ils pu nommer cet animal d'une manière si détournée? Comment surtout Pline aurait-il ignoré cette synonymie qui devait encore être en usage de son temps? car on retrouve des ours de Libye dans des auteurs ses contemporains, Juvénal (1) et Martial (2). Long-temps avant eux Virgile l'avait employée (3). Solin, et parmi les modernes Crinitus, Saumaise, Aldrovande et Zimmermann, ont donc pris le parti de l'annaliste, et soutenu que l'ours existe en Afrique, mais rarement. Solin dit même qu'il y est plus beau, revêtu de poils plus longs et d'un naturel plus furieux (4).

---

(1) *Nec profuit misero quod comminùs ursos*
Figebat Numidas. . . . .
JUV., sat. IV, v. 100.

(2) *Quod frenis Libyci domantur ursi.*
MART., lib. I, ep. CV, v. 5.

(3) *. . . . . Acestes*
Horridus in jaculis et pelle Libystidis ursæ.
VIRG., Æn. V, v. 36-37.

(4) Solin, Polyhist., cap. XXVI.

Mais le témoignage d'un tel auteur, et même celui de Strabon, qui place des ours en Arabie, aurait besoin d'être confirmé par des voyageurs modernes jouissant de quelque autorité.

Or, je ne trouve que Shaw qui donne des ours à la Barbarie, et il le fait dans une simple énumération, sans en rien dire de particulier et sans qu'il paraisse les avoir vus; et M. Desfontaines, ce savant et courageux naturaliste, qui a fait un long séjour à Alger et qui a si soigneusement visité l'Atlas, n'y a jamais aperçu d'ours, et a seulement entendu dire assez vaguement qu'il pourrait y en avoir dans les forêts des environs de La Calle.

Prosper Alpin attribue des ours à l'Égypte, mais des ours qui bien sûrement n'en sont pas : car il les dit de la taille d'un mouton et de couleur blanchâtre (1); et jamais aucun des naturalistes de notre expédition n'y en a vu de véritables.

Poncet dit bien qu'une de ses mules fut

---

(1) Prosper Alp., de Reb. Æg., p. 232.

blessée en Nubie par un *ours;* mais Bruce pense qu'il aura confondu le mot arabe *dubbah*, qui signifie une hyène, avec *dubb*, qui signifie un *ours*. Bruce assure même positivement à cette occasion qu'il n'y a d'ours dans aucune partie de l'Afrique. Je ne parlerai pas de Dapper, qui place des ours au Congo. C'est un compilateur dont aucun voyageur n'a appuyé le témoignage, et qui était trop ignorant en histoire naturelle pour que son rapport isolé puisse mériter quelque confiance. Il est certain au contraire que personne n'a jamais vu d'ours dans le midi de l'Afrique.

Il existe des ours au Pérou, comme Acosta et Garcilasso l'ont dit, et ce sont de véritables ours. M. le baron de Mackau, l'un de nos officiers de marine les plus distingués, en avait apporté un de Lima à M. le comte de Redon, intendant de marine à Brest, lequel s'est fait un plaisir de l'offrir à la ménagerie du Muséum aussitôt qu'il a su qu'il pouvait présenter quelque intérêt à la science. Malheureusement cet animal est mort en arrivant, à ce qu'il paraît, des suites de l'excessive chaleur qu'il avait éprouvée dans sa route sur la rivière. C'est un jeune individu pris dans les Cordilières du Pérou. Il a cependant déjà complété sa dentition : ainsi le changement de dents se fait aussi vite dans cette espèce que dans les autres.

Sa forme est à peu près celle de l'ours ordinaire de l'Amérique du Nord, et il a de même le poil noir et luisant; mais sa tête est un peu plus courte et plus grosse; son front un peu plus bombé. Il a le dessus et les côtés du nez blanchâtres; sa gorge est blanche; une ligne fauve part de la racine du nez, monte entre les yeux, se bifurque comme un Y, et chaque branche va ainsi, en formant un sourcil sur l'œil, jusque vers la racine de l'oreille.

En comparant son crâne à celui d'un jeune ours de l'Amérique septentrionale à peu près de même grandeur, j'ai trouvé le museau et toute la région palatine plus courts à proportion; la dernière molaire aussi plus courte, et l'espace entre la première molaire et la canine tellement resserré, que les trois fausses molaires qui l'occupent n'ont pas assez de place pour y demeurer en ligne droite. La même brièveté de cet intervalle se fait remarquer à la mâchoire inférieure, qui, à égalité de hauteur, est plus courte ; enfin la région du front est plus large et plus bombée. Il est très-probable, d'après ces détails, que cet ours est d'une espèce distincte de l'ours noir de l'Amérique du Nord.

Sur les Ours bruns.

J'ajouterai ici que, d'après le témoignage de plusieurs voyageurs très-capables d'en juger, et, même d'après le dessin publié par M. Choris, j'ai tout lieu de croire que l'ours gris ou brun d'Amérique, dont on a fait tant de récits exagérés, ne diffère point par l'espèce de nos ours bruns d'Europe.

Je dois dire encore que je me suis assuré à la Ménagerie que les ours bruns, d'abord revêtus d'un poil laineux, prennent, lorsqu'ils sont fort avancés en âge, ce poil serré, luisant et à reflets argentés que j'avais observé sur des ours de Pologne, en sorte que cette différence ne tient qu'à l'âge.

L'*ours blanc polaire* ou *maritime* (*U. maritimus*) diffère plus de tous les autres que ceux-ci ne diffèrent entre eux. Sa tête osseuse, pl. 181 et 182, fig. 4, est pour ainsi dire tout d'une venue. Le crâne, bien loin de s'élever au-dessus de la face, semble au contraire s'abaisser. L'intervalle des orbites ne se distingue point de la ligne générale du dessus du crâne. Les apophyses post-orbitaires du frontal sont courtes et obtuses; les crêtes temporales sont presque nulles, et l'on voit cependant que les muscles crotaphites se rapprochaient plus en avant que dans tous les autres; mais ils n'ont point laissé d'impressions profondes. Les arcades zygomatiques sont moins écartées en-dehors que dans tous les autres, même que dans l'*ours d'Amérique ;* elles sont aussi plus étroites : le bord inférieur de la mâchoire est plus rectiligne : en un mot, cette tête est plus cylindrique, plus approchante de la forme de celle de la marte ou du putois, que de celle des ours ordinaires.

La tête représentée par Pallas, Spicil.

Zool., XIV, pl. I, quoique assez médiocrement dessinée, porte, comme celle de notre Muséum, tous les caractères que je viens d'indiquer. Nous les avons retrouvés aussi dans une tête d'*ours polaire* qui nous a été donnée à Brême, et dans une autre que l'on conserve dans la même ville.

ARTICLE II.

De leurs caractères ostéologiques.

§ 1. *Des dents.*

Nous avons déjà indiqué d'une manière générale les caractères des dents dans le genre de l'ours; mais il convient de donner ici quelques détails de plus.

Il a six incisives à chaque mâchoire (pl. 181, fig. 5 et 6); les deux externes d'en-haut fortes, pointues, un peu obliques, la pointe dirigée en-dehors, avec un bourrelet en arrière, descendant obliquement en avant, de dehors en dedans, et se terminant de manière à laisser une légère échancrure à leur base interne. Les quatre intermédiaires sont un peu pointues par leur tranchant antérieur, et ont en arrière un talon échancré en deux lobes, ou, en d'autres termes, deux petits tubercules à leur face interne.

Les deux externes d'en-bas sont larges, assez pointues, avec un lobe latéral profondément séparé à leur base externe. Les deux suivantes, plus comprimées, ont leur base portée plus en arrière, plus vers le dedans de la bouche que toutes les autres; elles sont en coins et marquées sur leur pente postérieure de deux sillons qui se terminent par deux petites échancrures dont l'externe est plus profonde. Le bord externe est aussi plus reculé. L'échancrure interne manque quelquefois entièrement. Les *mitoyennes* sont les plus petites et n'ont qu'une seule échancrure un peu plus en-dehors que le milieu.

Les canines, au nombre de quatre (ibid.), sont coniques, arquées comme celles de la plupart des carnassiers, et ont chacune deux arêtes; on n'y remarque point ces sillons qui distinguent celles des grands *félis*.

Immédiatement derrière la canine et presque sur sa base, est une première fausse molaire qui est petite, simple et en forme de cône très-obtus et un peu comprimé. Celles d'en-haut et d'en-bas se ressemblent. On voit ces petites molaires aux figures 1, 2, 4, 6 et 8 de la pl. 182 et aux figures 3, 4 et 5 de la pl. 183. Après elles vient un intervalle vide que suit à chaque mâchoire une série de quatre molaires.

En-haut la première de la série est extrêmement petite, et c'est celle de derrière qui est la plus grande; celle-ci est oblongue, un peu plus étroite en arrière; sa couronne est ridée irrégulièrement. Elle porte en avant, au bord externe, deux fortes éminences et une médiocre; et à l'interne trois ou quatre médiocres, quelquefois réduites à de simples crénelures. L'extrémité postérieure n'est que crénelée. Il y a quatre racines: une en avant, conique, une de chaque côté un peu comprimée, et une en arrière très-comprimée, s'avançant jusque entre les deux précédentes. Cette dent est représentée pl. 188, fig. 34 (1).

---

(1) N. B. Cette figure et celles qu'on va citer sont faites d'après les dents fossiles; mais leur ressemblance

La pénultième, fig. 33, est rectangulaire et a deux grosses éminences coniques en dehors, et trois moins marquées en dedans, avec une petite au côté externe en arrière; et trois racines, deux externes et une interne plus forte.

L'antépénultième, fig. 32, est triangulaire, a trois éminences coniques, deux externes et une interne, un peu en arrière; deux racines, une antérieure et une postérieure.

En avant de celle-là est, comme je viens de le dire, une petite dent simple, et après un certain intervalle, et presque sous la base de la canine, une autre également simple.

En-bas, c'est la pénultième, fig. 30, qui est la plus grande; elle est rectangulaire et irrégulièrement bosselée: on y compte quatre ou cinq éminences vers le bord interne et quatre à l'externe, dont deux plus marquées. Il y a une élévation transversale de la plus grande éminence externe à l'interne, vers le

---

avec celles des ours vivans est telle, que les mêmes dessins peuvent servir pour les uns et les autres; et même les fossiles, étant toujours moins usées, ont mieux conservé les petites proéminences de leur couronne.

quart antérieur; deux racines, une en avant, conique, une en arrière, plus forte, un peu comprimée.

La dernière molaire, fig. 28, est en ovale arrondi : sa couronne est irrégulièrement ridée, sans tubercules qu'on puisse compter. Elle n'a qu'une seule racine qui semble se continuer avec la couronne, plus comprimée toutefois, et où un ou deux sillons établissent un commencement de division.

L'antépénultième, fig. 31, est plus étroite que la pénultième et a des éminences plus marquées : une en avant, puis une externe répondant à deux internes, puis trois en arrière formant triangle, et quelquefois quatre. Elle n'a que deux racines, une en avant et une en arrière.

L'antérieure, fig. 29, est courte, un peu comprimée, et présente une forte éminence conique au milieu, une basse en avant et deux petites au côté interne en arrière; elle n'a aussi que deux racines. Une très-petite dent se trouve comme en-haut sur la base de la canine.

En comparant ces dents à celles du chien, on trouve que les deux dernières molaires sont les analogues des deux tuberculeuses du chien, qui, devenues ainsi énormes dans l'ours, et occupant la plus grande partie des mâchoires, repoussent en avant les carnassières et les tranchantes ou fausses molaires. C'est l'antépénultième, soit en-haut, soit en-bas, qui dans l'ours représente la carnassière ; elle est même une carnassière non-seulement mêlée de tuberculeuse, comme l'est déjà celle du chien, mais où la partie tuberculeuse domine, et toutefois l'on ne peut pas s'empêcher d'y reconnaître le même plan et une disposition fort semblable des parties.

Celle qui précède l'antépénultième, ainsi que celle qui adhère immédiatement derrière les canines, représentent les tranchantes ou fausses molaires.

Celle de derrière la canine ressemble, quant à la forme, à la première molaire d'en-bas du chien, et en petit, à la première d'en-haut du lion. Il en est de même de la seconde d'en-haut, ou de celle qui commence la série continue. Quant à celle d'en-bas, c'est une vraie tranchante, même par sa forme.

Il y a quelques différences individuelles relativement au nombre de ces petites dents, qui paraissent venir de ce que ne se touchant pas, et n'étant d'aucun usage dans la mastication, elles ne tombent pas très-régulièrement lors de la seconde dentition.

Il en reste donc quelquefois fort long-temps une de plus qu'il ne devrait y en avoir, entre celle de la base de la canine et la première des quatre qui sont en série; quelquefois même il en reste deux. J'ai lieu de croire que ce sont des dents de lait qui n'ont pas été rejetées au-dehors lors de l'éruption des dents persistantes. Nous avons représenté un exemple notable de la conservation de cette petite dent surnuméraire, pl. 181, fig. 7. Il est d'un ours noir d'Amérique; mais il s'en faut que cette circonstance soit générale à l'espèce.

Par une disposition toute contraire, je trouve que dans l'*ours de Java* les grosses molaires se rapprochent tellement de la canine qu'il n'y a point d'espace vide; celle qui est la première des quatre en série s'y trouve même extrêmement petite à la mâchoire supérieure, tant elle y est comprimée entre celle de derrière la canine et la carnassière.

En-bas il y a cependant, mais d'un côté

seulement, deux petites dents surnuméraires ou dents de lait, restées entre ces deux fausses molaires; de l'autre côté, celles-ci se touchent.

Il y a aussi des différences spécifiques, mais qui portent principalement sur la dernière molaire d'en-haut. Elle est plus courte dans les espèces qui ont le museau moins allongé, c'est-à-dire dans les ours noirs d'Europe et d'Amérique, et surtout dans les ours des Indes.

Il paraît que les molaires de lait n'occupent dans l'ours qu'un très-petit espace et qu'elles tombent très-vite, deux choses qui de leur nature sont corrélatives, attendu que l'appareil de lait doit être proportionné dans ses dimensions à l'âge pour lequel il doit servir: comme dans les autres carnivores, c'est la carnassière, c'est-à-dire ici l'antépénultième, qui prend la place de la tuberculeuse de lait; et il s'intercale une dent en avant, de sorte que l'espace qui dans l'appareil de lait était occupé par une fausse molaire et une carnassière doit l'être maintenant par deux fausses molaires.

§ 2. *Des têtes.*

Les caractères génériques de la tête de l'ours ont été donnés comparativement à ceux des autres carnassiers dans notre chapitre premier.

Ici nous allons comparer les crânes des diverses espèces avec un peu plus de soin que nous ne l'avons fait en traitant dans l'article précédent de leurs caractères extérieurs.

La tête de l'ours blanc polaire, pl. 181, fig. 4, et pl. 182, fig. 4, est la plus allongée, la plus égale dans sa venue.

Même dans la vieillesse ses apophyses post-orbitaires frontales sont peu saillantes, ses crêtes temporales peu marquées; elles s'unissent vers la jonction des frontaux et des pariétaux, mais la crête sagittale ne devient vraiment saillante qu'assez près de la crête occipitale. La ligne du profil est un arc peu courbé et à peu près uniforme. Sur le milieu de la face règne un enfoncement longitudinal depuis l'entre-deux des tempes jusqu'au bout du museau; l'occiput est aussi haut que large.

L'*ours brun d'Europe*, soit des Alpes, pl. 183, fig. 1 et 2, soit de Pologne, ibid., fig. 3 et 4, soit des Pyrénées, a la partie du crâne beaucoup plus courte à proportion de la face. Si l'on prend un crâne d'Europe dont le museau (à compter de l'apophyse post-orbitaire du frontal) soit égale en longueur au polaire, on trouve que le crâne est de près d'un quart moins long; ce crâne est aussi moins large entre les yeux, mais beaucoup plus bombé dans la partie qui est entre les tempes, en sorte qu'il en résulte un tout autre profil et que le crâne s'abaisse beaucoup en arrière. Les crêtes temporales sont aussi très-peu marquées, et de plus elles se réunissent bien plus en arrière que la suture des frontaux et des pariétaux; même dans les plus vieux sujets elles donnent lieu plutôt à un léger tubercule qu'à une vraie crête sagittale.

Il n'y a point d'enfoncement longitudinal sur le museau, et à peine en voit-on l'apparence sur l'entre-deux des apophyses frontales; l'occiput est plus large que haut.

Dans l'*ours noir d'Europe*, pl. 181, fig. 2 et 3, pl. 182, fig. 1 et 2, le crâne est encore un peu plus court à proportion de la face que dans l'ours brun. Les apophyses post-orbitaires sont plus saillantes et plus pointues; les crêtes temporales sont très-marquées : elles se réunissent à peu près sur le milieu de l'espace entre les orbites et l'occiput; les tempes sont plus concaves; la crête sagittale très-saillante, en sorte que dans le profil le crâne a beaucoup moins l'air de se déprimer en arrière. Le triangle compris entre les crêtes temporales et les orbites est plat et même quelquefois un peu concave; les arcades zygomatiques sont plus saillantes en arrière; l'occiput est plus large que haut.

L'*ours noir d'Amérique*, pl. 183, fig. 5 et 6, et pl. 184, fig. 1 et 2, ressemble beaucoup à celui d'Europe, pour les formes du crâne, la saillie des apophyses post-orbitaires, celle des crêtes temporales et sagittale, le prompt rapprochement des premières ; mais la proportion de sa face est beaucoup plus courte.

Si l'on prend une tête d'Amérique et une d'Europe égales pour le crâne, on trouve que la face de la première, à compter de l'apophyse post-orbitaire, est d'un quart plus courte. Il paraît que cette tête reste aussi généralement plus petite, même dans la vieillesse la plus avancée.

L'*ours de Java*, pl. 184, fig. 3 et 4, est singulièrement remarquable par la saillie du crâne, la petitesse de l'orbite, la brièveté et la largeur de la face. Placée à côté d'une tête d'ours brun d'Europe de même longueur de crâne, sa face, à compter de l'apophyse post-orbitaire, est de moitié plus courte, et cependant elle est plus large et plus déprimée; d'ailleurs la plus grande convexité du crâne y est autrement placée et beaucoup plus en arrière sur ses pariétaux, où le crâne est aussi beaucoup plus large, en sorte que son cerveau est plus globuleux. Ses apophyses post-orbitaires sont peu saillantes; ses crêtes temporales peu marquées et sa crête sagittale peu longue; ses arcades zygomatiques ont singulièrement peu de largeur verticale, moins encore qu'à l'ours polaire, où elles en ont moins que dans toutes les espèces du Nord; l'occiput est beaucoup plus large que haut. La différence de ses dents a déjà été indiquée.

La tête du Muséum des chirurgiens donnée pour celle de l'ours qui avait été pris pour un *paresseux* (*U. labiatus* ou *longirostris*), pl. 184, fig. 6, me paraît différer de celle de Java. Outre le plus grand espace entre les canines et la série continue des molaires, on voit par le dessin que c'est surtout entre les apophyses orbitaires que le front y est bombé, et que la ligne de profil devient concave à la racine du nez; enfin que la face est moins courte, les arcades zygomatiques plus larges, la mâchoire inférieure plus large de la partie postérieure, etc.

Ces descriptions sont prises des têtes les plus âgées que nous ayons eues dans chaque espèce. Plus jeunes, elles montrent des caractères beaucoup moins marqués; les apophyses post-orbitaires y sont peu saillantes; les crêtes, à peine visibles, ne se rapprochent que tout à l'arrière, et le crâne a l'air ovale et presque uniforme dans ses courbures. Toutefois on aperçoit déjà dans les jeunes têtes de chaque espèce des marques de ce qu'elles doivent devenir; ainsi la proportion de la face est déjà plus courte dans le jeune ours d'Amérique, et encore bien davantage dans le jeune ours des Indes, etc.

Pour compléter cette comparaison, nous donnons ici le tableau des principales dimensions des têtes de chaque espèce prises sur les individus dont nous avons pu disposer.

	OURS BLANCS POLAIRES.		OURS NOIRS D'AMÉRIQUE.				
	OURS POLAIRE du squelette.	OURS POLAIRE de Brême.	Très-jeune OURS NOIR d'Amérique.	Autre jeune OURS NOIR d'Amérique.	OURS NOIR femelle d'Amérique.	Autre OURS NOIR d'Amérique.	Vieil OURS NOIR d'Amérique.
Longueur du crâne depuis la crête occipitale jusqu'aux incisives	0,331	0,32	0,189	0,238	0,3	0,27	0,03
Largeur du crâne entre les apophyses post-orbitaires du frontal. . .	0,093	0,092	0,051	0,072	0,101	0,097	0,103
Distance depuis la crête occipitale jusqu'à la ligne qui va d'une de ces apophyses à l'autre.	0,187	0,178	0,112	0,13	0,18	0,157	0,183
———- de cette ligne aux incisives.	0,159	0,16	0,106	0,122	0,146	0,125	0,135
——— de cette ligne à la réunion des crêtes temporales.	0,075	0,1	0,075	0,1	0,1	0,112	0,076
Plus grande largeur des arcades zygomatiques.	0,169	0,178	0,112	0,126	0,16	0,15	0,180
Distance des deux apophyses post-orbitaires de l'os de la pommette.	0,125	0,132	0,081	0,089	0,12	0,106	0,125
Hauteur verticale de l'épine occipitale (*). . .	0,09	0,081	0,05	0,062	0,07	0,065	0,076

(*) Toutes ces hauteurs sont prises d'une ligne tirée du bord inférieur du trou occipital au bord inférieur de l'inter-maxillaire, les dents incisives non comprises.

OURS NOIRS D'EUROPE.			OURS BRUNS D'EUROPE.						OURS DES INDES.	
Premier OURS NOIR d'Europe.	Second OURS NOIR d'Europe.	OURS NOIR d'Europe de Daubenton.	Jeune OURS BRUN d'Europe.	Jeune OURS BRUN de Norvège.	Très-grand OURS BRUN de Pologne.	OURS BRUN de Pologne.	OURS BRUN des Alpes.	OURS BRUNS des Pyrénées à tête jaune.	JEUNE OURS de Pondichéry.	OURS de Java.
0,363	0,332	0,358	0,192	0,3	0,375	0,337	0,3	0,298	0,154	0,250
0,123	0,118	0,11	0,062	0,083	0,118	0,1	0,091	0,083	0,054	0,080
0,197	0,188	0,203	0,103	0,166	0,218	0,193	0,166	0,161	0,085	0,163
0,188	0,176	0,17	0,101	0,154	0,173	0,19	0,153	0,156	0,085	0,103
0,098	0,12	0,096	0,081	0,134	0,13	0,15	0,128	0,089	0,078	0,079
0,221	0,202	0,216	0,11	0,153	0,193	0,197	0,184	0,162	0,094	0,157
0,148	0,137	0,141	0,084	0,102	0,14	0,126	0,128	0,111	0,076	0,105
0,09	0,094	0,09	»	0,068	0,073	0,086	0,078	0,054	0,054	0,065

	OURS BLANCS POLAIRES.		OURS NOIRS D'AMÉRIQUE.				
	OURS POLAIRE du squelette.	OURS POLAIRE de Brême.	Très-jeune OURS NOIR d'Amérique.	Autre jeune OURS NOIR d'Amérique.	OURS NOIR femelle d'Amérique.	Autre OURS NOIR d'Amérique.	Vieil OURS NOIR d'Amérique.
Hauteur du point de réunion des crêtes temporales.	0,106	0,108	0,071	0,078	0,099	0,079	0,100
——— de l'endroit le plus bombé du crâne. .	0,106	0,108	0,076	0,083	0,101	0,081	0,100
——— du milieu de la ligne qui va d'une apophyse post-orbitaire du frontal à l'autre. . . .	0,095	0,097	0,065	0,08	0,079	0,072	0,085
——— de l'endroit le plus enfoncé à la racine du nez.	0,81	0,074	0,04	0,044	0,059	»	0,064
——— du bord supépérieur des narines. . .	0,067	0,058	0,033	0,038	0,050	0,046	0,063

OURS NOIRS D'EUROPE.			OURS BRUNS D'EUROPE.						OURS DES INDES.	
Premier OURS NOIR d'Europe.	Second OURS NOIR d'Europe.	OURS NOIR d'Europe de Daubenton.	Jeune OURS BRUN d'Europe.	Jeune OURS BRUN de Norvège.	Très-grand OURS BRUN de Pologne.	OURS BRUN de Pologne.	OURS BRUN des Alpes.	OURS BRUN des Pyrénées à tête jaune.	JEUNE OURS de Pondichéry.	OURS de Java.
0,108	0,106	0,111	»	0,088	0,102	0,095	0,088	0,080	0,06	0,102
0,115	0,116	0,121	»	0,107	0,114	0,126	0,098	0,102	0,072	0,102
0,094	0,098	0,093	»	0,095	0,095	0,124	0,085	0,085	0,059	0,076
»	»	0,068	»	0,062	0,071	»	»	»	0,032	0,048
0,06	0,062	0,054	»	0,056	0,055	0,056	0,051	0,051	0,024	0,044

§ 3. *Du reste du squelette.*

Nous avons aussi donné dans notre premier chapitre quelques indications propres à faire reconnaître génériquement une partie des os de l'ours.

Ces mêmes os offrent peu de caractères spécifiques; nous indiquerons cependant ceux qu'il est le plus facile de saisir.

L'OMOPLATE de l'ours, pl. 184, fig. 7 et 8, est en gros presque un rectangle; l'angle supérieur antérieur *a* est à peu près droit; le postérieur *b* est élargi et arrondi, et a au-dessous de lui une échancrure demi-circulaire *c*; le bord antérieur a au contraire vers le bas une partie saillante et arrondie *d*, qui règne jusqu'auprès du cou.

Dans l'ours polaire, l'omoplate est moins large à proportion que dans les ours bruns et surtout que dans les ours noirs.

Dans ceux-ci, l'espèce d'élargissement arrondi *b*, qu'elle a en arrière dans le haut, se joint inférieurement en *c* par une ligne moins oblique à la partie échancrée.

L'HUMÉRUS de l'ours, ib., fig. 9, 10 et 11, se reconnaît au grand prolongement de la crête deltoïdale, à la longueur de celle qui est au-dessus du condyle externe.

L'humérus de l'ours polaire est dans le bas plus large et plus aplati d'avant en arrière qu'aucun autre.

L'AVANT-BRAS de l'ours, ib., fig. 12, 13 et 13 *a*, se reconnaît à sa force, à la tête supérieure plus rétrécie du RADIUS, à son bord antérieur mousse, à la fosse de l'extenseur peu creuse et placée plus en avant que le milieu, à sa facette inférieure presque ronde, etc.

Cet os est dans l'ours polaire plus arrondi en avant, plus plat inférieurement. Dans les autres espèces, il offre peu de différence aussi bien que le cubitus.

Le BASSIN des ours, fig. 26, a ses os des iles plus larges que les autres carnassiers, l'hyène exceptée.

L'ours polaire l'a moins élargi et moins concave à sa face externe que les autres espèces, lesquelles paraissent n'offrir entre elles que des différences individuelles.

Le FÉMUR de l'ours, fig. 15, 16, 17, se distingue facilement par la forme peu allongée d'avant en arrière de sa face articulaire inférieure et par l'obliquité de son col ; il n'offre point de différence sensible dans les espèces. Cependant la crête longitudinale postérieure m'a paru plus aiguë dans le polaire.

L'ours est le genre qui a le TIBIA, fig. 18, 19 et 20, le plus gros parmi les carnassiers ; mais cet os n'offre point de différences spécifiques.

Cinq doigts, sensiblement égaux aux MAINS, fig. 14, et aux PIEDS, fig. 21, distinguent les extrémités de l'ours de celles des autres grands carnassiers. Chacun des os qui les composent a aussi des caractères génériques, mais que les figures feront mieux connaître que toutes les descriptions.

La queue est plus longue dans l'ours blanc adulte; après les sept vertèbres du sacrum, il en a encore neuf au coccyx; les autres n'en ont que six; sa queue pendant en arrière dépasse de plusieurs vertèbres la symphyse, qu'elles atteignent à peine chez les autres.

Mais, pour tout le reste, les espèces des ours dont nous avons des squelettes offrent très-peu de différences qui ne soient pas individuelles.

DEUXIÈME SECTION.

DES *OURS FOSSILES*.

Leurs dents et leurs ossemens, tels qu'on les tirait des cavernes d'Allemagne, sont célèbres depuis plusieurs siècles, et beaucoup d'auteurs de matière médicale en ont parlé sous le nom de *licorne fossile* (*unicornu fossile*); mais la première notice vraiment ostéologique qui en ait été publiée est celle de J. Paterson Hayn, dans les Éphémérides des Curieux de la nature, dec. I, an. III, 1672, obs. CXXXIX, p. 220. Il en décrit et en représente passablement plusieurs os, sous le titre bizarre d'ossemens de *dragons*. On reconnaît dans ses figures des humérus de deux espèces, une moitié de bassin, une portion de crâne, une moitié de mâchoire inférieure, un axis, deux autres vertèbres et quelques os du métacarpe. Ces os avaient été trouvés dans la première caverne des monts Crapacks, non loin d'un couvent de Chartreux, près de la rivière de Dunajek.

Le même auteur parle encore, obs. CXCIV, d'un *sacrum* trouvé au même endroit, ainsi que d'un *fémur* et de dents retirés de la caverne du comté de Liptau, près de Szentniklos, sur la rivière de Rag.

Le même recueil, dec. I, an. IV, 1673, obs. CLXX, page 226, contient une autre notice de ces os par Henri Vollgnad, qui les appelle toujours des os de *dragons*, et qui va jusqu'à prétendre qu'on trouve encore de vrais *dragons* vivans et volans en Transylvanie; mais ce qui vaut mieux que cette assertion, c'est une très-bonne figure de la tête entière de la grande espèce de nos ours, de celle à front bombé, gravée d'après un dessin envoyé par Paterson Hayn, lequel était mort dans l'intervalle.

Vollgnad y joint deux figures de phalanges onguéales; mais elles ne sont pas d'ours et appartiennent au genre des tigres.

On ne trouve ensuite pendant près d'un siècle rien de précis ni de vraiment ostéologique sur ces animaux : seulement les minéralogistes, et ceux qui décrivent les diverses cavernes, en parlent ou en représentent quelque morceau par occasion.

Ainsi Mylius (Memorabilia Saxoniæ subterraneæ, pl. II, p. 79) en représente divers morceaux, comme mâchelières, canines, os du métacarpe, fragmens de mâchoires, avec assez d'exactitude. Ils sont tirés de la caverne de Schartzfels.

Leibnitz, dans sa Protogæa, en donne, pl. XI, trois morceaux tirés de la même caverne : un de la mâchoire supérieure avec les incisives; un de l'inférieure avec une canine, et une canine isolée. On avait cru longtemps que le premier morceau de cette planche, qui est un crâne, venait de la même espèce; mais M. Sœmmerring, qui l'a examiné depuis, a trouvé qu'il appartient au genre du *lion* ou en général à un grand *félis* (1).

Brückmann, dans sa Description des ca-

(1) Mémoire sur les os fossiles gravés dans la Protogæa de Leibnitz, imprimé dans le Magasin de Grosse pour l'Histoire naturelle de l'Homme, t. III, p. 60 et suivantes.

vernes de Hongrie, insérée dans la collection de Breslau, premier trimestre de 1732, p. 628, et citée plus haut, annonça que leurs os ne différaient point de ceux des cavernes du Hartz. C'est aussi lui qui paraît les avoir comparés le premier à ceux des ours. Dans son Epistola itineraria 32, qui n'est qu'une traduction de l'article ci-dessus, il donne des figures de deux phalanges, de quelques dents, d'une vertèbre et d'une portion de mâchoire.

J. Christ. Kundmann (Rariora naturæ et artis, etc., tab. II, fig. 1) représente une grande molaire retirée par lui-même de la caverne de Baumann. Il croit à la vérité que c'est une dent de *cheval;* mais cette erreur ne doit point étonner en lui, car il prend une autre dent du même lieu (ib., fig. 2) pour une dent de *veau*, tandis que c'en est une d'*hyène*. Les fig. 6, 7, 8, de la même planche paraissent encore être de nos ours.

Walch, dans les Monumens de Knorr, part. II, sect. II, pl. H, 1, fig. 1, 2, 3, donne une demi-mâchoire inférieure et deux dents canines isolées. « Il leur trouve, dit-il plaisamment, p. 207, une certaine ressemblance avec celles de l'hippopotame. » Il en ignorait l'origine ; mais comme elles avaient appartenu à Knorr qui résidait à Nuremberg, il est probable qu'elles venaient des cavernes de Franconie.

La description de ces dernières cavernes par Esper contient un grand nombre de figures exactes de portions de la tête ; et quoiqu'il n'y eût aucune tête complète, on y aurait trouvé déjà de quoi distinguer suffisamment les espèces dont ces fragmens proviennent, et qui dans la réalité se réduisent à trois ou tout au plus à quatre ; mais l'auteur, faute de connaissances d'anatomie comparée, multiplie beaucoup trop les êtres, et compte jusqu'à neuf espèces, comme ayant fourni ces débris.

Il ne rapporte au genre de l'ours que les fragmens de ses figures 1, pl. VI ; 1, 2, 3, pl. VII, et 1, pl. IX ; tandis que toutes celles des huit premières planches, et la fig. 2, pl. XI, dont il fait tantôt des os d'*hyènes*, tantôt des os de *phoques*, doivent y être rapportées également.

Il n'y a en effet de morceaux appartenant à des genres différens de celui de l'*ours* que la fig. 2, pl. XII, qui est une portion de mâchoire supérieure du genre du *tigre* ou du *lion*; les fig. 2 et 4, pl. IX, qui en sont des *onguéaux*; la fig. *a*, pl. X, qui vient d'un *loup*, et le reste de cette planche qui vient d'une *hyène*.

M. Esper, qui s'était borné dans son grand ouvrage à reconnaître une certaine affinité entre les premiers des ossemens ci-dessus nommés et le genre de l'*ours*, dit, dans un autre, publié dix ans après (Écrits de la Société des naturalistes de Berlin, t. V, le IXe de la collection pour 1784, p. 56), que s'étant procuré une tête d'ours polaire, il en a reconnu l'identité avec celles de ces cavernes; ou que s'il y a des différences, elles ne sont pas plus grandes que celles qu'offrent la figure d'ours blanc donnée par Buffon, suppl. III, pl. XXXIV, et celle de Schreber, pl. CXLI.

M. Fuchs, gouverneur des pages du roi de Prusse, ajoute dans le même recueil, tome VI, qu'ayant eu occasion de voir ensemble un crâne d'*ours fossile* et un d'*ours polaire*, il a trouvé entre eux la plus grande ressemblance; assertions qui prouvent à quel point on peut méconnaître les traits les plus sensibles des formes des êtres, car de tous les ours, c'est incontestablement le polaire qui ressemble le moins au fossile.

Aussi le célèbre anatomiste Camper ne tarda-t-il point à s'exprimer négativement sur cette identité; il en donna pour raison principale le défaut de la petite dent que les ours ordinaires, et le polaire comme les autres, ont toujours derrière la canine. Il est cité là-dessus par Merck, dans sa troisième Lettre géologique, imprimée en 1786, p. 24.

Mais comme il y avait beaucoup d'autres raisons négatives, et même plus certaines à ajouter à celle-là, il était intéressant que quelqu'un s'occupât de les rassembler. C'est ce qu'a fait M. Rosenmüller, anatomiste de Leipsick, d'abord dans une description latine, imprimée en 1794, ensuite dans un petit écrit allemand intitulé : Matériaux pour l'histoire et la connaissance des os fossiles, 1er cahier, Leipsick, 1795. Il y donne une bonne figure de la tête complète d'un *ours fossile* de la grande espèce et à front bombé, dont la mâchoire inférieure appartient seulement à un individu un peu plus grand. Ce crâne vient de Gaylenreuth et se trouve à Erlang. M. Rosenmüller le compare soigneusement avec celui d'un *ours brun*, que lui avait prêté M. Ludwig, et avec la description donnée par M. Pallas du crâne de l'*ours blanc* ou *polaire*; et il résulte de sa comparaison que ces trois animaux sont fort différens : mais l'auteur ne parlait point alors des autres os de cet ours, ni des autres espèces d'*ours* dont on trouve les os pêle-mêle avec ceux de la première.

Le célèbre chirurgien anglais, J. Hunter, dans un Mémoire sur les os fossiles, qui n'a que leur analyse chimique pour objet, et qui est inséré dans les Transactions philosophiques pour 1794, p. 407, donne, pl. XIX, deux belles figures de crânes d'ours fossiles, les meilleures qui aient paru jusque-là, mais sans description détaillée, et en disant pour toute comparaison que les différentes têtes d'*ours des cavernes* diffèrent autant entre elles qu'elles diffèrent de l'*ours polaire*, et que toutes ces différences ne surpassent point celles que l'âge peut produire dans les animaux carnassiers ; assertion vague et même erronée.

Il y joint, pl. XX, les figures de deux sortes d'humérus que nous décrirons plus bas ; mais il se borne à en indiquer les différences d'une manière générale.

Enfin, M. Rosenmüller, revenant une troisième fois sur cet objet favori de ses études, a publié en 1804 une dissertation en français et en allemand, où il décrit et représente parfaitement bien et de grandeur naturelle le même crâne qu'il avait déjà donné en 1795, et un autre moins complet; un bassin entier, un atlas, un axis, une vertèbre lombaire, un tibia, un cubitus, un radius, un humérus, un fémur, un calcanéum, un astragale, quelques os du carpe, du métacarpe, et quelques phalanges : de manière que mon travail actuel serait presque superflu sans les comparaisons plus détaillées que je suis à même de faire des *ours fossiles* entre eux et avec les *ours vivans;* car M. Rosenmüller ne paraît pas avoir suffisamment distingué les espèces fossiles, et il attribue au sexe les différences qu'il paraît n'avoir entrevues qu'entre leurs crânes seulement, si même les deux crânes qu'il a examinés étaient réellement de deux espèces différentes.

La première trace apparente que je trouve d'une distinction établie entre les espèces d'ours fossiles appartient à Pierre Camper. C'est ce que dit d'après lui Merck, troisième Lettre, p. 24 : « Outre ces os (de l'*ours in-* « *connu*), on trouve des restes de lion ou de « tigre, de *vrais ours* et des animaux de l'es-

« pèce du chien. » Par *vrais ours*, Camper et Merck voulaient peut-être distinguer l'un ou l'autre des ours à crâne moins bombé.

Feu Adrien Camper suivit cette distinction dans les dessins des fossiles de son cabinet qu'il voulut bien m'adresser; il me fit remarquer les grandes différences qui se trouvent entre deux sortes d'humérus de ces cavernes, différences sur lesquelles je reviendrai.

Je vois aussi, par les lettres de M. Blumenbach, qu'il a distingué des espèces parmi les ours fossiles : il en compte deux, et nomme la première, la plus anciennement connue, *Ursus spelæus*, et la seconde, *Ursus arctoideus*, sans doute parce qu'il la trouve avec raison beaucoup plus semblable que ne l'est la première à l'*ours brun* ou plutôt à l'*ours noir d'Europe;* deux ours qui sont, comme on sait, confondus par Linnæus sous le nom d'*Ursus arctos*.

Ce sont probablement les différences de ces espèces qui ont fait dire à J. Hunter que les crânes des cavernes ne ressemblent pas moins au crâne de l'ours polaire qu'ils ne se ressemblent entre eux; idée qui l'aura empêché d'examiner de plus près les caractères spécifiques des uns et des autres.

Tel était l'état de la science à l'égard de ces ours fossiles au moment où je publiai ce chapitre pour la première fois. Quoique je fusse éloigné des lieux où se trouvent les os de ces animaux, j'avais été assez heureux, par ma position près des riches collections de ce Muséum et par les soins de mes amis, pour me voir en état d'en traiter d'une manière plus complète encore que tous ceux qui m'avaient précédé, et même que ceux qui habitent le plus près des grottes où les os se trouvent.

M. de Jussieu me donna plusieurs morceaux de Schartzfels qu'il avait dans son cabinet; M. Autenrieth me fournit la notice la plus complète de tout ce qui avait été écrit sur ce sujet; feu M. Adrien Camper m'adressa des dessins faits par lui-même, et de main de maître, des morceaux de Gaylenreuth qu'offrait sa collection; feu M. Karsten eut la bonté de me faire faire par M. Wachsmann, artiste du plus grand talent, de superbes figures coloriées, des morceaux de Sundwich qui sont dans le cabinet de la Société des naturalistes de Berlin; M. Benzenberg m'adressa des morceaux considérables et un dessin de crâne entier de cette même grotte de Sundwich; M. Fischer m'en procura de tous les ossemens de Gaylenreuth et d'autres endroits, qui sont déposés dans le cabinet du landgrave de Hesse-Darmstadt : la permission que lui en accordèrent MM. Schleyermacher, secrétaire intime de ce prince, et Borkhausen, conseiller de la chambre, directeur de ce cabinet, fut pour moi le sujet d'une gratitude que je m'empressai d'exprimer. Ces messieurs ont dignement rempli les nobles intentions de leur souverain. Le célèbre M. Blumenbach voulut bien m'envoyer le dessin d'un jeune crâne et de sa mâchoire inférieure de la grotte d'Altenstein; enfin, M. de Roissy me procura une tête et divers morceaux du tuf de Gaylenreuth, dont j'ai tiré beaucoup de petits os.

Mais le secours le plus riche dont j'aie joui, c'est la collection très-considérable et très-bien conservée d'ossemens de Gaylenreuth, donnée, il y a plusieurs années, à Buffon, pour notre Muséum, par le dernier margrave d'Anspach. Ce prince, souverain du pays où la plupart de ces grottes sont situées, excité peut-être par la dédicace qu'Esper lui fit, en 1774, de son premier ouvrage, eut tous les moyens de faire faire des fouilles productives, dont une partie est sans doute déposée à Erlang, et dont l'autre fut envoyée à Paris, où, comme on sait, il se plaisait à résider. Buffon en dit un mot en 1778, dans ses notes sur la Théorie de la terre, Histoire naturelle, suppl. V, page 491. Les crânes décrits par Hunter avaient été également offerts à la Société royale par ce prince, lorsqu'il se fixa à Londres, après avoir épousé lady Crawen.

Depuis ma première édition, j'ai encore ajouté à ces matériaux une tête bien conservée, donnée à M. Geoffroy Saint-Hilaire par M. Héron de Villefosse, maître des requêtes et membre de l'Académie des Sciences ; et les os d'Adelsberg que j'ai dus à la générosité de M. le prince de Metternich ; enfin j'ai eu l'occasion de voir, à Brême, une partie de ceux que M. Ebel, conseiller aulique hanovrien, avait fait recueillir pendant plusieurs années à Gaylenreuth, et qui en forment peut-être la collection la plus complète qui existe aujourd'hui : on y voit des échantillons de tous les os, et jusqu'à des os de verge; et les différens accidens qu'on y remarque sont extrêmement instructifs. Je regretterai toujours que les circonstances ne m'aient pas laissé profiter de ce beau cabinet autant que le propriétaire voulait bien me le permettre et que la perfection de mon travail l'aurait exigé.

Pendant ce même intervalle, les savans allemands ont continué à faire des recherches dans ces cavernes et à donner leurs résultats au public.

M. Goldfuss surtout, qui pendant son séjour à Erlang a eu plus de facilité qu'aucun autre pour visiter ces dépôts remarquables, a publié une belle figure de la grande espèce à front bombé dans son ouvrage sur les environs de Muggendorf, pl. IV; et il vient de donner dans les Mémoires de l'Académie des Curieux de la Nature, dont il est le secrétaire, un mémoire sur une tête qu'il croit appartenir encore à une troisième espèce, à laquelle il donne le nom d'*Ursus priscus.* M. de Sœmmerring, à qui cette tête appartient, ayant bien voulu la confier à mon examen, j'en ai fait faire de nouveaux dessins, pl. 189, fig. 5 et 6.

Mais rien n'égale pour la parfaite conservation, non plus que pour la beauté et la fidélité de la représentation, deux planches lithographiées du grand ours à front bombé, dont je dois un exemplaire à l'amitié de M. de Sœmmerring. Je n'ai pu m'empêcher d'en ajouter des copies à toutes les figures que j'avais déjà de cet animal remarquable. On les verra réduites au tiers, pl. 189, fig. 1 et 2.

L'ours n'avait pas jusqu'à présent été trouvé fossile en France : on vient de le découvrir dans une fissure d'un rocher près de Châtillon, lieu du département du Doubs, sur la rive gauche de cette rivière, près de Saint-Hippolyte : c'est une colline escarpée, dépendante du revers méridional du Lomont, petite chaîne qui tient elle-même à celle du Jura. M. Duvernoy, docteur en médecine à Montbéliard, et autrefois mon très-utile coopérateur pour la rédaction des trois derniers volumes de mes Leçons d'Anatomie comparée, a bien voulu m'adresser les os qui s'y sont trouvés, en les accompagnant d'une notice instructive sur leur position et la roche qui les recelait.

Ils sont enveloppés dans un tuf ocreux mêlé de stalactite, avec lequel ils forment une brèche très-semblable à celle des montagnes des bords de la Méditerranée, ou mieux encore aux parties durcies du tuf qui remplit les cavernes d'Allemagne. La plupart de ceux que j'ai reçus étaient plus ou moins brisés; mais il se trouvait dans le nombre des mâchelières parfaitement reconnaissables pour être de l'*ours des cavernes*.

Le château ruiné de Châtillon était construit sur un rocher escarpé, au bord d'un vallon profond qui aboutit à la vallée du Doubs. La roche est un calcaire compacte du Jura, en bancs inclinés de 45 degrés; vers le sommet du rocher, à l'ouest, est la fente presque verticale d'où l'on a tiré ces os. Il y a avec eux, et dans le même limon durci, beaucoup de pierres roulées qui appartiennent toutes aux roches voisines, savoir, au calcaire compacte et à l'oolithe : par conséquent, les circonstances de leur déposition doivent avoir été les mêmes que dans la plupart des fentes à brèches osseuses.

M. Drapiez, savant naturaliste de Bruxelles, dans son ouvrage intitulé Coup d'œil minéralogique sur la province de Hainaut, parmi plusieurs os fossiles des environs de Ciply, près de Mons, cite et représente exactement, pl. I et II, une tête d'ours des cavernes parfaitement caractérisée, et ajoute que dans la même collection se trouvaient une mâchoire inférieure et quelques débris du crâne d'un individu beaucoup plus grand; mais comme il ne paraît pas avoir observé ces os en place, mais seulement dans un cabinet, il pourrait y avoir eu quelque confusion. La tête gravée et coloriée dont je viens de parler ressemble de tout point, même pour la consistance et la couleur, à celles que l'on retire des cavernes de Franconie.

C'est avec ces nouveaux secours que je reprends cette matière, et que je vais la traiter avec tout le détail qu'elle mérite; mais je dois faire ici la même observation qu'en tête de la partie où j'expose l'histoire de nos plâtrières. Ces cavernes renfermant pêle-mêle plusieurs espèces de carnassiers, et nommément plusieurs espèces d'ours, je dois mettre à chaque instant le lecteur en garde, et lui faire connaître par quels caractères je rends à chaque espèce ce qui lui a appartenu.

Au reste, ce n'est pas seulement dans les cavernes que les ours ont laissé leurs ossemens; il y en a aussi, mais en petite quantité, dans les couches meubles.

Dès ma première édition, dans les additions

au tome IV, j'ai annoncé que j'en avais vu en Toscane plusieurs échantillons déterrés dans le val d'Arno. Le cabinet de M. Targioni Tozzetti et celui de M. Tartini, à Florence, m'en ont offert d'incontestables; mais je trouve qu'ils sont d'une espèce différente de celles des cavernes.

Depuis lors, M. Buckland a trouvé en 1820, dans le cabinet du couvent de Krems-Münster, dans la Haute-Autriche, des crânes et des os, qu'il a jugé du grand ours à front bombé, et qui avaient été déterrés près de là, dans une carrière de gravier consolidé en poudingue dont on emploie, dans ce canton, la pierre à bâtir (1).

Sir Everard Home (2) assure qu'il y avait des os d'ours dans cette caverne d'Oreston près de Plymouth, d'où l'on en a tant retiré d'éléphans et de rhinocéros. Il y a trouvé une pénultième molaire supérieure, une inférieure qu'il déclare de l'ours brun ou noir, et plusieurs autres os qu'il croit en venir probablement aussi; expressions d'après les-

(1) Dans son Mém. sur la caverne de Kirkdale, p. 49.

(2) Trans. phil. de 1821, Ire part., p. 135.

quelles il semble qu'il ne les juge pas de nos espèces des cavernes. Ils me paraissent toutefois devoir venir de ces espèces-ci, d'autant que M. Buckland m'apprend y avoir découvert récemment des os d'hyènes et de loups.

ARTICLE PREMIER.

Examen des dents les plus communes dans les cavernes et détermination de leur genre.

Le résultat de cet examen est facile à réduire à peu de paroles. Les dents dont les cavernes d'Allemagne fourmillent, dont on vend depuis des siècles des milliers comme licorne fossile, sont des dents d'ours parfaitement semblables, pour les incisives, les canines et les grandes mâchelières, à celles de nos ours du Nord, au point que les figures que j'ai données des fossiles, pl. 188, fig. 24—34, m'ont servi pour faire saisir les caractères de tout le genre.

Mais leur grandeur annonce déjà des espèces particulières.

Voici une table de leurs dimensions antéro-postérieures prises sur plus de cent, et comparées à celles du plus grand des dix-neuf crânes d'ours vivans que nous avons au Cabinet d'anatomie.

Dents fossiles.			*Dents du plus grand ours vivant.*
SUPÉRIEURES.			
Dernière.	plus grandes.	0,048	0,036
	plus petites. .	0,043	
Pénultième. . . .	plus grandes.	0,031	0,024
	plus petites. .	0,028	
Antépénultième. .	plus grandes.	0,021	0,017
	plus petites. .	0,02	
INFÉRIEURES.			
Dernière.	plus grandes.	0,026	0,02
	plus petites .	0,022	
Pénultième. . . .	plus grandes.	0,032	0,027
	plus petites. .	0,027	
Antépénultième. .	plus grandes.	0,033	0,025
	plus petites. .	0,0	

Ainsi nos plus grandes dents vivantes sont moindres ou tout au plus égales aux plus petites des fossiles, et généralement d'un quart inférieures aux plus grandes.

Cette supériorité constante était l'indice d'une différence et d'une supériorité d'espèces que les autres parties ont confirmée; mais ces autres parties nous ont appris en même temps ce que les dents à elles seules ne nous disaient pas, du moins d'une façon aussi claire : c'est qu'il y a dans ces cavernes des restes d'ours de plus d'une espèce.

Ces dents des cavernes sont en général moins usées et ont mieux conservé leur émail et toutes leurs éminences que celles des ours vivans, ce qui prouve que les espèces dont elles proviennent étaient plus exclusivement carnassières.

Il n'y a parmi les crânes fossiles que les plus grands et les plus vieux qui aient aussi leurs mâchelières usées.

Mais il existe des différences plus marquées des crânes fossiles et des vivans relativement à la petite molaire placée immédiatement derrière la canine, tant en-haut qu'en-bas, et à la première des molaires en série de la mâchoire supérieure.

La petite molaire de derrière la canine ne manque jamais aux ours vivans, quel que soit leur âge; et jusqu'à présent on ne l'a jamais vue aux fossiles de grande espèce, ni jeunes ni vieux, à la mâchoire supérieure.

J'ai examiné huit ou dix de ces crânes fossiles de différens âges sans jamais l'y trouver.

Les grands crânes publiés par Hayn, Hunter, Goldfuss, etc.; les morceaux représentés par Esper; ceux dont MM. Fischer et Benzenberg m'ont envoyé des dessins, ne l'avaient pas davantage; et il paraît, par la remarque de P. Camper, citée plus haut par Merck, que ce grand anatomiste n'y avait point trouvé non plus cette petite dent.

Elle n'existe que dans le crâne d'espèce inférieure nouvellement décrit par M. Goldfuss, et dont nous reparlerons bientôt.

Quant à la mâchoire inférieure, je me suis assuré par moi-même qu'elle n'y manque pas toujours, même dans les grands ours : car, bien qu'elle n'ait pas existé dans plus de vingt mâchoires ou demi-mâchoires jeunes et vieilles que j'ai examinées, j'en ai trouvé manifestement encore la racine sur une demi-mâchoire inférieure de notre collection. Une autre demi-mâchoire m'en a montré aussi clairement l'alvéole.

Cependant M. Rosenmüller me met à cet égard dans quelque embarras : il décrit une dent de cette sorte à la mâchoire supérieure, dans sa première dissertation allemande, page 48, quoiqu'il n'en attribue point à l'inférieure ; et il n'en fait plus aucune mention dans son grand ouvrage in-folio, page 9, où il parle cependant du même crâne : car la figure est absolument la même.

Peut-être est-ce cette petite dent aperçue aussi une ou deux fois par P. Camper, qui lui avait fait dire qu'il y a dans ces cavernes de *véritables ours*.

L'autre différence est relative à la deuxième petite molaire supérieure qui dans les ours vivans est immédiatement placée en avant de l'antépénultième et forme avec elle une série continue.

Je n'ai trouvé que deux fois son alvéole, dans des fragmens de crâne que j'ai examinés, dont un vient de Gaylenreuth et l'autre de Sundwich; mais il n'en paraît de vestige dans aucun des autres fragmens ni des crânes entiers de grande espèce que j'ai vus, et je ne vois pas qu'aucun auteur l'y ait trouvée non plus.

Ces ours n'auraient donc ordinairement en série continue dans le haut que trois mâchelières et en tout que trente dents, tandis que les ours vivans en ont généralement trente-six et quelquefois quarante.

On voit bien la différence qui en résulte en comparant les fig. 5 et 6 et les fig. 7 et 8 de la pl. 182.

Toutefois, puisque l'on trouve de temps en temps l'une ou l'autre de ces petites dents, le caractère spécifique de nos ours fossiles tiendrait à ce qu'ils les perdent de très-bonne heure, plutôt qu'à ce qu'ils en manquent absolument.

ARTICLE II.

Comparaison des têtes d'ours trouvées dans les cavernes, et détermination de leurs espèces.

Le genre des crânes les plus communs dans ces cavernes étant bien déterminé par leurs dents pour être celui de l'*ours*, je n'ai pour ainsi dire pas besoin d'ajouter qu'ils portent aussi les caractères de ce genre dans toute leur conformation, leurs sutures, les connexions de leurs os, et qu'à plus forte raison ils ont tous ceux de la grande famille des animaux carnassiers, comme un condyle transversal et en portion de cylindre, une apophyse coronoïde large et élevée, une arcade zygomatique très-convexe en-dehors et remontant en-haut, un orbite incomplet en arrière et s'y confondant avec la fosse temporale, etc. Tous ces points sont toujours en liaison nécessaire avec la structure des dents.

Il ne s'agit donc plus que de savoir si ces crânes appartiennent à l'une ou à l'autre des espèces d'ours connus, ou bien s'ils diffèrent de toutes, comme les différences dans la durée des petites molaires antérieures semblent l'indiquer d'avance.

J'ai déjà dit qu'ils sont eux-mêmes au moins de deux espèces : commençons par les plus nombreux, qui sont en même temps les mieux caractérisés.

1° *Grands crânes à front bombé.*

Les figures de Paterson-Hayn, de Hunter, de Rosenmüller, de Goldfuss, et celle de Sœmmerring, que nous copions pl. 189, fig. 1 et 2, représentent cinq têtes à peu près entières de cette espèce. J'en donne une sixième bien adulte, pl. 181, fig. 1, et pl. 182, fig. 3; et une septième un peu plus jeune, pl. 185, fig. 1 et 2. Nous en possédons encore une huitième et une neuvième un peu moins complètes. J'ai de plus dans mes portefeuilles le dessin d'une dixième du cabinet de Darmstadt, par M. Fischer; et celui d'une onzième d'Iserlohn, par M. Benzenberg; enfin, M. Karsten m'en a envoyé un de crâne.

Ces douze morceaux et plusieurs autres que j'ai vus en Allemagne, particulièrement chez M. Ebel, d'autres encore que j'ai observés à Paris, portent les mêmes caractères, en sorte qu'on peut sans crainte établir les formes d'un animal sur des documens aussi nombreux.

Or, quiconque comparera l'une de ces têtes avec toutes celles de nos ours connus dont j'ai donné les dessins, reconnaîtra sans peine qu'elles en diffèrent autant et plus que ces têtes vivantes ne diffèrent entre elles, et surtout que l'*ours polaire*, dont quelques personnes avaient prétendu qu'elles seraient les analogues, est précisément l'espèce dont elles s'éloignent le plus.

Leur principal caractère est en effet dans la forte élévation du front au-dessus de la racine du nez, et les deux bosses convexes de ce même front, tandis que l'ours polaire est précisément celui où le front est le plus plat.

Elles se font remarquer encore par la grande saillie et le prompt rapprochement des crêtes temporales, ainsi que par la longueur et l'élévation de la crête sagittale, indices d'une grande force dans les crotaphites, et l'ours polaire est encore celui où ces parties sont le moins prononcées.

Les *ours noirs*, tant d'Europe que d'Amérique, se rapprochent plus que les autres du fossile par les crêtes, mais ils s'en éloignent aussi plus que les autres par l'aplatissement de leur front.

En effet, dans les ours noirs la ligne supérieure du profil forme une courbe peu convexe, mais presque uniforme; dans les grands crânes fossiles, elle forme une courbe d'abord très-peu convexe, puis descendant par une convexité fort prononcée au front et devenant concave à la base du nez, sur lequel elle est à peu près droite.

A l'égard de cette ligne serpentante du profil on trouve bien quelque chose d'approchant dans certains ours bruns, et surtout dans le prétendu paresseux pentadactyle; mais pour tout le reste il n'y a aucune comparaison possible.

Entrant davantage dans le détail, on trouve que les crêtes temporales des ours noirs se réunissent en une crête sagittale, à peu près à moitié de l'intervalle entre les orbites et l'occiput; dans le fossile, c'est presque au tiers de cet intervalle.

Le triangle intercepté par les crêtes est plat ou même un peu concave dans les ours noirs; il est relevé dans les fossiles de deux bosses convexes qui leur donnent une tout autre physionomie.

A ces différences, à celles que donnent les dents, se joint celle de la grandeur.

Nos plus grandes têtes d'ours bruns sont longues de 0,375, depuis l'épine de l'occiput jusqu'aux incisives; le plus grand de nos ours noirs d'Europe est encore un peu au-dessous.

Nos grandes têtes fossiles à front proéminent ont le même intervalle de 0,465, ce qui fait précisément un quart de plus, et répond à ce qu'annonçaient les grandes mâchelières.

Et comme l'*ours polaire* n'est d'ordinaire pas aussi grand que les grands ours noirs, comme mes crânes d'ours polaire, par exemple, n'ont guère plus de 0,330, Camper a eu quelque raison de dire que l'*ours fossile* le surpasse d'un tiers (1).

Comme l'âge dans tous les carnassiers agrandit les fosses temporales, élève les crêtes et renfle les sinus frontaux, on pouvait croire que cette convexité du front aurait tenu à la vieillesse de ces grands ours; mais on a la preuve du contraire en ce que des crânes beaucoup plus jeunes et plus petits, tels que

---

(1) Rosenmüller, Diss. allem., p. 59.

celui de la pl. 185, fig. 1 et 2, bien qu'un peu moins bombés que les très-vieux, le sont encore sensiblement plus que les plus vieux ours noirs.

2° *Crânes moins bombés, mais aussi grands que les précédens.*

Les crânes dont je viens de faire la comparaison étaient les seuls qui eussent été représentés et décrits d'une manière claire avant ma première édition ; les autres n'avaient été indiqués que très-incomplètement. On pourrait croire que ce sont eux que Camper appelle de *vrais ours*, mais sans dire de quelle espèce.

Esper semble plus précis à certains égards : il y a, selon lui, des *têtes de deux pieds de long et d'autres d'un pied seulement; celles-ci sont plus arrondies, ressemblent davantage à des têtes de doguin, et leurs dents, quoique de même forme, sont plus grosses que celles des grosses têtes. Il ajoute la conjecture que ces petites têtes pourraient venir des femelles.* (Soc. des Natur. de Berl. IX, page 188.) Mais cette différence de grandeur, et même celle de la forme, se rapporte plutôt à des individus de différens âges. La première paraît même exagérée : les plus grands crânes que j'aie vus en nature ou en dessin ont 16 pouces et quelques lignes; il y en a tout au plus de 18 pouces, et les plus petits, à front bombé, en ont 14.

M. Rosenmüller parle aussi de quelques différences de même nature qu'il attribue au sexe. « Comme quelques-uns de ces crânes, « dit-il, sont plus petits et plus arrondis, et « que d'autres au contraire sont plus allongés « et d'un plus grand volume, je suis porté à « croire que ceux-là sont des crânes de femelles « et ceux-ci de mâles. Si cette conjecture est « fondée en raison, la première de nos plan- « ches représente le crâne d'une femelle, « tandis que la vignette, ainsi que la seconde « et la troisième planche, nous offrent celle « d'un mâle. » Or, ces deux crânes ne diffèrent que d'un pouce pour la longueur.

Il ne resterait donc d'important parmi les caractères saisis avant moi que le plus ou le moins de convexité du front; je n'oserais même dire si dans les échantillons de M. Rosenmüller cette différence est assez forte pour mériter attention, car le crâne de sa seconde et de sa troisième planche est encore du nombre des très-bombés.

Mais j'avais dès ma première édition une portion considérable de crâne qui me parut ne pas devoir être confondue avec ceux qu'on trouve le plus communément. Je l'ai fait dessiner, pl. 185, fig. 3, de profil, et fig. 4, en-dessus; en comparant ces dessins avec les fig. 3, pl. 182, et fig. 1, pl. 181, ou avec les fig. 1 et 2, pl. 189, qui représentent le plus grand de mes crânes à front bombé, on pourra prendre une idée de leur différence.

L'espèce de crâne la plus commune, celle qui a les deux fortes bosses frontales, a aussi les crêtes temporales plus promptement rapprochées, par conséquent l'angle qu'elles font en arrière plus obtus; et cette différence, qui, dans les individus d'une même espèce, est un effet de l'âge, ne lui est point due ici : car les jeunes crânes à front bombé que j'ai, entre autres celui des fig. 1 et 2 de la pl. 185, sont plus petits et ont les sutures beaucoup plus marquées que ce crâne à front plat des fig. 3 et 4. Ce dernier est même plus vieux; et s'il eût été entier, il aurait été plus grand que le plus grand de mes crânes à front bombé. Or, on sait que les sinus frontaux deviennent plus convexes avec l'âge, bien loin de s'aplatir.

Ce crâne à front plat a aussi l'intervalle entre la première molaire et la canine plus long à proportion, et cette dernière dent sensiblement plus petite; ce qui explique une partie du passage d'Esper cité plus haut. Ce sont les crânes à front plat qu'il aura décrits comme plus grands, plus allongés, et ceux à front bombé dont il n'aura eu que de jeunes individus qu'il aura comparés à des *têtes de doguin*.

J'ai eu depuis lors occasion d'observer un autre de ces crânes à front moins bombé, qui est plus petit mais plus entier que le précédent, et qui a été rapporté d'Allemagne par M. Héron de Villefosse. On le voit pl. 189, fig. 3 et 4.

Ses crêtes temporales sont disposées comme dans le premier, et l'espace triangulaire qu'elles cernent est non-seulement plus aplati que dans l'espèce fossile la plus commune, mais concave dans son milieu et vers la racine du nez, en sorte que le peu de convexité qu'a ce front se trouve vers les apophyses post-orbitaires ; dans le précédent, toute cette partie triangulaire est plus unie.

Ces deux têtes, et surtout la seconde, ressemblent plus à l'ours noir d'Europe que ne font les têtes à front bombé, et c'est ce qui m'avait déterminé à leur appliquer la dénomination d'*Ursus arctoideus* mise d'abord en usage par M. Blumenbach, mais sans détermination assez précise de son objet ; parce qu'il l'avait établie sur un jeune crâne d'Altenstein dont nous parlerons bientôt. Mais je commence à douter de cette distinction par un motif que j'expliquerai tout à l'heure.

3o *Crâne plus petit et moins différent des ours vivans que les précédens.*

M. Goldfuss vient tout récemment de faire connaître et de représenter ce crâne trouvé, dit-on, dans les parties les plus profondes de la caverne de Gaylenreuth.

M. de Sœmmerring, à qui il appartient, ayant bien voulu nous le confier, nous en donnons de nouveaux dessins, pl. 189, fig. 5 et 6.

Bien qu'âgé, puisque ses molaires sont usées et ses crêtes bien prononcées, il n'est que de la grandeur des plus jeunes crânes à front bombé; n'ayant que 0,345, de l'épine de l'occiput au bord incisif, ce qui n'est pas tout-à-fait la longueur de notre grand ours noir d'Europe.

Son profil ressemble beaucoup à celui de l'ours brun, surtout de la variété des Alpes, et est seulement un peu plus déprimé. C'est à peu près à l'endroit de la suture frontale qu'est sa plus grande convexité. Le front est plane dans tous les sens et s'unit aux os du nez sans concavité sensible : c'est un caractère par lequel cette tête se rapproche de celles des ours noirs d'Europe beaucoup plus que des bruns.

Elle s'en rapproche par la brièveté du triangle formé par les crêtes temporales et par la courbure, concave en-dehors, de ces crêtes; et même sous ces deux rapports ce serait à l'ours d'Amérique qu'elle ressemblerait le plus, mais elle en diffère beaucoup par la moindre brièveté de son museau. D'un autre côté, elle diffère de l'ours noir d'Europe par des arcades zygomatiques moins écartées. Les apophyses post-orbitaires du frontal vont un peu en descendant; le crâne, aux tempes et vers l'occiput, est plus large qu'à l'ours brun, qui l'a lui-même moins comprimé qu'aucun autre.

La mâchoire inférieure a les apophyses coronoïdes un peu plus larges et plus élevées, les intervalles des molaires aux canines un peu plus longs, et le bord inférieur plus droit qu'à l'ours brun.

On voit les alvéoles de la petite dent derrière la canine aux deux mâchoires, et de la première des molaires en série à la mâchoire supérieure, qui manquent presque toujours dans les autres ours des cavernes.

D'après ces données, il est impossible de ne pas voir dans ce crâne l'indice d'une espèce d'ours différente des grands crânes précédens. Sa ressemblance extrême avec nos ours bruns et noirs pourrait le faire considérer comme identique avec eux; mais c'est précisément parce qu'il partage jusqu'à un certain point leurs caractères que je le regarde comme différent des uns et des autres.

Du reste, la position où on l'a trouvé, et la stalactite bien que légère qui l'enduisait, ne permettent guère de douter qu'il ne fût de la même époque que les grands crânes. Peut-être plusieurs des fragmens que l'on possède appartiennent-ils à son espèce ; mais il est toujours bien singulier qu'on ne l'ait pas trouvé plus souvent entier.

4o *D'un jeune crâne.*

M. Blumenbach m'avait envoyé anciennement le dessin d'une tête assez entière de la caverne d'Altenstein (pl. 185, fig. 5 et 6), avec une mâchoire inférieure, ibid., fig. 7, qui semble lui convenir pour la grandeur.

Cette tête ressemble aussi de la manière la plus frappante à celle d'un ours brun, et quand on en place le dessin à côté d'une tête d'ours brun des Pyrénées, qui, bien qu'adulte, n'a pas un pouce de plus en longueur, on a peine à y apercevoir quelque différence de forme.

Cependant les dents dont les éminences

sont encore très-marquées sont, les unes d'un tiers, les autres d'un quart, plus grandes qu'à cet ours brun : ce qui annonce que cette tête devait encore croître, et ce qui m'a déterminé à la regarder comme celle d'un jeune individu. Bien que les mâchelières supérieures soient venues, on ne doit pas en conclure que l'animal ait été adulte, car nous avons vu précédemment que les dents des ours poussent de très-bonne heure.

Il paraît d'après le dessin que la dernière molaire n'était pas encore parfaitement sortie, ce qui confirme ma conjecture. Du reste, on ne voit à cette tête aucune des trois petites dents qui manquent d'ordinaire de chaque côté aux ours fossiles.

Il n'y aurait rien que de très-naturel à ce que les très-jeunes ours de l'espèce des cavernes n'eussent pas eu le front aussi convexe que les adultes, puisque c'est une règle générale pour tous les carnassiers, où les sinus frontaux ne prennent leur développement qu'avec l'âge.

5° *Résumé.*

D'après cet examen, il n'y a donc dans nos cavernes jusqu'à présent que trois formes d'adultes reconnues : celle des grands crânes à front bombé, celle des grands crânes à front plus aplati, et ce petit semblable à l'ours brun récemment publié par M. Goldfuss.

La circonstance qu'il n'y a que deux formes pour les autres os, et que les os de ces deux formes diffèrent assez entre eux pour la grandeur, me porterait à revenir sur mes premières idées et à conjecturer que les deux grandes sortes de crânes, celle qu'on a nommée *spelæus*, et l'autre à laquelle j'avais appliqué le nom d'*arctoideus*, ne sont que des variétés d'une même espèce.

Pour compléter les moyens de comparaison entre ces diverses têtes fossiles, nous donnerons ici une table de leurs dimensions dans le même ordre que celle que nous avons donnée pour les ours vivans.

	GRANDS OURS A FRONT BOMBÉ.								GRAND OURS A FRONT APLATI.		
	OURS des cavernes adulte.	Deuxième OURS des cavern. encroûté.	OURS des cavernes jeune.	Deuxième OURS des cavern. jeune.	OURS des cavern. avec alvéoles de la 1re mol. supér.	OURS des cavern. représenté par M. Rosenmüller.	OURS des cavern. lithographié à Munich.	OURS des cavern. dessiné par M. Benzenberg.	Premier OURS à front aplati.	Deuxième OURS à front aplati.	OURS voisin des ours vivans publié par M. Goldfuss.
Longueur du crâne depuis la crête occipitale jusqu'aux incisives.	0,457	0,44	0,39	0,41	0,39	0,448	0,465	0,465	»	0,41	0,350
Largeur du crâne entre les apophyses post-orbitaires du frontal.	0,121	0,119	0,103	»	0,11	0,16	0,14	»	0,123	0,12	0,107
Distance depuis la crête occipitale jusqu'à la ligne qui va d'une de ces apophyses à l'autre.	0,258	0,24	0,218	0,221	0,215	0,335	0,25	0,23	»	0,22	0,187
Distance de cette ligne aux incisives.	0,245	0,218	0,207	0,202	0,23	»	0,255	0,25	0,255	0,22	0,180
——— de cette ligne à la réunion des crêtes temporales.	0,09	0,1	0,147	0,106	0,12	0,11	0,1	»	0,113	0,14	0,086
Plus grande largeur des arcades zygomatiques.	0,275	»	0,221	»	»	»	0,28	»	»	»	0,194
Distance des deux apophyses post-orbitaires de l'os de la pommette.	0,175	»	0,144	»	»	»	0,2	»	»	»	0,132
Hauteur verticale de l'épine occipitale.	0,11	»	0,085	0,1	0,11	»	0,125	»	»	0,09	0,092
——— du point de réunion des crêtes temporales.	0,165	»	0,12	0,147	0,14	»	0,15	»	»	»	0,108
——— de l'endroit le plus bombé du crâne.	0,165	»	0,136	0,152	»	»	»	»	»	»	0,108
——— du milieu de la ligne qui va d'une apophyse post-orbitaire du frontal à l'autre.	0,15	»	0,126	0,125	»	»	»	»	»	»	0,095
——— de l'endroit le plus enfoncé à la racine du nez.	0,12	»	0,112	0,112	»	»	»	»	»	»	0,068
——— du bord supérieur des narines.	0,084	»	0,067	»	»	»	»	»	»	»	0,058

ARTICLE III.

Mâchoires inférieures.

Les mâchoires inférieures des cavernes se trouvent bien rarement réunies à leurs crânes, et c'est presque toujours un peu au hasard qu'on les rapproche; ainsi celle de M. Rosenmüller est un peu trop grande; la nôtre, pl. 182, fig. 3, ne s'arrange pas non plus parfaitement : il faut donc les examiner à part.

D'après la comparaison que j'ai faite d'environ ving-cinq morceaux dont j'ai pu disposer, il m'a paru qu'elles se réduisent à deux sortes, encore assez peu distinctes.

Les plus communes diffèrent des autres par une beaucoup plus grande largeur de l'apophyse coronoïde. On en voit une de la première sorte, pl. 185, fig. 8, et un fragment de la seconde, pl. 188, fig. 36.

La largeur est à la hauteur, dans la

première, comme 0,10 à 0,075; dans la deuxième, comme 0,08 à 0,072. La largeur de la première est à celle de la deuxième comme 10 à 8, quoique les dents soient un peu plus grosses dans celle-ci.

Cette deuxième sorte a sa partie horizontale plus mince et un peu moins haute. Comme je n'en ai pas eu d'entière, je ne puis déterminer la proportion totale.

La demi-mâchoire, représentée pl. 185, fig. 8, a de longueur d'*a* en *b* 0,35; et dans les dessins envoyés par M. Karsten, j'en vois une de 0,365. Notre grand crâne fossile, pl. 182, fig. 3, n'en comporte qu'une de 0,32 ou 0,35.

Le fragment, pl. 188, fig. 36, quoique venant d'une mâchoire évidemment plus petite que les deux précédentes, a les dents plus grosses. Une mâchoire très-jeune, qui me paraît également de cette deuxième espèce, pl. 188, fig. 35, a aussi une canine plus grosse à proportion. D'après ces deux circonstances, j'aurais été tenté de rapporter cette deuxième sorte de mâchoire aux crânes à front bombé; mais, d'un autre côté, je suis frappé de cette circonstance qu'elle s'est trouvée la plus rare, puisque je n'en ai vu que trois portions sur au moins douze que notre Muséum possède, et que les dessins envoyés par M. Karsten ne représentent aussi que la première sorte, tandis qu'au contraire les crânes à front bombé paraissent les plus communs. Enfin, la mâchoire lithographiée à Munich, et qui paraît bien se rapporter au crâne représenté avec elle, est bien sûrement de la première sorte; ainsi qu'on peut le voir par la copie que nous en avons donnée pl. 189, fig. 7. Au surplus, je trouve des différences au moins équivalentes entre les mâchoires d'une même espèce parmi les ours vivans.

Nous représentons sous son crâne, pl. 189, fig. 6, la mâchoire inférieure de l'ours fossile de M. Goldfuss. Elle ressemble presque entièrement aux mâchoires de quelques-uns de mes ours bruns.

La petite dent derrière la canine ne peut donner de secours dans cette répartition; car c'est dans une mâchoire de la première sorte que j'en ai vu la racine, et dans une de la seconde que j'en ai observé l'alvéole. Tous les autres échantillons de l'une et de l'autre, même les très-jeunes, tels que celui d'Altenstein de M. Blumenbach, pl. 185, fig. 7, et celui du cabinet de Darmstadt, dont le dessin, envoyé par M. Fischer, est gravé, pl. 188, fig. 37, n'avaient aucune trace de cette dent.

M. Rosenmüller représente aussi un fragment de très-jeune mâchoire, à sa pl. V, fig. 3 et 4, où il n'y en a point de vestige.

ARTICLE IV.

Les grands os des extrémités.

1° *L'omoplate.*

Nous n'avons point d'*omoplates* dans notre collection, et il me paraît qu'il n'y en a ni dans celle de M. Rosenmüller, ni dans celle dont M. Karsten m'a envoyé les dessins; absence due sans doute à la minceur de cet os et à la fragilité qui en est le résultat. Esper paraît en avoir eu des fragmens, mais sa description sans figure est trop vague pour que nous puissions en faire usage.

2° *L'humérus.*

On trouve deux sortes d'*humérus*, tous deux appartenant à des ours, et cependant fort différens l'un de l'autre. John Hunter les a déjà représentés (Trans. phil. 1794, pl. XX); mais depuis on n'a insisté dans aucun ouvrage sur leur différence.

La première sorte, pl. 186, fig. 1, 2 et 3, est extrêmement semblable aux humérus des ours communs tant blancs que bruns et noirs.

Les caractères qui l'en rapprochent sont :

1° La longueur de la crête externe ou *deltoïdienne*, qui ne vient se réunir à la crête antérieure qu'à près des deux tiers de la longueur de l'os.

Dans le *lion*, le *loup*, etc., elle s'y réunit plus haut que le milieu. Elle y est aussi bien moins saillante.

2° La saillie convexe et marquée de la crête qui remonte du condyle externe.

Dans les *lions*, les *loups*, elle va en ligne droite se confondre au reste de l'os.

3° La lame saillante que le condyle externe envoie obliquement en arrière, et qui recouvre un peu la fosse postérieure.

Le *loup* n'en a point; le *lion* l'a bien un peu, mais beaucoup moindre. La fosse elle-même y est moins profonde.

4° La forme de la poulie articulaire, qui représente une portion de cylindre très-peu concave vers le bord interne, sans presque de rainure marquée.

Dans le *lion*, la concavité cubitale est profonde et presque au milieu de la poulie. Dans le *loup*, il y a de plus un grand trou percé de part en part au-dessus de la poulie, d'une face de l'os à l'autre.

5° L'absence d'un trou percé au condyle interne.

Il paraît que cette espèce est la plus commune dans les cavernes, car nous en avons en ce moment six échantillons dont un entier, deux contenant environ les deux tiers inférieurs, deux autres moindres, aussi de la partie inférieure, et une moitié supérieure. Ce dernier morceau vient d'Adelsberg, tous les autres sont de Franconie. M. Camper en avait un parfaitement semblable au mien.

Le dessin de M. Camper le fait long de 0,37; c'est aussi la longueur de celui que j'ai entier, où la tête inférieure a 0,11, entre les parties saillantes de ses condyles, et la poulie articulaire inférieure, 0,075.

Mes autres morceaux ne varient pas beaucoup pour la grandeur; ils peuvent être provenus, les uns d'os longs de 0,36, les autres de 0,38 ou 0,39.

La tête supérieure d'Adelsberg pourrait venir d'un os de 0,4 de longueur, si toutefois elle est de cette espèce.

La deuxième sorte d'humérus de ces cavernes, pl. 186, fig. 4, 5, 6 et 7, m'est connue par un échantillon bien entier que notre Muséum possède, par la gravure de Hunter et par le dessin que je dois à feu Adrien Camper d'une portion qui en comprenait les trois quarts inférieurs.

Elle diffère éminemment de la précédente par un trou percé au-dessus du condyle interne pour le passage de l'artère cubitale (voy. *a*, fig. 4 et 5).

On observe ce même trou dans quelques-unes des petites espèces rangées autrefois par Linnæus dans son genre *Ursus*, comme le *glouton* (*U. gulo*), le *blaireau* (*U. meles*) et le *raton* (*U. lotor*). On le trouve encore dans le *coati* (*Viverra nasua*), qui est aussi voisin des ours que la dernière espèce et beaucoup plus que les deux autres, et en général dans toutes les *martes*, *loutres* et *civettes*, ainsi que dans les *didelphes* et tous les *animaux à bourse*; mais il manque aux *chiens* et aux *hyènes*. Les singes du nouveau continent l'ont, et non pas ceux de l'ancien. Il peut par conséquent servir à distinguer des sous-genres.

Comme les ours proprement dits n'ont pas ce trou, et comme les os d'une grande espèce de tigre ou de lion se trouvent aussi dans ces cavernes, j'ai dû examiner si l'humérus dont nous parlons ne viendrait point de ce dernier genre; mais la comparaison la plus soignée m'a convaincu du contraire.

Au trou du condyle près, c'est ici sous tous les rapports un humérus d'ours.

La crête deltoïdienne y descend jusqu'aux

deux tiers de l'os ; sa surface est rugueuse ; dans le lion et le tigre, elle ne descendrait pas à moitié et serait lisse.

Au-dessous d'elle se prolonge encore une partie anguleuse qui manque au lion.

La crête au-dessous du condyle externe est beaucoup plus saillante qu'au lion et remonte plus haut, comme dans l'ours.

La poulie articulaire n'a à son bord supérieur et vers le condyle interne qu'une échancrure obtuse : le lion l'aurait aiguë.

La portion radiale de cette poulie a une partie concave dans le haut, comme dans l'ours ; elle serait convexe de toute part dans le lion.

A la tête supérieure, l'échancrure bicipitale est plus en avant que dans le lion et placée comme dans l'ours, etc., etc.

Mais cet humérus surpasse de beaucoup en grandeur tous nos humérus d'ours et de lion.

Il est long de 0,46, depuis le bas du bord interne de la poulie articulaire jusqu'au sommet de la tête supérieure.

En-bas sa largeur, à l'endroit le plus saillant des deux condyles, est de 0,14.

Sa poulie articulaire est large de 0,09, et son diamètre antéro-postérieur dans son milieu est de 0,037.

Le diamètre antéro-postérieur de la tête supérieure de l'os est de 0,12, et le transverse de 0,09.

Une épiphyse de tête supérieure d'un os de même espèce me donne les mêmes dimensions.

Le dessin de M. Camper paraît être fait d'après un os un peu plus petit.

Nos plus grands ours bruns ou noirs n'ont l'humérus long que de 0,34 ou 0,36, et les lions que de 0,32 ou 0,33.

La pl. VII de M. Rosenmüller représente, fig. 1, un humérus de la grandeur du nôtre et qui lui ressemble aussi très-parfaitement par toutes ses formes, mais où l'on n'a point représenté le trou du condyle.

J'en trouve aussi un dans les dessins envoyés par M. Karsten, qui, sans être tout-à-fait aussi grand, surpasse de beaucoup les premier humérus que j'ai décrits, et qui, étant épiphysé, n'avait pas encore atteint sa grandeur : on n'y a pas marqué non plus le trou du condyle; mais j'ai tout lieu de croire que, dans ces deux échantillons, la branche osseuse qui cerne le trou du côté du bord interne de l'os avait été rompue; si cela n'était pas, il faudrait admettre une troisième sorte d'humérus d'ours dans les cavernes.

D'après les dessins, l'humérus de M. Rosenmüller devait être long de 0,47, et celui de M. Karsten de 0,44.

Il resterait à répartir ces différens humérus entre les têtes dont les espèces remplissent ces cavernes, et il est naturel de croire que celles de ces têtes et ceux de ces humérus qui se rapprochent le plus des ours connus doivent aussi être rapprochés, tandis que l'on doit mettre ensemble les têtes et les humérus qui diffèrent le plus chacun de leur côté des ours connus.

En suivant ce principe, les grands humérus à condyle percé iraient avec les grands crânes à front bombé, et les humérus moindres et sans trou au condyle iraient avec l'une ou l'autre sorte de crânes à front plus aplati.

La grotte d'Adelsberg nous a fourni l'humérus d'un très-jeune ours, qui manquait de ses deux épiphyses et n'aurait guère eu en les comprenant que 0,2 ou 0,21 de longueur. Sa crête deltoïdale descend déjà aussi bas que celle des adultes.

3° *Le radius.*

Cet os est important, parce qu'il détermine en grande partie l'adresse des animaux, sa tête supérieure indiquant à quel degré la main peut tourner, et les impressions de sa tête inférieure marquant quelle direction et quelle force ont les tendons des muscles des doigts.

J'ai des cavernes de Franconie, un radius évidemment du genre de l'ours, pl. 187, fig. 1, 2, 3, 4.

La forme ovale de la tête, sa face carpienne propre à recevoir un os seulement, lui sont communs avec tous les carnassiers; mais ce qui le distingue des autres carnassiers de cette grandeur, c'est : 1° le petit crochet *a*, plus considérable que dans les *tigres* et les *lions*.

2° La configuration de sa tête supérieure, plus étroite et moins approchante de la circulaire, deux circonstances qui gênent beaucoup la rotation dans les ours.

3° La fossette du tendon de l'extenseur commun des doigts *b*, peu profonde et placée plus en avant, tandis que dans les *lions* et les *tigres* elle occupe le milieu de cette partie de l'os. Ici, au contraire, le milieu est bombé.

4° Le bord antérieur de l'os beaucoup plus mousse et plus rectiligne, etc.

Tous ces caractères deviendront plus frappans par la comparaison qu'on en peut faire avec un radius du genre des *lions* ou des *tigres* qui est des mêmes cavernes, et que j'ai fait dessiner à côté, pl. 187, fig. 5, 6, 7, 8. J'y reviendrai dans la suite.

Notre radius d'ours fossile a de longueur 0,34; de largeur en-bas, 0,08; en-haut, 0,055. Notre plus grand ours vivant a 0,32, sur 0,055 en-bas.

Il est donc presque aussi long et moins gros à proportion; mais la partie inférieure s'élargit avec l'âge, et les individus les plus vieux ressemblent davantage en ce point à l'ours fossile.

M. Rosenmüller représente un *radius* plus court et presque aussi large que le nôtre ; il a 0,31 sur 0,075. Sa tête inférieure paraît également présenter quelques légères différences dans les impressions. Il y aurait donc aussi dans ces cavernes des *radius d'ours* de deux sortes.

Il est bon de remarquer que le radius du *blaireau* ressemble à celui de l'*ours* par les caractères que j'ai indiqués.

Il serait donc très-possible que l'un de ces deux *radius* eût appartenu au deuxième des *humérus* décrits dans le paragraphe précédent; mais il est difficile de savoir précisément lequel. A tout hasard, je crois qu'on peut lui attribuer le plus grand des deux, c'est-à-dire celui que nous avons représenté, d'autant que sa couleur et son état de conservation se trouvent absolument les mêmes que dans notre grand humérus à condyle percé, et qu'il doit avoir été trouvé dans la même partie de la caverne.

4° *Le cubitus.*

J'en ai eu deux fois les deux tiers supérieurs, pl. 188, fig. 1 et 2, et 3 et 4, tellement semblables à la même portion dans les ours communs, qu'on ne peut y voir de différence sensible. Il est aisé à distinguer de celui des *lions* et des *tigres*, parce que ceux-ci ont l'olécrâne plus long, tandis que dans l'ours il est coupé presque immédiatement derrière l'articulation; ce qui lui laisse moins de force pour appuyer sa patte en courant ou en saisissant sa proie.

M. Rosenmüller donne dans sa pl. VII, fig. 3, un cubitus entier un peu plus court que ne le serait le mien; il a 0,35 de longueur, et 0,07 pour la hauteur de l'olécrâne. Le mien a 0,08 à l'olécrâne, et sa longueur aurait été sans doute proportionnelle, c'est-à-dire, 0,4. Notre plus grand ours brun n'a que 0,38.

Tout récemment M. le prince de Metternich nous en a donné un d'Adelsberg, qui n'a perdu que sa tête inférieure. Il est plus épais que ceux de nos grands ours noir et brun;

mais, d'après la courbure qu'il prend déjà dans le bas avant la cassure, il ne doit pas avoir été aussi long. Je le crois même encore plus court à proportion de sa grosseur que celui de M. Rosenmüller.

5° *Le bassin.*

Nous en avons un, un peu mutilé, pl. 186, fig. 8 et 9. M. Rosenmüller en représente un plus complet de trois côtés dans ses pl. IV, fig. 1, pl. V, fig. 1, et pl. VI, fig. 4. Ils sont l'un et l'autre de même grandeur, et présentent tous les caractères du bassin de l'ours, surtout dans la largeur et l'évasement des os des iles, disposition qui contribue puissamment à donner à ces animaux la faculté qu'on leur connaît de se tenir debout.

Les dimensions absolues de ces deux bassins ne diffèrent pas beaucoup de celles des *ours* vivans.

Voici celles que donne M. Rosenmüller, comparées à celles que j'ai pu prendre dans le nôtre et à celles de nos squelettes d'ours vivans. En comparant celles-ci entre elles et avec celles des têtes des mêmes individus, on s'apercevra que les ours diffèrent beaucoup entre eux par les proportions de leurs bassins.

C'est ce qui m'a engagé à donner la table suivante, qui peut encore aider à caractériser leurs espèces.

	OURS des cavernes d'après M. Rosenmüller.	OURS des cavernes d'après notre échantillon.	Très-grand OURS BRUN de Pologne.	OURS BRUN de Pologne.	OURS BRUN des Alpes.	OURS BRUN des Pyrénées à tête jaune.	JEUNE OURS brun.	OURS NOIR d'Europe.	OURS NOIR d'Europe de Daubenton.	OURS NOIR d'Amérique.	Très-jeune OURS NOIR d'Amérique.	OURS polaire.
Distance de l'épine antérieure d'un os des iles à celle de l'autre.	0,277	»	0,3	0,31	0,25	0,24	0,205	0,29	0,27	0,2	0,122	0,225
——— de l'épine antérieure d'un os des iles à son épine postérieure.	0,145	»	0,124	0,125	0,096	0,09	0,085	0,15	0,125	0,09	0,054	0,098
——— du bord antérieur de l'os des iles au postérieur de l'os ischion.	0,36	0,36	0,32	0,31	0,256	0,235	0,215	0,28	0,28	0,224	0,133	0,29
Longueur de la symphyse.	0,148	»	0,112	0,15	0,09	0,086	0,07	0,15	0,1	0,08	0,05	0,096
Distance de l'extrémité inférieure de la symphyse à l'extrémité postérieure de la tubérosité de l'ischion.	0,12	»	0,14	0,145	0,125	0,114	0,105	0,136	0,13	0,106	0,06	0,12
Diamètre antéro-postérieur du bassin.	0,189	0,17	0,11	0,115	0,1	0,091	0,095	0,097	»	0,102	0,06	0,117
——— transverse.	0,133	0,11	0,1	0,115	0,096	0,092	0,08	0,096	0,95	0,066	0,045	0,09
Plus grande largeur du sacrum.	0,135	0,123	0,1	0,12	0,1	0,084	0,085	0,1	0,11	0,084	0,051	0,09
Diamètre de la cavité cotyloïde.	0,067	0,07	0,051	0,054	0,47	0,04	0,04	0,44	0,51	0,044	0,034	0,055

N. B. Une partie des mesures de la première colonne est traduite du discours, l'autre est mesurée sur les figures de M. Rosenmüller. Cette dernière partie est peut-être inexacte.

6° *Le fémur.*

J'en ai eu aussi de deux formes et grandeürs, mais tous deux évidemment du genre des ours.

Le premier, plus grand et plus svelte, pl. 187, fig. 9, 10, 11, a 0,46 de plus grande longueur, sur 0,105 de largeur dans le bas, et 0,045 dans le milieu.

Sa tête supérieure manque. M. Rosenmüller en représente un entier et encore un peu plus grand, sur sa pl. VII, fig. 2. Il a 0,5 sur 0,12.

Mon second *fémur*, pl. 187, fig. 12, 13, 14 et 15, est plus court et plus gros. Sa longueur est de 0,4; sa largeur en-bas, de 0,095; en-haut, de 0,11 ; au milieu, de 0,04. M. Fischer m'a envoyé le dessin d'un fémur à peu près semblable du cabinet de Darmstadt, qui paraît avoir les mêmes dimensions ; et depuis ma première édition j'en ai reçu encore un pareil, teint en noirâtre, d'Altenstein, envoyé par M. Smithson, et un autre teint en roux, d'Adelsberg, par M. le prince de Metternich. M. Karsten m'en a aussi envoyé un plus robuste dans ses proportions, ayant 0,425 de long sur 0,11 en bas; 0,13 en haut, et 0,05 dans le milieu.

Ces deux sortes de *fémurs* portent également les caractères de leur genre, savoir : un cou un peu plus allongé et plus oblique qu'aux autres carnassiers, et une tête inférieure plus courte d'avant en arrière, à proportion de sa largeur transverse, et permettant mieux en conséquence à la rotule de remonter sur le devant de la cuisse : deux circonstances qui rapprochent l'*ours* de l'*homme*, et qui lui facilitent beaucoup la station sur les pieds de derrière.

Les dimensions du fémur de notre plus grand squelette d'*ours* vivant sont : longueur, 0,43 ; largeur en-bas, 0,08 ; en-haut, 0,10; au milieu, 0,035 : ainsi ses proportions sont plus grêles.

On trouve aussi des jeunes fémurs dans ces cavernes. J'en ai vu un chez M. Blumenbach, venant de celle d'Altenstein, et teint en noirâtre, qui a perdu ses deux épiphyses, et n'est long que de 0,22. J'en ai encore un beaucoup plus petit d'Adelsberg, long seulement de 0,15, sans ses épiphyses.

Le *lion*, le *tigre*, ont le col bien plus court, presque nul, et nullement oblique. La tête est moins haute que le grand trochanter. La tête inférieure est plus longue d'avant en arrière que large. On ne peut donc confondre leurs fémurs avec ceux-ci.

7° *Le tibia.*

J'en ai un bien complet, pl. 187, fig. 16, 17, 18, 19, et un second qui a perdu ses épiphyses et qui vient d'Adelsberg. M. Rosenmüller en représente un autre absolument pareil à mon premier, sur sa pl. V, fig. 2. Il ne diffère en rien de celui de l'*ours* commun, si ce n'est qu'il est un peu plus gros à proportion. Voici ses dimensions :

Longueur, 0,26; largeur de la tête supérieure, 0,085; de l'inférieure, 0,07; largeur à l'endroit le plus mince, 0,03.

Un tibia d'ours noir d'Europe de même longueur n'a que 0,076 en haut; 0,055 en bas ; mais un autre un peu plus âgé a quelques millimètres de plus en largeur.

Notre plus grand squelette d'*ours brun de Pologne* a son tibia long de 0,33 ; large de 0,072 en haut, et de 0,06 en bas. Il est donc non-seulement bien plus long, mais aussi absolument plus mince.

D'après les dimensions de ce tibia fossile, je le juge appartenant au fémur de la seconde sorte. Celui de la première nous manquerait donc encore.

Les dessins de M. Karsten m'offrent un tibia évidemment de l'autre espèce ; car il est aussi grand qu'aucun des vivans. Sa longueur est de 0,33 ; sa largeur, dans le haut, de 0,11 ; dans le bas, de 0,072.

Outre le tibia épiphysé, mais d'ailleurs presque adulte, mentionné ci-dessus, j'en ai reçu d'Adelsberg deux beaucoup plus petits : l'un des deux n'est long que de 0,15, et l'autre que de 0,11 sans les épiphyses ; mais leurs proportions sont d'ailleurs les mêmes que dans nos jeunes ours de leur âge. Ils achèvent de prouver que ces animaux naissaient, vivaient et mouraient dans les repaires que leur offraient ces cavernes.

8° *Le péroné.*

Cet os, qui a manqué à M. Rosenmüller, s'est trouvé une fois dans notre collection, pl. 188, fig. 23. Sa tête supérieure est rompue; mais l'inférieure est bien entière, et correspond pour la forme à celui de l'ours noir d'Europe. Ses dimensions sont peu différentes. Je juge donc encore qu'il appartient à la même espèce que le *tibia* de l'article précédent, ou au deuxième *fémur*.

J'ai eu de plus deux épiphyses qui me paraissent venir de la tête inférieure d'une autre espèce de *péroné*.

ARTICLE V.

Les petits os des quatre pieds.

1° *Les os du carpe.*

L'*ours* en a sept, comme la plupart des carnassiers. Les *ours des cavernes* les avaient également. Ils ont été trouvés dans leurs débris, et nous les possédons presque tous. M. Rosenmüller en a aussi représenté la plus grande partie ; mais apparemment, faute d'occasion de les comparer avec ceux des ours vivans, il s'est trompé sur quelques-unes des places qu'il leur assigne dans le carpe.

α. *L'os qui tient lieu du scaphoïde et du semi-lunaire*, pl. 187, fig. 20 en-dessous, et 21 en-dessus. Il a tous les caractères de l'ours. Celui du lion aurait la tubérosité *a* plus courte, autrement contournée, et portant en-dehors une facette pour un petit os surnuméraire.

Comparé à celui de notre plus grand ours brun, cet os s'est trouvé avoir le même diamètre antéro-postérieur, mais ses autres dimensions plus fortes d'un cinquième; un ours noir les avait toutes dans la même proportion entre elles et d'un quart moindres.

M. Rosenmüller le donne dans sa pl. VIII, fig. 9; mais il le prend pour l'*unciforme*. Celui qu'il regarde comme *scaphoïdo-semi-lunaire*, ibid., fig. 4, en est bien un, mais du genre du lion, et non de celui de l'ours.

Le véritable, celui de sa fig. 9, étant un peu plus petit que le nôtre, il se pourrait qu'il vînt de la deuxième espèce d'ours.

Dimensions du nôtre : largeur transversale, 0,052; diamètre antéro-postérieur au milieu, 0,031; longueur de la tubérosité, 0,025.

β. Le *cunéiforme* m'a manqué; mais M. Rosenmüller le représente bien, et sous son vrai nom, à sa pl. VIII, fig. 12, par sa face inférieure. Il paraît ressembler à celui de l'*ours*, à la grandeur près. Celui du *lion* est si différent, qu'on ne peut les confondre.

γ. Le *pisiforme*, qui a manqué à M. Rosenmüller, s'est trouvé trois fois dans notre collection, pl. 187, fig. 22 et 23.

Il ne diffère de celui de l'ours que parce qu'il est un peu plus grand.

δ. Je n'ai pas eu le *trapèze*, ni M. Rosenmüller non plus; mais il paraît avoir donné ce nom à l'*unciforme*.

ε. J'ai eu deux *trapézoïdes*, pl. 187, fig. 24 et 25. M. Rosenmüller ne l'a point; mais il donne ce nom au *grand os*, dans sa pl. VIII, fig. 8. Le vrai *trapézoïde* fossile ne diffère de celui de l'ours noir commun, que parce qu'il est un peu plus large à proportion de sa longueur.

ζ. Le *grand os*, que M. Rosenmüller, comme nous venons de le dire, a pris pour le *trapézoïde*, est représenté, pl. 187, fig. 26 et 27. Outre sa grandeur, qui est d'un tiers plus forte, il se distingue encore de celui de l'ours par un enfoncement très-marqué vers *a*, pour la tubérosité de la tête du métacarpien de l'index. Le *lion* ayant quelque chose d'approchant, quoique bien moins fort, je pourrais bien n'avoir eu ici que le grand os de ce genre, dont on a vu que les débris se trouvent aussi, quoiqu'en petit nombre, dans ces cavernes.

Le dessin de M. Rosenmüller n'ayant point cet enfoncement, il se pourrait que ce fût lui qui eût trouvé le véritable *grand os de l'ours.*

η. Pour l'*unciforme*, je l'ai eu bien certainement d'ours, et seulement d'un cinquième plus grand. C'est lui que M. Rosenmüller paraît avoir nommé *trapèze*. Voyez pl. 185, fig. 9, par devant; fig. 10, par la face externe; fig. 11, en-dessous.

2° *Les os du métacarpe.*

M. Rosenmüller n'en représente qu'un, sur sa pl. VIII, fig. 13, qu'il donne pour celui de l'*index*, mais qui est bien certainement celui du petit doigt du côté droit.

J'en ai réuni quatre du côté gauche, qui se conviennent assez pour être considérés comme venus du même individu. (Voy. pl. 188, fig. 5.) Ils ont tous les mêmes conformations que dans les ours communs; celui du petit doigt est aussi le plus gros. Celui du pouce me manque, mais M. Rosenmüller dit qu'il est presque aussi grand que les autres; nouveau rapport avec les ours. Une différence très-sensible cependant, c'est que ces métacarpiens fossiles sont tous plus gros de près d'un quart, et en même temps plus courts d'un sixième que dans notre grand ours brun, ce qui devait donner à la main une forme plus large et plus courte.

3° *Les os du tarse.*

L'ours en a sept comme l'homme. J'en ai trouvé six parmi les os de ces cavernes.

α. *Le calcanéum*. Nous en avons deux : un grand, pareil à celui que M. Rosenmüller représente en-dessous dans sa pl. VIII, fig. 1, long de 0,105, large en bas, à l'apophyse latérale, de 0,066 (Esper en a un plus grand encore, à sa pl. XIV, fig. 1), et un peu plus petit de 0,087 sur 0,056.

Celui-ci ne diffère pas sensiblement, même pour la taille, de celui de notre grand *ours brun*. Le premier est plus grêle à proportion, et son apophyse latérale est un peu plus pointue. On le voit dans notre pl. 186, fig. 10. Il est cependant aussi d'*ours*. Le *lion* l'aurait plus long, plus comprimé, et l'apophyse y serait beaucoup plus courte. Ce sont donc les calcanéums de nos deux *ours*.

β. *L'astragale.* J'en ai un bien entier, pl. 186, fig. 11 et 12, et un autre un peu plus grand, très-semblables tous deux à celui de l'ours.

La plus grande largeur du premier est de 0,058; sa plus grande hauteur, de 0,053; le second a 0,065 de large, mais sa hauteur n'est pas complète. Notre plus grand *ours* n'a que 0,048 sur 0,045. L'astragale fossile de M. Rosenmüller est à peu près comme mon premier.

Il n'est pas possible de confondre cet astragale avec celui du genre du *lion*, qui est plus long que large.

γ. *Le scaphoïde.* On le voit, pl. 186, fig. 13, en-dessus; fig. 14, en-dessous. Il est comme celui de l'*ours*, triangulaire, plus large que long, très-concave en-dessus, sans se relever beaucoup en arrière, tous caractères qui le distinguent très-bien de celui du *lion*. Sa largeur est de 0,04; sa longueur, de 0,035: dimensions qui ne sont pas supérieures à celles de notre plus grand ours vivant.

M. Rosenmüller en représente un dans sa pl. VIII, fig. 10, un peu plus grand que le mien, et dont le bord externe se relève et s'étend davantage : ce sera celui de la grande espèce.

δ. *Le cuboïde*. Pl. 186, fig. 15, en-devant; fig. 16, en-dessous; fig. 17, à sa face interne : ressemble encore à celui de l'*ours*, excepté qu'il est un peu plus écrasé à proportion de sa largeur.

M. Rosenmüller en représente un fort différent, sur sa pl. VIII, fig. 5, vu par derrière; mais c'est celui d'un *lion* ou d'un *tigre*, et non pas d'un ours. On le distingue sur-le-champ de ce dernier en ce qu'il est plus long que large. En général, tous les os du pied de derrière du *lion* sont faits pour élancer son corps avec force; ceux de l'ours, pour marcher posément.

ε. *Le premier cunéiforme*. M. Rosenmüller met encore ici, à sa pl. VIII, fig. 6, un os de *lion* ou de *tigre* pour un os d'*ours*. Ce dernier genre n'a point en arrière de cet os une longue apophyse terminée par une tubérosité; il y est simplement triangulaire, comme on le voit, sur notre pl. 186, fig. 18, par ses faces supérieure et externe ou cuboïdienne, et 19, par les inférieure et interne. Le fossile diffère du vivant, parce qu'il est un peu plus écrasé.

ζ. *Le troisième cunéiforme*, que M. Rosenmüller n'a pas eu, se voit, pl. 186, fig. 20, par sa face supérieure et tarsienne, et fig. 21, par l'inférieure et par celle qui fait le bord interne du pied.

Je n'ai pu y observer de différence avec ceux de nos ours communs, pas même celle de la grandeur.

η. Le *deuxième cunéiforme*, celui qui porte le quatrième doigt, m'a manqué et à M. Rosenmüller aussi.

4° *Les os du métatarse.*

J'en ai réuni quatre os, dont deux mutilés ; je les représente dans leur ordre naturel, pl. 188, fig. 8. Ce sont ceux du côté gauche, et l'on voit que c'est celui du deuxième doigt qui me manque. Ils sont, comme ceux du métacarpe, plus courts d'un cinquième, à grandeur égale, que leurs analogues dans les ours vivans. Mais, du reste, leurs formes et leurs proportions respectives sont les mêmes: celui du pouce est le plus petit des cinq.

5° *Les phalanges.*

On en trouve en quantité des trois rangées dans ces cavernes. J'en ai fait dessiner trois de la première rangée, pl. 188, fig. 9, 10 et 11; deux de la seconde, fig. 12 et 13; et trois onguéales ou de la troisième, fig. 14, 15 et 16, en les choisissant dans les différentes grandeurs.

Les *onguéales* sont faciles à rapporter à leur genre. Le bord supérieur de leur face articulaire, un peu plus court, montre qu'elles peuvent se redresser à demi; mais le peu de saillie du bord inférieur en arrière montre aussi qu'elles ne sont point entièrement rétractiles et ne viennent point d'un *lion.*

Les *phalanges de la seconde rangée* ne peuvent non plus venir d'un *lion*, parce qu'elles sont symétriques et ne laissent par conséquent point de places entre elles pour y loger les onguéales, si elles se redressaient entièrement.

Pour celles de la *première rangée*, elles ne se distinguent point suffisamment dans les deux genres, et on est exposé à les confondre.

Il n'est pas aisé non plus de rapporter chaque phalange à son doigt propre, parce qu'elles se ressemblent trop entre elles; seulement les onguéales les plus allongées sont celles de devant.

6° *Les os sésamoïdes.*

Sont en quantité dans ces cavernes. J'en ai plus de trente, et je ne conçois pas comment ils ont échappé à M. Rosenmüller, qui dit n'en avoir jamais trouvé. Ils n'ont, au reste, rien de particulier.

ARTICLE VI.

Les os du tronc.

Lorsqu'on trouve des os détachés et épars comme ceux des cavernes, il est impossible d'avoir rien de certain sur le nombre des vertèbres et des côtes; mais comme toutes les espèces d'ours vivans les ont en même nombre, il est probable que ce nombre se trouvait aussi dans les *ours des cavernes*.

Les vertèbres y sont fort abondantes.

1° *L'atlas*. On y voit des atlas de plusieurs sortes; j'en représenterai un d'*hyène* au chapitre qui concerne ce genre. Ceux d'*ours* sont beaucoup plus communs.

Les atlas des *ours vivans* diffèrent entre eux pour la circonscription générale, au point que l'on ne peut y prendre de caractère même spécifique; mais ils se ressemblent tous par la disposition des trous et des échancrures.

1° L'échancrure en avant de chaque apophyse ou aile latérale est presque nulle. Elle est très-profonde dans les *lions*, les *hyènes* et les *chiens*.

2° On voit à la face supérieure en avant deux trous réunis par un canal ouvert. L'interne vient du grand canal médullaire; l'externe se rend très-obliquement à la face inférieure de l'aile latérale.

Ces deux trous sont aussi dans l'*hyène*; mais l'externe y perce plus directement : dans les *chiens*, *lions*, *tigres*, etc., il n'y en a qu'un.

3° A la face inférieure, ce trou externe se continue en arrière par un canal ouvert, et va percer la base de l'aile directement en arrière : dans l'*hyène*, ce percement a lieu un peu plus en-dessus : dans le *lion* et le *chien* encore plus, et en outre le petit canal de la face inférieure ne communique point en-dessus, mais pénètre transversalement par un trou dans le canal médullaire.

Ces trois caractères sont réunis dans les *atlas* les plus communs dans les cavernes. Je n'en ai pas eu d'assez entiers ni d'assez différens entre eux pour oser les répartir selon les deux espèces. Ceux qu'ont fait graver Esper, pl. III, fig. 1, et Rosenmüller, pl. IV, fig. 2, et ceux dont MM. Karsten et Camper m'ont envoyé les dessins, ne sont pas plus entiers. J'ai représenté les deux des miens qui diffèrent le plus entre eux, pl. 188, fig. 6 et 7, et fig. 17 et 18.

2° *L'axis.* Cette deuxième vertèbre n'est guère moins abondante que la première.

L'axis de l'ours se distingue de ceux des autres grands carnassiers,

1° Parce que son apophyse épineuse est plus haute en arrière qu'en avant.

2° Parce que les parties latérales de son canal médullaire sont moins longues d'avant en arrière.

3° Parce que le trou latéral antérieur est moins bas que dans le *lion*, et le postérieur plus en arrière que dans le chien.

Ces trois caractères sont très-marqués dans les *axis* des cavernes.

Le premier et le deuxième y sont même plus sensibles que dans aucun ours vivant. Voy. ma pl. 188, fig. 19; Esper, pl. XIII, fig. 2, et Rosenmüller, pl. IV, fig. 3 et 4.

Je n'ai pas non plus de moyen de répartir les *axis* que j'ai en nature ou en dessin entre les deux espèces.

On pourrait caractériser de même toutes les autres vertèbres, mais l'exposition de leurs différences serait longue et difficile à entendre : il faudrait trop de figures pour la rendre sensible. Il suffit de dire qu'il n'est pas une des vertèbres des quatre grands genres de carnassiers, dont on ne puisse trouver le genre et la place dans le squelette, au moyen de caractères propres à être aperçus, et que le plus grand nombre des vertèbres des cavernes, examiné ainsi, s'est trouvé ressembler, à peu de chose près, à leurs analogues dans les ours vivans.

J'en donne des exemples, pl. 188, fig. 21 et 22, qui sont deux vertèbres dorsales, et fig. 20, qui en est une lombaire.

Je n'ai trouvé sous deux formes que la dernière dorsale. Dans un échantillon elle ressemblait davantage à celle de l'*ours brun*, et dans l'autre elle se rapprochait de l'*ours polaire*, surtout parce que les apophyses surnuméraires postérieures y étaient moins longues que les apophyses articulaires.

Je me crois bien autorisé à y voir des vertèbres de nos deux espèces d'*ours*.

ARTICLE VII.

Des fragmens d'ours trouvés dans les couches meubles d'Italie.

J'ai représenté, pl. 189, fig. 8, 9, 10 et 11, de grandeur naturelle, les morceaux de mâchoires d'ours que j'ai observés à Florence, et qui ont été déterrés dans le val d'Arno avec des os d'éléphans et d'hippopotames.

Ceux des fig. 8 et 11 appartiennent à la partie antérieure du maxillaire supérieur. On peut y remarquer que les trois petites molaires y sont aussi distinctes, aussi bien conservées que dans aucun de nos ours vivans d'Amérique ou des Indes. Le morceau fig. 11 a sa seconde grande molaire profondément usée, ce qui prouve qu'il vivait de fruits comme nos ours vivans; mais dans celui de la fig. 10 leur couronne est encore fraîche et intacte.

Au total, c'est à nos ours bruns que ces dents ressemblent le plus; mais il n'y aurait pas dans cette ressemblance de motif suffisant pour établir l'identité d'espèce.

Résumé général.

Ainsi en dernière analyse les résultats de cet examen ostéologique sont les suivans :

1° Les os les plus communs dans les cavernes, examinés chacun séparément, appartiennent au genre de l'*ours*.

2° Les plus grands de ces crânes et quelques-uns des autres os présentent des différences telles, qu'on doit les regarder comme venant d'espèces d'*ours* différentes de celle que les naturalistes ont déjà décrites jusqu'ici.

3° Parmi ces grands crânes il en est de moins bombés, qui pourraient former une autre espèce que ceux qui le sont davantage.

4° Il en existe en outre de plus petits qui

forment bien certainement une espèce distincte des grands, et très-voisine des ours d'aujourd'hui.

5° Parmi les os, il s'en trouve aussi au moins de deux espèces.

6° Quelques-uns des os de l'une des deux étaient plus semblables à ceux des *ours* d'aujourd'hui que ceux de l'autre. Il y en a même parmi ceux de l'une, comme l'*humérus*, etc., qu'on ne distinguerait point, si on les voyait seuls, de ceux des *ours vivans* les plus communs. Il y en a d'autres qui paraissent être dans ce cas-là pour les deux espèces, comme ceux du carpe, etc.

7° Des os d'ours se rencontrent aussi quelquefois dans les couches meubles. Ceux que l'on a observés en Toscane diffèrent de ceux des cavernes, et, dans ce qu'on en a observé, se rapprochent encore plus des ours bruns.

Nous conserverons à la grande espèce à front bombé le nom d'*Ursus spelæus*, que lui ont donné MM. Blumenbach et Rosenmüller; nous laisserons hypothétiquement aux grands crânes à front plus plat le nom d'*Arctoïdeus*, qui paraît leur être demeuré affecté; enfin les petits crânes seront ceux de l'*Ursus priscus* tel que l'a fait connaître M. Goldfuss.

Quant aux ours dont on a trouvé quelques fragmens en Toscane, on pourrait les nommer provisoirement *Ursus etruscus*.

Addition et correction à l'article des Ours fossiles de Toscane.

On a récemment déterré à Figline une tête presque entière d'ours, qui est déposée au cabinet du grand-duc.

M. Pentland m'écrit qu'elle surpasse à peine en grandeur celle de l'ours noir d'Amérique; qu'elle a trois petites molaires à la mâchoire supérieure, qui remplissent tout l'espace entre la canine et la première grosse molaire ou antépénultième.

Les ours des couches meubles du val d'Arno diffèrent, comme je l'ai dit, de ceux des cavernes d'Allemagne par les trois petites molaires, qu'ils ont distinctes; mais on vient de leur trouver un caractère encore plus marqué dans leurs canines, comprimées au point qu'un de leurs diamètres ne fait pas le tiers de l'autre. En outre, le bord concave de ces canines est tranchant. Notre Muséum possède une portion d'une de ces dents, et le modèle peint d'une entière qui est au cabinet de Florence. Il doit l'un et l'autre à la générosité du feu grand-duc.

Je trouve parmi les dessins fossiles du cabinet de Darmstadt, qui m'ont été envoyés par M. Schleyermacher, celui d'une canine comprimée qui me paraît ressembler de tout point à celles de Toscane; c'est ce qui me détermine à changer le nom d'*etruscus* que j'avais donné à cet ours, en celui de *cultridens*.

CHAPITRE IV.

SUR LES *OSSEMENS D'HYÈNES*.

PREMIÈRE SECTION.

SUR LES *HYÈNES VIVANTES*.

ARTICLE PREMIER.

De leurs espèces.

Pendant long-temps les naturalistes n'ont bien connu que l'*hyène rayée* du Levant (*Canis hyæna*, L.). Aristote en avait déjà parlé et très-bien parlé; car il lui donne la couleur du loup et une crinière qui se prolonge sur le dos; il avertit qu'il est faux qu'elle réunisse les deux sexes et explique parfaitement la cause de cette erreur; enfin tout ce qu'il rapporte de ses habitudes est conforme à la vérité (1). Oppien, long-temps après, ajouta un trait précieux à la description d'Aristote, celui des lignes transversales noires du pelage; mais ces notions exactes furent étouffées par les opinions populaires que recueillirent Pline et Élien (2).

---

(1) Voyez Arist., Hist. an., VI, 32; VIII, 5.

(2) Selon eux, l'hyène n'est plus simplement hermaphrodite; elle change de sexe tous les ans (Pline, VIII, 30); elle contrefait la voix humaine et appelle les hommes par leur nom (*id.*, *ib.*, et Élien, IV, 1, et III, 7), etc. Les merveilles et les choses terribles qu'on en racontait se multiplieraient encore beaucoup s'il faut aussi, comme je le crois, lui rapporter ce que les anciens ont dit de la crocute ou crocotte, et une partie de ce qu'ils attribuent à la *leoncrocotte*. Voyez Plin., lib. VIII, cap. 30; Strab., lib. XVI; Phot., Bibl., cod. CCL, cap. 39; Ælian., Anim., lib. VII, cap. 22. On y est d'autant plus disposé que ces mêmes fables sont encore racontées aujourd'hui par les Turcs touchant l'hyène. (Voyez Busbec, Itiner. Constantin. et Amas., pag. m. 76 et 77.)

Les Romains paraissent en effet n'avoir vu l'hyène qu'assez tard dans leurs spectacles, et Gordien III est le premier et le seul des empereurs dont les historiens rapportent qu'il en ait fait venir. Il en avait dix, qui parurent aux jeux de Philippe (1), l'an 1000 de Rome, ou de Jésus-Christ, 247.

Les modernes ne la reconnurent donc pas d'abord, et Belon crut la trouver dans la *civette*, animal qui, par un singulier hasard, porte comme l'hyène une crinière sur le dos, une poche sous la queue et des raies transversales noires sur le corps, mais dont la taille est beaucoup moindre et dont les anciens n'auraient pas manqué de remarquer le parfum. Ce qui est très-curieux, c'est que Belon possédait sans le savoir une figure assez exacte de la véritable hyène, qu'il donne sous le nom de *loup marin* (*aquat.* 34), et comme un animal des côtes de l'Angleterre (2).

(1) Jul. Capitol., in Gordiano, III, cap. 33.

(2) Busbec, qui vit deux hyènes à Constantinople, les reconnut bien, mais ne dégagea point leur histoire de la fable du cou sans vertèbres, ni de celle des dents formant un os continu.

Depuis lors jusqu'à Buffon, les auteurs n'ont point représenté l'hyène d'après nature; ce grand naturaliste en a donné deux figures, la première assez mauvaise, t. IX, pl. XXV, et la seconde dans ses supplémens, tome III, pl. XLVI. Riedinger en a publié une plus pittoresque, copiée par Schreber, pl. XCVI, et par Shaw, vol. I, page 11, pl. LXXVIII, fig. 2; mais les meilleures de toutes sont celles de Maréchal, dans notre Description de la Ménagerie.

La figure d'hyène donnée par Gesner, p. 555, et empruntée d'un ancien manuscrit grec d'Oppien, et celle de Jonston, pl. LVI, dont j'ignore l'origine, mais que Kolbe a copiée pour représenter son *chat tigré*, ne peuvent représenter que l'hyène tachetée, et, d'après cette circonstance, il est assez singulier que les auteurs venus depuis aient si long-temps négligé de parler de ce dernier animal.

Pennant, en 1771 (1), et Allamand, en

(1) Syn. Quadr., pl. XVII, fig. 2; copiée depuis dans l'Hist. of Quadr.; dans Shaw, vol. 1, part. II, pl. 78.

1778 (1), furent les premiers qui le représentèrent de nouveau d'après nature, bien qu'un peu grossièrement. Schreber en donna une meilleure figure (*Mammif.*, pl. XCVI, B.) (2), et il y en a une très-bonne dans l'Histoire des quadrupèdes de la Ménagerie de mon frère. Quant à celle de M. Vaillant (2me Voy. d'Afr., t. II, p. 360), elle a singulièrement l'air de n'être qu'une modification de celle de Gesner; au reste, elle représente aussi l'animal assez exactement.

Ces deux quadrupèdes, malgré leur ressemblance pour le caractère générique, sont parfaitement distincts quant à l'espèce, et à l'extérieur et dans le squelette.

Tous les deux ont le museau court et comme étranglé, de grandes oreilles presque

---

(1) Dans le t. 4 du Suppl. de l'édition de Buffon faite en Hollande, pl. XLIV. Ce qui est étonnant, c'est qu'Allamand n'a pas l'air de se douter que c'est un animal différent de l'hyène rayée.

(2) On pourrait soupçonner toutefois que c'est une copie de la seconde figure d'hyène rayée de Buffon, que l'on aurait modifiée seulement pour les taches et les couleurs.

nues, le train de derrière plus bas parce qu'il est ordinairement ployé, et paraît comme affaibli; quatre doigts et quatre ongles à chaque pied; un tubercule sans ongle au lieu de pouce à ceux de devant; une poche glanduleuse fendue en travers au-dessus de l'anus; une queue ne dépassant point le talon, etc. Leur taille est à peu près la même; mais l'hyène rayée a toujours une crinière le long du cou et du dos, qui manque à l'hyène tachetée; elle a toujours, comme son nom l'annonce, le pelage marqué de raies transversales brunes ou noirâtres sur un fond plus ou moins grisâtre; l'autre n'a jamais que des taches rondes, brunes ou noires, et plus ou moins éparses, et le poil de son dos n'est point alongé ni susceptible de se redresser.

Et dès à présent nous pouvons joindre à ces caractères celui que présente la dernière molaire d'en bas qui, dans l'hyène tachetée, est simplement comprimée et bilobée avec un talon en arrière, et qui dans l'hyène rayée porte de plus un tubercule particulier à la face interne de son lobe postérieur. Nous verrons plus loin d'autres différences ostéologiques.

Chacune de ces espèces est sujette à quelques variétés.

Les plus beaux individus de l'hyène rayée ont le fond du pelage gris-blanc, un peu jaunâtre; le dessous de la gorge et le haut du devant du cou, d'un noir foncé; tout le long de l'épine règne une teinte noirâtre provenant des pointes des poils de la crinière et qui se prolonge sur le dessus de la queue; de chaque côté du cou est une bande longitudinale, et sur les flancs et la croupe plusieurs transversales et irrégulières noirâtres; sur les jambes ces bandes deviennent plus serrées et moins droites; les quatre pieds sont gris blanchâtre; la tête est de la même couleur, mais le dessus du chanfrein et le tour des yeux et du museau sont teints de noirâtre, et il y a quelques taches noires en arrière des joues; les oreilles sont grandes, à poil très-ras, noirâtres en dehors, grisâtres en dedans.

Mais indépendamment des individus où toutes les taches et les bandes sont plus lavées, et de ceux où, le fond étant plus brun, elles paraissent moins, comme était nommément celui de Bruce (Voyage en Abyss., trad. fr., pl. XXVI), il y en a de roux qui ont le fond du poil d'un jaune roussâtre pâle, et les taches et bandes d'un fauve roussâtre un peu plus foncé.

Les hyènes rayées que nous avons vues n'avaient guère que 3 pieds 4 pouces de long sans la queue, et 2 pieds 4 à 5 pouces de hauteur au garrot.

Bruce prétend en avoir tué une dans l'Atbara qui mesurait 5 pieds 9 pouces anglais depuis le museau jusqu'à la queue; mais c'est une grandeur dont nous n'avons pas vu d'exemple.

Nous avons au Cabinet du roi une hyène dont la patrie est inconnue, sur laquelle je suis en doute si c'est encore une variété de l'hyène rayée, ou bien si on doit la regarder comme une espèce distincte.

Les poils, non-seulement de son épine, mais de toute la largeur de son dos et de ses flancs, sont longs et rudes, plus longs même que ceux de l'épine de l'hyène rayée; ils pendent des deux côtés; d'un gris blanchâtre à la base, ils sont à peu près également brun noirâtre dans le reste de leur longueur, en sorte que tout le corps ne présente à l'extérieur qu'une teinte uniforme brun foncé. On voit seulement sur les jambes de devant et sur les pieds de derrière quelques bandes transverses, lavées, brunes et blanchâtres; le dedans des jambes, le dessous du ventre et de la queue sont gris blanchâtre et il y a du gris et du brun à la tête.

Sa taille est un peu moindre qu'aux hyènes rayées que nous possédons. Elle n'est longue que de 3 pieds sans la queue, et n'a que 2 pieds de hauteur au garrot.

Sa dernière molaire inférieure a en dedans le tubercule caractéristique de l'hyène rayée, mais il est moins saillant.

Je trouve deux variétés assez marquées, si ce ne sont pas des espèces, parmi les *hyènes tachetées*.

Les unes sont d'un gris blanchâtre un peu tirant sur le fauve, et ont des taches brunes, rondes, nettes, sur les flancs et sur les cuisses; celles de l'épaule forment une bande qui se continue avec une ligne longitudinale brune de chaque côté du cou; leurs pieds sont blanchâtres, un peu teints de roux vers le bas; leur queue, annelée de blanchâtre et de brun à la base, est noirâtre dans ses deux tiers inférieurs; la tête, du même fond que le dos, a un peu de brun vers les joues et du roux vers le sommet.

D'autres *hyènes tachetées* ont le poil plus fourni, d'un gris-roux prononcé; le dessous de leur cou et de leur tronc seulement est blanchâtre; des taches noirâtres peu distinctes occupent leurs flancs, leur croupe et leurs cuisses, et l'on voit aussi une bande noirâtre de chaque côté du cou; les jambes et les pieds sont noirâtres; mais la face interne des jambes de devant est d'un blanc roussâtre; la queue rousse dans sa première moitié est noirâtre dans la seconde; la tête est rousse avec du noirâtre sur le front et entre les yeux; le dessous du front est brun roussâtre.

Ce sont ces hyènes roussâtres dont j'avais parlé de souvenir dans ma première édition. D'après ce que j'ai vu et appris depuis, c'est précisément cette variété qui est si commune autour du Cap.

Je me suis assuré que ces deux sortes d'hyènes tachetées ont la dernière molaire inférieure sans tubercule.

Il paraît que les hyènes tachetées deviennent en général plus grandes que les rayées;

les nôtres ont 3 pieds et demi de long sans la queue, et 2 pieds et demi de hauteur au garrot.

Il serait important de déterminer les limites des pays que chaque espèce occupe; mais nous sommes trop peu instruits sur l'histoire naturelle de la partie équinoxiale de l'Afrique pour le faire avec certitude.

Il est certain qu'au Levant, en Perse, il n'y a pas d'autre hyène que la rayée. La même chose est constante pour l'Égypte, où MM. Geoffroy et Savigny n'en ont pas vu d'autres. L'hyène de Bruce (trad. fr., pl. 26), dont il a voulu faire une espèce particulière, n'est que l'hyène rayée, un peu plus grande et un peu plus brune qu'on ne la voit ordinairement, et nous savons par un témoignage croyable qu'il y en a d'aussi grandes en Barbarie. Dans tous les cas, ce ne serait certainement pas l'hyène tachetée. Il est donc impossible de deviner pourquoi Erxleben et Gmelin rapportent à celle-ci l'hyène dont parle Ludolf (Æthiop., lib. I, c. x), qui n'en donne aucune description. La même observation s'applique aux passages de Barbot et de Bosman, où ces nomenclateurs veulent aussi voir l'hyène tachetée, en sorte qu'on ne lui connaît jusqu'à présent de patrie avérée que l'Afrique méridionale, et qu'elle ne nous est venue encore que par le Cap de Bonne-Espérance. Mais comment s'est-elle trouvée assez bien représentée dans un ancien manuscrit d'Oppien, et le hasard suffit-il pour produire de pareilles rencontres ?

Le savant naturaliste d'Amsterdam, M. Temminck, a décrit dans les Annales générales des sciences physiques, tome III, un animal d'Afrique qu'il regardait alors comme une troisième espèce d'hyène et qu'il nommait *hyène peinte*, dont les doigts et les ongles sont en effet en même nombre que dans les hyènes.

Depuis lors s'en étant procuré la tête osseuse, M. Temminck lui-même s'est aperçu que ce quadrupède a plutôt la dentition du chien.

En effet, ses mâchoires, que M. Temminck a bien voulu donner à notre Muséum, sont exactement celles d'un chien et portent les mêmes dents, si ce n'est que le petit lobe en avant de leurs fausses molaires est plus prononcé. Aussi cet animal a-t-il les mœurs du chien; il vit en grandes troupes et approche ainsi jusque très-près de la ville dont il dévaste les environs, tandis que les hyènes se tiennent solitaires dans les parties montagneuses. Les Hollandais l'appellent *chien sauvage;* c'est sous ce nom et d'une manière vague qu'il en est parlé dans les Voyages au Cap. M. Burschell est le premier qui l'ait indiqué avec plus de précision sous le nom d'*Hyæna venatica* (1).

Ce *chien hyénoide*, si on veut l'appeler ainsi, est plus haut sur jambes que les hyènes et presque élancé comme un levrier; sa tête tient cependant de la forme de l'hyène; le museau et le dessous de la mâchoire sont noirs; le vertex et la nuque, d'un fauve clair, ou ce que l'on nomme ventre de biche : une ligne noire partant du museau règne jusqu'au dos; le dos et les flancs sont noirs,

---

(1) Will. Burschell, Travels in the interior of Southern Africa, Lond., 1822, t. I, p. 456, note.

mélangés de fauve et marqués de taches blanches irrégulières, de sorte que ces trois couleurs y sont distribuées comme dans certains marbres; le fauve domine davantage sur les lombes, mais les cuisses et la croupe sont noires à taches blanches; du jaune, du noir et du blanc forment aussi une marbrure sur les jambes qui sont plus blanches en dedans; la queue dépasse le talon, est fauve à sa base, ensuite blanchâtre avec un anneau noir entre deux; la pointe est noirâtre; les oreilles, très-grandes et plus velues en dedans qu'aux hyènes, sont noirâtres en dehors, blanchâtres à la base intérieure, noires au bord; elles n'ont point ce double bord qu'on observe dans certains renards de la même contrée dont nous parlerons ailleurs.

La femelle diffère du mâle par un pelage plus abondant en fauve, et d'un fauve plus pâle, et où il y a moins de noir et de blanc que dans le mâle.

Nos individus ont 3 pieds de long sans la queue, qui est longue d'un pied; leur hauteur au garrot est de 2 pieds, et leur tête est longue de 8 à 9 pouces.

Il est évident que cette *hyène peinte*, ce

chien sauvage, ce *chien hyénoïde*, doit former un sous-genre dans le genre des chiens, qu'il liera plus intimement à celui des hyènes.

Pour ne rien négliger de ce qui peut éclaircir l'histoire des hyènes, nous devons parler ici d'un animal fort singulier nouvellement rapporté du Cap par M. Delalande, et qu'au premier coup d'œil tout le monde serait tenté de prendre pour une jeune hyène rayée, tant il ressemble à cette espèce par les couleurs et par la crinière; mais il a cinq doigts devant et doit plutôt appartenir à la famille des civettes.

Les individus que nous avons observés sont encore jeunes; leur longueur est à peu près celle d'un renard, et ils ont de même le museau pointu; mais ils sont plus hauts sur jambes, leurs oreilles sont plus grandes, plus nues, et leur queue moins longue et moins touffue.

Leur poil est laineux à sa base et surtout aux côtés du cou; mais leur crinière, qui règne tout le long de la nuque et du dos jusqu'à la queue, se forme de poils droits mais flexibles, longs de plus de 6 pouces. La teinte générale de leur pelage est d'un cendré blanchâtre un peu tirant sur le brun ou sur le jaunâtre. Le dessus et le dessous du museau sont noirs et presque nus, sauf quelques longues et fortes moustaches; le noir s'étend jusque sur le poil d'entre les yeux et du dessous de l'œil. Le poil du front et des joues est gris mêlé de brun noirâtre; celui des côtés du cou est gris jaunâtre et le dessous gris blanchâtre. Quelques taches nuageuses brunes forment une ligne de chaque côté de la nuque. Des bandes transversales noires, écartées, inégales, au nombre de 8 ou 10, occupent le tronc; l'une des plus fortes, qui est sur l'épaule, descend jusque devant la poitrine. Les bras, les cuisses et les jambes ont aussi des bandes transverses; mais les tarses, les carpes et les doigts sont noirs par devant et gris par derrière. Les longs poils de la crinière sont gris avec deux larges anneaux noirs, dont le deuxième occupe la pointe; les poils de la queue sont de même et également forts et droits, d'où il résulte que la crinière et la queue sont comme par bandes nuageuses noirâtres et grisâtres; les oreilles sont noirâtres en dehors et grisâtres en dedans.

Il y a 4 doigts devant, et de plus un pouce élevé au-dessus de terre et 4 doigts derrière sans pouce; les tarses et les carpes sont hauts, grêles et velus en arrière; il paraît qu'il y avait un sillon sous l'anus.

Longueur de la tête, 6 pouces; du corps sans la tête, 22 pouces; de la queue, 11 pouces; hauteur au garrot, 18 pouces.

Les crânes de cette espèce que nous possédons n'ont que des dents de lait petites et usées, parce que leurs dents persistantes ont été retardées, comme il arrive assez souvent aux genettes, en sorte que nous ne pouvons en donner de description caractéristique; mais nous ne doutons pas que dans leur état normal elles ne ressemblent à celles des civettes et des genettes : aussi croyons-nous pouvoir nommer provisoirement cet animal *genette hyénoïde*.

Depuis que ceci a été écrit, le Muséum s'est procuré un individu adulte de cette espèce.

La tête a fait voir que les dents de remplacement ne sont également qu'au nombre de trois petites fausses molaires en haut et deux en bas, avec une très-petite arrière-molaire tuberculeuse : celle-ci est, surtout en bas, très-écartée des fausses molaires, et l'espace que devraient occuper les molaires persistantes reste vide, comme si ces dents avaient avorté. M. Isidore Geoffroy a fait de cet animal un genre nouveau sous le nom de *Proteles Lalandii*. (Mém. du Muséum, t. XI, p. 354, pl. IX). (LAUR.)

ARTICLE II.

De leurs caractères ostéologiques.

Lors de ma première édition, je ne possédais point d'os de l'hyène tachetée; je m'en suis procuré depuis deux têtes et un squelette, et j'ai à ma disposition trois têtes et deux squelettes de l'hyène rayée. C'est d'après ces pièces que j'ai comparé l'ostéologie de ces animaux.

Nous avons vu dans le premier chapitre de cette partie les caractères génériques des hyènes tels que les fournissent les dents, le crâne et quelques autres os. Cinq molaires en haut, dont une petite tuberculeuse, quatre en bas sans tuberculeuse; des fausses molaires très-grosses et très-fortes, plutôt coniques que tranchantes et propres à briser des os plus qu'à couper de la chair; une épine occipitale plus saillante, une crête sagittale plus élevée qu'à aucun autre animal, et fournissant des attaches proportionnées aux énormes muscles du cou et des mâchoires; un profil descendant par degré et presque sur une seule ligne légèrement convexe jusqu'au bout du museau, des apophyses zygomatiques très-saillantes en dehors et vers le haut: tels sont les traits qui peuvent les faire reconnaître au premier coup d'œil.

On les trouve dans l'*hyène tachetée*, pl. 190, fig. 1 et 2, comme dans la *rayée*, pl. 191, fig. 1 et 2; mais la première se distingue toutefois par un museau plus gros à proportion, par un crâne plus bombé sur les côtés, et par une crête sagittale et une épine occipitale moins saillante.

On la reconnaît aussi très-aisément à ses

grandes carnassières, supérieures et inférieures.

Celles-ci, comme nous l'avons déjà annoncé, ont dans l'hyène rayée, pl. 190, fig. 8, à la face interne de leur deuxième lobe, un tubercule saillant, quelquefois pointu, qui manque à l'hyène tachetée, fig. 7, dans laquelle cette dent ne diffère de celle des tigres que par son talon en arrière du deuxième lobe.

Quant à la carnassière supérieure, son bord tranchant a trois lobes, qui, dans l'hyène rayée, pl. 191, fig. 1, sont presque égaux entre eux dans leur dimension d'avant en arrière; tandis que dans l'hyène tachetée, pl. 190, fig. 1, le postérieur est à lui seul presque égal aux deux autres.

Dans les jeunes hyènes qui n'ont encore que leurs dents de lait, pl. 190, fig. 3 et 4, la crête sagittale n'est point formée; les lignes qui marquent les fosses temporales ne se réunissent pas; la crête occipitale est peu saillante, en sorte que leur tête n'a point encore ce vertex pyramidal qui distingue l'adulte, et qu'elle ressemble un peu au premier coup d'œil à une tête d'ours. Leurs mâchelières de lait ressemblent beaucoup aux persistantes; mais il y a une fausse molaire de moins, tant en haut qu'en bas, et toutes sont plus tranchantes, moins épaisses et plus petites. C'est la troisième supérieure et la seconde inférieure de l'adulte qui paraissent n'être pas représentées dans l'appareil de lait.

L'omoplate de l'hyène, pl. 190, fig. 5 et 6, comme celle de l'ours, du blaireau, etc., a un angle à son bord antérieur, un à l'extrémité dorsale de l'épine et un au bord postérieur; l'angle antérieur est à peu près au milieu; le postérieur, au tiers spinal. Dans les ours, l'angle antérieur est bien plus près du col, qui est aussi beaucoup plus court que dans l'hyène; dans les chiens, les chats, etc., le bord antérieur et le spinal sont arrondis.

L'omoplate de l'hyène rayée est plus large que celle de la tachetée.

L'humérus de l'hyène, pl. 190, fig. 9, 10, 11, ressemble à celui du chien, par le peu de saillie des crêtes deltoïdale et condyloïdienne, par le grand trou ouvert au-dessus de la poulie; mais il en diffère parce que sa poulie articulaire pour l'avant-bras s'étend beaucoup plus en largeur, et que la gorge saillante et arrondie y est plus prononcée.

La grande tubérosité y est aussi plus saillante.

L'humérus de l'hyène tachetée est sensiblement plus gros que celui de la rayée.

L'avant-bras de l'hyène, pl. 190, fig. 12, 13 et 14, ressemble beaucoup à celui des chiens; mais la tête supérieure de son radius est en ellipse moins irrégulière; l'inférieure est plus concave; la facette radiale supérieure de son cubitus est plus étroite; l'extrémité de l'olécrâne n'a qu'un tubercule en dessus: dans les chiens il y en a deux; c'est de même dans les chats, où de plus ces deux tubercules sont placés obliquement et où le corps de l'os n'est point arqué comme dans l'hyène, etc.

L'hyène tachetée a l'avant-bras plus gros que l'hyène rayée.

La division en quatre doigts, la réduction du pouce à un seul petit os produit dans la main de l'hyène, pl. 190, fig. 21, des caractères qui s'étendent à presque tous les os qui la composent, mais dont le détail serait infini. Qu'il nous suffise de faire remarquer que ses métacarpiens sont plus grêles à proportion qu'aux ours, mais moins qu'aux chiens et aux chats.

Nous avons déjà parlé, p. 120 de ce vol., de la largeur de l'os des iles, si caractéristique pour les hyènes. On peut en prendre l'idée, pl. 190, fig. 23. L'hyène rayée se distingue à cet égard de la tachetée par un bord externe plus concave, qui donne à l'os des iles une figure un peu de faucille.

Le fémur de l'hyène, pl. 190, fig. 15, 16 et 17, a le grand trochanter moins élevé et la rainure rotulienne moins longue et plus large que dans le chien. L'espèce tachetée l'a plus grosse à proportion que l'autre.

Le tibia, fig. 18, 19, 20, l'astragale, fig. 26 et 27, le calcanéum, fig. 28 et 29, sont aussi plus larges à proportion dans les hyènes, et surtout dans l'hyène tachetée que dans les chiens, et l'observation que nous avons faite relativement à la main s'applique aussi au pied de ce genre, fig. 22.

DEUXIÈME SECTION.

DES OS *FOSSILES D'HYÈNES*.

Une hyène a été certainement très-abondante dans cet ancien monde dont nous recueillons les débris; on trouve de ses ossemens, non-seulement dans les mêmes carrières qui renferment tant d'ossemens d'ours, mais encore dans les terrains d'alluvion où sont enfouis des ossemens d'éléphans; avant même que j'en eusse parlé dans ma première édition, on pouvait en reconnaître dans les figures d'os fossiles données par différens auteurs, quoique aucun d'eux n'en fît une mention expresse.

Esper, il est vrai, supposait l'existence de l'hyène dans la caverne de Gaylenreuth; mais c'est d'après la considération d'une vertèbre atlas qu'il formait sa conjecture, et cet atlas (Esper, Zool., pl. III, fig. 1) est sûrement d'un ours. En revanche, les fig. *c*, *d*, de sa pl. X, qu'il croyait venir d'un lion, sont à coup sûr de notre hyène. La fig. *c*, est l'antépénultième molaire supérieure gauche; et *d*, un fragment de la mâchoire supérieure gauche contenant la pénultième et l'antépénultième molaires. Les fig. *i* et *k* me paraissent encore la pénultième molaire d'en haut et la dernière d'en bas; mais comme elles sont mal dessinées, il serait possible qu'elles vinssent d'un tigre.

Collini a décrit au long et représenté fort exactement, dans les Mémoires de l'Académie de Manheim, t. V, pl. II, une tête et une moitié de mâchoire inférieure, trouvées au milieu du sable, vers la surface d'une des collines qui bordent la vallée où est située la ville d'Eichstædt, et à trois lieues de cette ville, entre les villages de Haldorf et de Reiterbuch.

Après beaucoup de raisonnemens, il finit par conclure que c'est peut-être celle d'un *phoque* ou d'un *épaulard* inconnu; mais le fait est que le premier coup d'œil comparatif jeté sur ses figures y fait reconnaître incontestablement une tête d'*hyène*. Le nombre et la figure de toutes les dents, la forme générale, et surtout l'élévation extraordinaire de la crête *sagitto-occipitale*, frappent sur-le-champ de manière à ne laisser aucun doute.

Kundmann (Rar. nat. et art., pl. II, fig. 2) donne la figure d'une dent tenant à la mâchoire et arrachée par lui-même au roc dans la caverne de Bauman. Il la prend ridiculement pour une dent de veau, mais elle est d'*hyène*; c'est la dernière molaire d'en bas du côté droit.

On trouvait donc déjà, dans les ouvrages imprimés, des preuves suffisantes de l'ancienne existence d'une espèce quelconque d'*hyène*, en trois endroits différens d'Allemagne. J'en donnai, lors de ma première édition, des preuves particulières par rapport aux grottes de Gaylenreuth et de Muggendorf : elles se fondaient en partie sur des os donnés, avec ceux d'ours, à ce Muséum, par le dernier margrave d'Anspach et par M. de Roissy : savoir des portions de mâchoires inférieures que l'on voit, pl. 191, fig. 10, et 194, fig. 1, 2; une portion de mâchoire supérieure, pl. 191, fig. 13, et un astragale, fig. 15, en partie sur les dessins que m'avait envoyés M. Adrien Camper, des morceaux de son cabinet, et dont je donne des copies, pl. 191, fig. 6 et 7. J'y ai ajouté depuis d'autres os en grand nombre que j'ai observés chez M. Ebel à Brême.

Je donnai encore de ces preuves par rapport à un quatrième endroit d'Allemagne, la vallée du Necker près de Canstadt, déjà si célèbre en géologie par cet amas d'os d'*éléphans* découvert au commencement du dernier siècle.

Je devais ces derniers renseignemens à mes amis du Wirtemberg, MM. Kielmeyer et Autenrieth, et M. Jæger, qui m'ont envoyé des dessins des os recueillis à Canstadt en 1700, parmi lesquels, avec ceux d'éléphans, de rhinocéros et de chevaux, se trouvent un crâne et plusieurs dents d'hyène.

On peut se rappeler que ce dépôt de Canstadt, à un mille de cette ville, contenait une infinité d'ossemens, dans une masse d'argile jaunâtre mêlée de petits grains de quartz, de pierres calcaires roulées et de quantité de petites coquilles d'eau douce blanches et calcinées. D'après les procès-verbaux, les os d'hyène paraissent avoir été trouvés plus profondément que ceux d'éléphant. Il y avait un crâne sans la face, pl. 191, fig. 3 et 4, la moitié gauche d'un autre, l'os temporal d'un troisième, onze molaires dont on voit une, pl. 191, fig. 11, quatre canines et une douzaine d'os de doigts.

Depuis lors on a découvert encore beaucoup d'os d'hyène dans un cinquième lieu d'Allemagne, dans ce dépôt d'Osterode, près de Scharzfels, que M. Blumenbach a décrit et dont nous avons déjà parlé aux chapitres des *éléphans* et des *rhinocéros* fossiles, tome deuxième, p. 103 et 104, et tome troisième, p. 92.

J'avais décrit dès ce temps-là aussi des os d'hyènes trouvés en France à Fouvent, près de Gray, département de la Haute-Saône, et, comme à Canstadt, avec des os d'éléphans, de rhinocéros et de chevaux, mais, à ce qu'il paraît, dans la cavité d'un rocher.

Cette découverte date de 1800. M. Tourtelle, propriétaire à Fouvent-le-Prieuré, petit village près de Gray, département de la Haute-Saône, faisant enlever quelques parties d'un rocher pour agrandir son jardin, on trouva dans une fissure de ce rocher cette multitude d'ossemens de diverses espèces, dont nous avons aussi parlé, tome deuxième, p. 61 et 62, et tome troisième, p. 98.

M. Lefèvre-Demorey, amateur éclairé de l'histoire naturelle, recueillit une partie de ces débris, et les ayant adressés au général Vergne, préfet du département, on fit de nouvelles fouilles qui en multiplièrent le nombre. Tous ces os, qui me furent adressés dans le temps, sont maintenant au Cabinet du roi.

Ceux d'hyène consistent en une portion de mâchoire inférieure, pl. 191, fig. 14, une portion d'humérus, même planche, fig. 8 et 9, et une canine.

Cependant le dépôt le plus abondant en os d'hyène que l'on ait jamais observé, où leur nombre va pour ainsi dire jusqu'au merveilleux, c'est la caverne de Kirkdale, dans le comté d'York, que j'ai décrite ci-dessus d'après M. Buckland.

Ce que MM. Buckland, Gibson, Salmond et sir G. Kailey, baronnet, ont bien voulu m'envoyer de ces ossemens de Kirkdale, joint à ce que j'avais dessiné chez M. Ebel et chez M. Blumenbach, ne me laisse plus rien à désirer sur cet animal, et me prouve, tout aussi clairement que pour l'éléphant et le rhinocéros fossile, qu'il appartenait à une espèce différente de celles que nous connaissons aujourd'hui.

On voit cependant que les habitudes de cette antique hyène ressemblaient déjà à celles de l'hyène d'à présent, et M. Buckland a heureusement appliqué à sa caverne de Kirkdale ce passage de Busbec, où il semble qu'elle soit décrite :

« *Sepulchra suffodit, extrahitque cadavera portat-*
« *que ad suam speluncam, juxta quam videre est*
« *ingentem cumulum ossium humanorum veterinario-*
« *rum et reliquorum omne genus animalium.* »

Si les hyènes de Kirkdale n'ont pas accumulé d'ossemens humains avec ceux de tant d'herbivores dont leur caverne est remplie, c'est qu'elles ne trouvaient point d'hommes dans leur voisinage ni en vie ni morts, et l'on peut considérer ce fait comme une preuve de plus que notre espèce n'habitait pas avec les animaux que je reproduis aujourd'hui à la lumière.

Lorsque M. Buckland a fait imprimer son Mémoire, cette caverne était le seul lieu d'Angleterre où l'hyène se fût trouvée; mais il vient de m'apprendre qu'on en a découvert depuis dans le dépôt d'ossemens de rhinocéros et d'éléphans de Rugby, et dans les soupiraux qui conduisent à la caverne d'Oreston, près de Plymouth, où gisent aussi tant de grands ossemens. Ce carnassier accompagnait donc les grands pachydermes dans les îles Britanniques aussi bien que sur le continent.

Depuis que, par les ordres de S. A. I. le grand-duc, les fouilles se multiplient dans le val d'Arno, on y découvre un plus grand nombre d'objets intéressans.

L'hyène vient de s'y trouver.

M. Pentland m'écrit que M. Targioni Tozzetti en possède un crâne et deux portions de la mâchoire inférieure. Il y en a aussi une mâchoire dans le cabinet du grand-duc, et une autre chez M. Canali, à Pérouse.

§ 1. *La tête.*

Celle de Collini que nous copions, pl. 192, fig. 1 et 2, est parfaitement entière, et quiconque a vu une tête d'hyène ne peut pas s'y méprendre. Je suis même très-étonné que Collini, qui ne manquait point d'instruction, ne l'ait pas reconnue à la seule inspection de la figure du squelette d'hyène donnée par Daubenton (Hist. nat., IX, pl. XXX); la ressemblance est frappante.

Longue de 0,27 depuis l'épine occipitale jusqu'au bord incisif, large à l'endroit le plus saillant des arcades de 0,187, cette tête ne surpasse que de 0,015 celle de notre grande hyène tachetée; cependant ce dessin ne suffisait point pour établir les différences qui peuvent se trouver entre l'espèce fossile et les vivantes; et je dus chercher quelques autres documens.

Déjà MM. Kielmeyer et Jæger m'avaient procuré le dessin d'un occiput, gravé, pl. 191, fig. 3, à côté de celui de l'hyène rayée, ib., fig. 2, et dont le profil est fig. 4. Ce morceau, plus grand d'un cinquième que l'hyène rayée, en diffère par plus de largeur proportionnelle, et comme l'hyène tachetée a cette partie encore moins large à proportion de sa hauteur, elle s'éloigne encore plus que la rayée de l'hyène fossile.

On voit encore un occiput de l'hyène fossile, fig. 4, pl. 192. Il vient du crâne, ib., fig. 3 et 5, qui était conservé au cabinet de M. Ebel, à Brême, et que j'y ai dessiné; son profil, dans tout ce qui en reste, est aussi semblable qu'il est possible à celui de l'hyène rayée.

La face supérieure de ce crâne est aussi beaucoup plus semblable à l'hyène rayée qu'à l'hyène tachetée. Dans celle-ci, le crâne est plus gros, plus bombé sur les côtés; les crêtes temporales ne se rapprochent pas si vite en une crête sagittale; l'hyène rayée les a plus promptement rapprochées, et sa crête sagittale est plus distincte, plus élevée, plus comprimée. Ces deux caractères sont encore plus prononcés dans l'hyène fossile, et cela indépendamment de l'âge, car mes individus des deux espèces vivantes sont fort âgés.

La longueur de ce crâne est de 0,3; et sa hauteur à l'occiput de 0,11; ce qui est de près d'un cinquième plus grand que dans l'hyène tachetée, où ces dimensions sont de 0,255 et de 0,095.

A ce crâne j'en joins un autre, pl. 192, fig. 6 et 7, qui est fort curieux par la blessure qu'il a reçue et dont il a été guéri. Il vient de Gaylenreuth, et m'a été communiqué par

M. de Sœmmerring. C'est celui d'une vieille hyène, qui avait probablement éprouvé une violente morsure à sa crête occipitale, soit de la part d'une de ses semblables, soit de la part d'un de ces grands lions ou tigres qui vivaient avec elles dans les mêmes lieux et dont on trouve les os dans les mêmes cavernes. L'os s'est rétabli d'une façon fort irrégulière, comme on devait s'y attendre et comme on le voit dans la figure.

Cette tête a, depuis le condyle occipital jusqu'en avant de la deuxième molaire, 0,235; le même intervalle est dans nos hyènes tachetées de 0,19, et dans nos plus grandes hyènes rayées de 0,175.

La face supérieure du crâne montre sensiblement le caractère du rapprochement prompt des crêtes temporales.

§ 2. *La mâchoire inférieure.*

La mâchoire inférieure de l'hyène a aussi ses caractères, indépendamment des dents dont elle est garnie; ils consistent surtout dans sa brièveté relative, car elle est plus courte même que celle des chats, et dans l'angle saillant de son bord inférieur qui est plus marqué que dans aucun autre grand carnassier.

On observait déjà ces caractères dans la mâchoire inférieure publiée par Collini, et dans le fragment de Gaylenreuth que nous avions donné, pl. 194, fig. 1. Nous les avons retrouvés dans trois mâchoires déterrées à Osterode, et conservées dans le cabinet de M. Blumenbach, et dans une de Gaylenreuth du cabinet de M. Ebel. Pour ne pas multiplier inutilement les figures, nous donnons, pl. 192, fig. 8 et 9, les deux morceaux les plus complets qui aient été à notre disposition. Le premier, fig. 8, est une mâchoire presque entière de celles d'Osterode, dont nous venons de parler, qui fait connaître l'angle de la symphyse. Le second, fig. 9, est une demi-mâchoire droite de Gaylenreuth, communiquée par M. de Sœmmerring et à laquelle il ne manque que les incisives et la troisième molaire. Elle est plus longue et surtout plus haute que nos plus grandes mâchoires vivantes.

Sa longueur, depuis le condyle jusqu'à la base antérieure de la canine, est de 0,195;

dans notre plus grande hyène tachetée, cette dimension est de 0,173. La hauteur verticale derrière la dernière molaire est de 0,058; dans l'hyène tachetée, elle est de 0,047.

Le fragment garni d'une mâchelière très-usée que nous donnons, pl. 194, fig. 2, est encore un peu plus grand; il vient aussi de Gaylenreuth.

Parmi les dessins que m'a envoyés M. Clift, j'en trouve un où la longueur en question est de 0,19, et la hauteur de 0,05.

Mais il y a de ces mâchoires fossiles plus petites. Celle de M. Ebel n'avait ces dimensions que de 0,155 et de 0,04. Celle que M. Goldfuss représente dans son ouvrage sur Muggendorf, pl. V, fig. 2, doit avoir eu une longueur d'à peu près 0,16.

§ 3. *Les dents.*

Toutes ces têtes et ces mâchoires inférieures d'Allemagne, d'Angleterre et de France, sont d'une seule et même espèce et portent des dents toutes semblables, en sorte que tout ce que je vais dire leur convient aux unes comme aux autres.

Outre les dents représentées avec la tête de Collini, on avait déjà dans l'ouvrage d'Esper des figures de dents d'hyène, savoir : à sa pl. X, *c* et *g*, la troisième molaire supérieure; *h* et *i*, la quatrième; *b*, la troisième inférieure; *k*, la quatrième.

J'ai donné dès ma première édition, pl. 191, fig. 14, les quatre molaires d'en-bas; fig. 13, la troisième d'en-haut, et fig. 11, la quatrième. M. Buckland a publié les quatre premières molaires et la canine d'en-haut, dans sa pl. XVII, fig. 1-4, et des incisives usées, fig. 5, et toutes les molaires d'en-bas avec la canine et l'incisive externe, dans sa pl. XVIII, fig. 2 et 3; mais toutes ces figures les représentent encore implantées dans les mâchoires.

J'aurai, grâce à MM. Salmond, Gibson, Buckland et Clift, l'avantage de pouvoir décrire et représenter chaque dent détachée, de façon qu'elle puisse être reconnue, même par ses racines.

Nous commencerons par les molaires supérieures.

La première molaire supérieure, pl. 192, fig. 10, ne diffère en rien de son analogue dans les autres hyènes. C'est une petite dent simple, convexe en-dehors, légèrement pointue au sommet et un peu aplatie en-dedans; sa couronne a environ 0,006 de diamètre.

La seconde molaire supérieure, pl. 192, fig. 11, est presque indiscernable de son analogue dans l'hyène tachetée; sa base est ovale; il s'y élève un cône court et gros, en avant et en arrière duquel est une espèce de talon. Dans l'hyène rayée, ces deux protubérances ou talons sont placés plus obliquement; la couronne est longue de 0,015, large en travers de 0,008, haute de 0,006.

La troisième molaire supérieure, pl. 192, fig. 12, offre la même ressemblance avec l'hyène tachetée et la même différence de la rayée. C'est un très-gros cône ayant en avant un collet qui entoure une partie de sa base, et duquel remonte une arête vers le premier quart de la face interne; en arrière est une autre arête, vestige du tranchant qu'a cette dent dans les autres carnassiers et au bas de laquelle est un talon, lui-même un peu tranchant. Il y en a de 0,027 de diamètre antéro-postérieur, et de 0,018 de diamètre transverse à la base sur 0,025 de hauteur de la couronne.

La quatrième molaire supérieure est la grande carnassière, pl. 191, fig. 11, pl. 192, fig. 13, et pl. 194, fig. 6. Les hyènes l'ont différente des chats en ce que le dernier lobe ne saille pas autant de sa pointe postérieure et en ce que le tubercule de la face interne y est au contraire plus proéminent.

Entre elles les hyènes diffèrent par la proportion du dernier lobe, qui est beaucoup plus long dans la tachetée que dans la rayée; dans l'hyène fossile, cette longueur du dernier lobe est souvent encore plus considérable que dans la tachetée. La plus belle de ces dents que nous possédions, et qui nous vient de M. Salmond, a d'avant en arrière 0,045, dont son lobe postérieur prend 0,02; sa largeur transversale en avant, y compris le tubercule interne, est de 0,022.

Ces trois dimensions sont, dans l'hyène tachetée, de 0,036, 0,015 et 0,019; dans l'hyène rayée, de 0,03, 0,01 et 0,018.

La hauteur du lobe moyen est, dans la dent fossile, de 0,025.

La tuberculeuse ou cinquième molaire supérieure est fort petite dans les hyènes et placée en travers au bord postérieur du palais, d'où elle disparaît souvent avec l'âge. Je ne l'ai même point dans mes crânes d'hyènes tachetées, dans l'un desquels l'on voit seulement un reste d'alvéole; dans l'hyène rayée, elle a deux tubercules placés obliquement en dehors et un en dedans. J'en ai une fossile, pl. 192, fig. 14, dont le tubercule interne est moins gros à proportion, mais je la crois une dent de lait : du moins ressemble-t-elle entièrement à la tuberculeuse de lait de ma jeune hyène tachetée.

M. Buckland a possédé une dent semblable qu'il donne dans sa pl. XX, fig. 26 et 27, mais qu'il n'a pu reconnaître, faute d'objet de comparaison.

Ce savant géologiste a deux autres molaires supérieures de lait à ses fig. 22, 23, 24 et 25, pl. XX, qu'il croit d'un animal inconnu et qui toutes deux sont des secondes ou carnassières de lait d'hyène. Celle des fig. 22 et 23 diffère seulement de l'autre parce que son tubercule interne a été emporté.

Si nous passons aux molaires inférieures,

nous les trouverons à peu près impossibles à discerner de celles de l'hyène tachetée.

La première, pl. 192, fig. 15, est de même oblongue avec un cône au milieu, ayant une arête en avant et en arrière et un tubercule au bas de chaque arête ; tout au plus a-t-elle un peu plus de largeur en arrière dans le fossile. Sa dimension antéro-postérieure est de 0,02, sa largeur transverse en arrière de 0,015, sa hauteur de 0,01.

La seconde, pl. 192, fig. 16, est un gros cône, très-semblable à la troisième, et qui n'en diffère que parce que son tubercule est en arrière et que l'arête qui s'y rend est un peu moins à la face interne. Diamètre antéro-postérieur de sa base, 0,023 ; diamètre transverse, 0,017 ; hauteur de la couronne, 0,025.

La troisième, pl. 192, fig. 17, ressemble de nouveau un peu plus à une fausse molaire de carnassier. Elle a comme la première un cône comprimé et à deux arêtes au milieu, un tubercule en avant et un en arrière ; celui-ci a un léger talon en-dedans. Diamètre antéro-postérieur de sa base, 0,025 ; diamètre transverse, 0,015 ; hauteur de la couronne au milieu, 0,02.

C'est par la quatrième molaire, pl. 191, fig. 12, que l'hyène fossile se distingue de la rayée pour se rapprocher de la tachetée. L'hyène rayée a toujours ce tubercule interne qui manque constamment aux deux autres. Ces deux dernières ne diffèrent des *félis* que par le talon que leur dent a en arrière et le léger bourrelet qu'elle a en avant, tandis que dans les félis il n'y a ni l'un ni l'autre.

J'ai de ces dents qui ont jusqu'à 0,035 de long sur 0,015 de large et 0,02 de haut.

Nos hyènes tachetées n'ont les leurs que de 0,03 de long.

Il faut remarquer de plus que l'hyène tachetée a son talon postérieur beaucoup moindre que la rayée et que la fossile.

M. Buckland a représenté séparément cette dent à sa pl. XX, fig. 2 et 3.

Il donne aussi, mais sans la reconnaître, a dernière inférieure de lait d'une jeune hyène, ib., fig. 20 et 22. Sa différence d'avec l'adulte est dans sa moindre grandeur et dans un talon plus prononcé; c'est, à ce que je crois, la même dent qu'il représente en place sur sa pl. XIX, fig. 3; mais celle-ci est mieux formée et plus émoussée.

La première et la seconde inférieures de lait ressemblent à la première et à la troisième de l'adulte, excepté qu'elles sont plus comprimées et ont leurs lobes plus pointus.

Je crois que c'est la seconde que donne M. Buckland comme dent inconnue, à sa pl. XX, fig. 15, 16, 17 et 18.

On a représenté ce que je possède de dents de lait d'hyène, pl. 193, fig. 11, la première d'en bas; 12, la seconde; 13, la troisième, qui représente la quatrième de l'adulte, et 14, la deuxième d'en haut, qui est la grande carnassière et représente la troisième de l'adulte.

Ces dents de lait d'hyène, le morceau de mâchoire supérieure avec des dents de lait et des germes de dents de remplacement que donne M. Buckland à sa pl. XIX, fig. 3 et 4, un autre qui appartient à la mâchoire inférieure, et que je représente pl. 193, fig. 15, ainsi qu'un grand nombre de germes isolés de dents que je possède, sont intéressans en ce qu'ils prouvent que des jeunes hyènes vivaient avec les vieilles dans ces cavernes, qui étaient ainsi des réceptacles communs à toute l'espèce.

On y trouve aussi, comme on devait s'y attendre, beaucoup d'incisives et de canines de cet animal.

Les canines d'hyènes sont moins fortes que dans les tigres et les ours.

On reconnaît les supérieures à leur face externe convexe, à l'interne un peu plate, aux deux arêtes aiguës qui les séparent, et dont l'antérieure se bifurque vers la racine; celle d'en bas a son arête postérieure rentrée vers la face interne.

Ces caractères se retrouvent dans les dents fossiles entières; mais le grand nombre est fort usé, comme le naturel et le genre de vie de l'hyène le voulaient.

Les incisives supérieures latérales sont grandes et pointues comme de petites canines, et les mitoyennes petites et en coins ont trois tubercules à la face postérieure; les incisives inférieures latérales ont un petit lobe au bord externe; les suivantes sont comprimées surtout de leur racine qui rentre plus en dedans; les mitoyennes sont petites et simples.

La caverne de Kirkdale en offre de toutes ces formes et généralement un peu plus grosses que dans l'hyène tachetée.

Il y en a de fort usées.

§ 4. *Les os des membres.*

Comme pour les autres genres, les os du tronc et des membres ont été recueillis en moindre quantité que les dents; et cependant j'en ai assez pour y découvrir encore des différences caractéristiques.

L'humérus représenté pl. 191, fig. 7, au tiers de sa grandeur, m'a été envoyé en dessin par M. Camper; il vient de Gaylenreuth. J'y joins, pl. 193, fig. 1, un autre humérus vu de face, d'après un dessin qui m'a été adressé par M. Clift, d'un morceau de Kirkdale, et pl. 191, fig. 8 et 9, une portion inférieure de Fouvent.

La forme de sa poulie articulaire inférieure, permettant la rotation du radius, montre qu'il vient au moins d'un carnassier; le grand trou percé au-dessus, et répondant à l'olécrâne dans l'extension, exclut les genres des chats, des martes et des ours, qui n'ont point ce trou. Les deux premiers sont exclus encore parce qu'ils ont le condyle interne percé d'un petit trou oblique qui manque ici. Il ne reste que le genre des chiens et celui de l'hyène : un peu moins de largeur transverse dans la partie radiale de la poulie exclut les chiens. La grosseur proportionnelle de près d'un tiers plus forte que dans le loup, tandis que la longueur est la même, se réunit à tous ces motifs pour me faire regarder ces humérus comme appartenant au même animal que les dents, et par conséquent à l'*hyène*.

Mon humérus de Fouvent a de largeur d'*a* en *b*, fig. 8 et 9, 0,061 : un grand loup n'a que 0,047.

L'humérus de Gaylenreuth du cabinet de M. Camper, qui a par en bas la même largeur que le mien, n'a de longueur totale, de *c* en *d*, fig. 7, que 0,225 : l'humérus de loup a précisément la même longueur.

L'humérus de Kirkdale a 0,23 de longueur sur 0,06 de largeur en bas : ainsi il est à très-peu près dans les dimensions des deux autres ; mais peut-être ont-ils la grande tubérosité supérieure un peu mutilée.

L'humérus de notre grand squelette d'hyène tachetée, long de 0,215, n'a que 0,05 de largeur par en bas, et il est en général plus grêle, ainsi que tous les autres os longs que j'ai pu observer.

Un cubitus de Kirkdale, pl. 193, fig. 5, dont j'ai une très-grande partie, envoyée par M. Gibson, est plus gros que celui de l'hyène tachetée, sans que sa facette sigmoïde s'étende davantage en longueur.

Il en est de même de tous les os du métacarpe et du métatarse que j'ai pu mesurer, et qui sont tous sans exception plus courts et plus gros que dans l'hyène tachetée, comme il paraît par la table suivante.

	Hyène fossile.		*Hyène tachetée.*
Métacarpe du doigt médius, pl. 193, fig. 6, longueur.	0,09	. . .	0,1
Largeur au milieu.	0,013	. . .	0,01
Du petit doigt, fig. 7, longueur.	0,077	. . .	0,08
Largeur au milieu.	0,012	. . .	0,01
Métatarse de l'antépénultième, ou second doigt			

après le vestige de pouce, fig. 16.	0,088	. . .	0,093
Largeur au milieu.	0,013	. . .	0,011
Du pénultième, fig. 17. .	0,088	. . .	0,09
Largeur au milieu.	0,011	. . .	0,01
Du dernier ou petit doigt, fig. 18.	0,068	. . .	0,072
Largeur au milieu.	0,011	. . .	0,01

La même différence s'est montrée dans les phalanges, dont nous avons plusieurs; et l'on peut bien en conclure que l'hyène fossile avait les extrémités plus grosses et plus courtes à proportion que l'hyène vivante, car l'hyène rayée est encore plus svelte que la tachetée.

M. Buckland a donné dans sa pl. XIX, fig. 5, 9, 10, 11, 12, un métatarsien, un métacarpien et des phalanges auxquelles les mêmes observations s'appliquent, et qui confirment notre conclusion.

Cette différence s'étend aux os du carpe et du tarse; l'astragale et le calcanéum que j'ai eus de Kirkdale par les soins de MM. Salmond et Gibson, sont plus gros, plus larges et plus courts que leurs analogues dans les autres hyènes, ainsi qu'on peut le voir par les dessins, pl. 193, fig. 9 et 4. Il n'est pas jusqu'à la rotule, pl. 193, fig. 2, où cette plus grande largeur ne se remarque.

Pour ne rien négliger de ce que j'ai eu de l'hyène fossile, j'en donne la tête inférieure de *péroné*, pl. 193, fig. 3; le *grand cunéiforme du tarse*, ib., fig. 10, et le *scaphoïde du tarse*, fig. 19. Ces trois morceaux ne diffèrent pas sensiblement de l'hyène tachetée.

§ 5. *Les os du tronc.*

La caverne de Kirkdale a fourni plusieurs vertèbres semblables à celles des hyènes, mais presque toutes trop mutilées pour offrir des caractères spécifiques; j'ai eu par exemple un atlas, un axis, une quatrième ou cinquième cervicale, une dernière dorsale et une lombaire, avec quelques autres fragmens. Tous ces morceaux, incontestablement du genre de l'hyène, sont un peu plus grands que leurs analogues dans l'hyène tachetée.

Dès ma première édition, M. Adrien Camper m'avait envoyé le dessin d'un atlas de Gaylenreuth, que l'on voit pl. 191, fig. 6, réduit au tiers, à côté de celui de l'*hyène vivante*, fig. 5. Sa circonscription générale n'est pas sans rapport avec celle des tigres et des canis, mais c'est à l'hyène qu'il ressemble le plus par la direction du trou *a*, *a*.

P. S. Au moment où se termine l'impression de ce chapitre, j'apprends par M. Pentland, jeune naturaliste anglais plein de connaissances en histoire naturelle, que l'on vient de découvrir des ossemens d'hyènes dans les couches meubles du val d'Arno (1).

---

(1) Voyez ci-dessus, page 341, l'addition que nous avons intercalée sur ce sujet.

(*L'Éditeur.*)

CHAPITRE V.

DES OSSEMENS DE *GRANDS FÉLIS*.

PREMIÈRE SECTION.

SUR LES GRANDS *FÉLIS VIVANS*.

ARTICLE PREMIER.

De leurs espèces.

Les grands carnassiers à griffes rétractiles et à pelage tacheté font, depuis long-temps, le tourment des naturalistes, par la difficulté d'en distinguer les espèces avec précision.

Cette matière semble avoir été obscurcie à l'envi par les voyageurs, par les fourreurs, par les montreurs d'animaux, et par les possesseurs et descripteurs de cabinets. Buffon lui-même, qui l'a traitée avec cette netteté de vues et cette abondance de moyens qui caractérisent son Histoire des animaux quadrupèdes, s'est laissé entraîner en de graves erreurs par le préjugé qu'il avait sur la petitesse des espèces propres à l'Amérique, et a surtout refusé de reconnaître le vrai *jaguar*, qui est le plus grand de tous les chats à taches rondes. Enfin, pour notre objet, il y a encore dans cette matière une difficulté de plus, en ce que les caractères pris des couleurs ne nous suffisent point, et que, si nous n'en trouvions de correspondans qui portassent sur les formes des os, nous ne serions pas plus avancés dans notre détermination des animaux fossiles. Ainsi, après que j'aurai exposé toutes mes observations sur l'extérieur des grands chats pour en déterminer les espèces, je serai obligé d'y faire succéder encore une comparaison ostéologique de leurs os, et surtout de leurs têtes. Il sera nécessaire même que j'examine pour chaque espèce dans quels pays elle s'étend ou s'est étendue autrefois, afin que je puisse juger à quelle époque ses os ou des os plus ou moins semblables ont pu y être déposés.

C'est d'après ces motifs que je me suis livré, il y a plusieurs années, aux études qui ont servi de base au présent article, et que je juge avoir été agréables aux naturalistes, puisque ceux qui ont écrit depuis la première impression de mon travail (1) l'ont à peu près tous adopté, même lorsqu'ils n'en ont pas indiqué la source. Je vais donc le reproduire avec les perfectionnemens que le temps et les acquisitions nouvelles faites par le Cabinet du roi et par la ménagerie me mettent à même de lui donner.

Le genre des *chats* ou des *félis* est l'un des plus rigoureusement déterminés du règne animal.

Leur langue et leur verge âpres, leurs on-

---

(1) Dans les Ann. du Mus. t. XIV, p. 136, impr. en 1809.

gles crochus, tranchans, et qu'un mécanisme particulier rend naturellement relevés vers le ciel quand l'animal ne veut pas s'en servir; le nombre de leurs doigts, de cinq devant et de quatre derrière; leur museau court, leurs mâchelières tranchantes, leur naturel féroce, leur appétit pour une proie vivante, sont des caractères constans et bien connus, qui ne laissent presque de différences entre leurs espèces, que la grandeur, la couleur, la longueur du poil et celle de la queue.

La plus célèbre de ces espèces, *le* LION (Felis leo, L.) *ou grand chat fauve à queue floconneuse au bout, à cou du mâle adulte garni d'une épaisse crinière*, varie pour la taille et pour les nuances; on en a cité quelquefois des races plus ou moins différentes entre elles; mais, malgré tout ce que l'on en a dit, il n'y a encore aucune preuve constante d'une multiplicité d'espèces.

Le pelage plus ou moins doré, les poils de la crinière et des épaules plus ou moins bruns et même quelquefois presque noirs, constituent les principales variétés. On pourrait croire que ces lions à crinières crépues, tels qu'on les voit sur les anciens monumens, auraient formé une espèce particulière. Aristote établit cette distinction, lib. IX, c. 69; il dit même que les crépus étaient plus timides. Élien, lib. XVII, c. 26, parle aussi des lions des Indes noirs et hérissés que l'on dressait à la chasse. Selon Pline, lib. VIII, c. 17, c'étaient ceux de Syrie qui étaient noirs; mais si ces races ont existé d'une manière constante, aucun moderne ne paraît les avoir connues.

On n'a parlé dans ces derniers temps que de lions sans crinières qui se trouveraient sur les confins de l'Arabie, mais dont on n'a point de description détaillée (1).

Il est vrai que l'espèce du lion a disparu d'une infinité de lieux où elle habitait autrefois, et qu'elle a extraordinairement diminué partout.

Hérodote raconte, lib. VII, cap. 125, que les chameaux qui portaient les bagages de

---

(1) Olivier, Voy. en Syrie, etc., t. II, p. 427.

l'armée de Xercès furent attaqués par des lions dans le pays des Pæoniens, l'une des peuplades qui habitaient la Macédoine, et dit à ce sujet, c. 127, qu'il y avait beaucoup de lions dans les montagnes qui s'étendent entre le Nestus, fleuve qui traverse la ville d'Abdère en Thrace, et l'Achéloüs, qui arrose l'Acarnanie. Aristote, lib. VI, c. 31, et VIII, c. 33, répète deux fois le même fait comme ayant encore lieu de son temps. Pausanias, qui rapporte aussi cet accident arrivé à Xercès, dit que ces lions descendaient souvent dans les plaines du pied de l'Olympe, qui sépare la Macédoine de la Thessalie, et que Polydamas, athlète célèbre, contemporain de Darius Nothus, en tua un, quoiqu'il fût désarmé (1).

On croirait même qu'il y a eu des lions jusques aux bords du Danube, si l'on s'en rapportait au texte vulgaire d'Oppien (2); mais on voit aisément, par l'ensemble du passage, que le nom d'Ister est là pour un fleuve d'Arménie, par une erreur de l'auteur ou de ses copistes.

---

(1) Pausan, Æliac., II, cap. v.

(2) Opp., Cyneg., III, v. 22.

Les lions sont aujourd'hui assez rares en Asie, si l'on excepte quelques contrées entre l'Inde et la Perse et quelques cantons de l'Arabie. Dans l'antiquité, ils y étaient très-communs. Outre ceux de Syrie, dont il est souvent parlé dans l'Écriture-Sainte, l'Arménie, le pays des Parthes, en nourrissaient de fort grands, selon Oppien (1). Apollonius de Tyane vit près de Babylone (2) une lionne qu'on venait de tuer et qui portait huit petits, et il y avait de son temps un grand nombre de lions entre l'Hyphasis et le Gange (3). Élien parle même avec détail de ces lions des Indes, remarquables par leur grandeur, les teintes noirâtres de leur pelage, et que l'on dressait à la chasse (4).

Dans les lieux mêmes où l'espèce du lion subsiste, elle y est devenue infiniment moins nombreuse que du temps des anciens. On a peine à s'imaginer comment les Romains se

---

(1) Opp., Cyneg., III, v. 24 et 29.

(2) Philostrat., Vit. Apoll., lib. I, cap. XVI.

(3) *Id.*, lib. III, cap. I.

(4) Ælian., Hist. An., lib. XVII, cap. XXVI.

procuraient la quantité prodigieuse de ces animaux qu'ils faisaient paraître dans leurs jeux. Pline nous a conservé à ce sujet des détails qui surpassent toute croyance. « Quin-« tus Scevola, dit-il, fut le premier qui en « montra plusieurs à la fois dans le cirque, « lors de son édilité. Sylla, pendant sa pré-« ture, en fit combattre à la fois cent, tous « mâles; Pompée ensuite, six cents, dont « trois cent quinze mâles; César, quatre « cents (1). »

Sénèque nous apprend, il est vrai, que ceux de Sylla lui avaient été envoyés par le roi de Mauritanie, Bocchus (2); mais aujourd'hui les princes de ce pays croient faire un grand présent lorsqu'ils peuvent en donner un ou deux.

La même abondance régna encore sous les premiers empereurs.

---

(1) Plin., lib. VIII, cap. XVI.

(2) De brevitate Vitæ, cap. XIII. Je cite ce passage, bien que Sénèque y condamne comme inutiles les recherches du genre de celles qui remplissent cet article; mais les réflexions de ce philosophe prouvent seulement qu'il ne connaissait pas toutes les conséquences auxquelles le moindre fait peut conduire.

Adrien tua souvent dans le cirque jusqu'à cent lions (1); Antonin, qui aima beaucoup les animaux et en fit paraître des plus rares, lâcha aussi cent lions en une seule fois (2), et Marc-Aurèle en fit voir au peuple le même nombre percés de dards (3).

C'était lorsqu'il triompha des Marcomans, et apparemment que l'espèce commençait à diminuer, puisque Eutrope regarde cette exhibition comme une grande magnificence (4).

Cependant sous Gordien III, il y en avait à Rome soixante-dix d'apprivoisés, qui servirent pour les jeux séculaires de Philippe (5), et Probus fit voir encore cent lions et cent lionnes avec une infinité d'autres animaux (6).

On fut obligé de défendre la chasse des lions aux particuliers, de crainte d'en voir

---

(1) Spartien in Adriano, cap. 19.

(2) Jul. Capitol. in Antonino Pio, cap. 11.

(3) *Id.* in Antonino Philosopho, cap. 17.

(4) Eutrop., lib. VIII, cap. 14.

(5) Jul. Capitol. in Gordiano, III, cap. 33.

(6) Vopiscus in Probo, cap. 19.

manquer le cirque : mais cette loi ayant été abrogée sous Honorius, la destruction continua, et venant enfin à être aidée du secours des armes à feu, elle a réduit ces animaux à se retirer dans les déserts où ils sont confinés aujourd'hui.

Après le lion peut venir, à cause de l'uniformité de sa couleur, le COUGOUAR (Felis concolor) ou *grand chat fauve, sans crinière ni flocon au bout de la queue.*

C'est le *puma* ou prétendu *lion du Pérou* de Garcilasso (Per., l. VIII, c. 18), et de Nieremberg, Hist. nat. peregr. l. IX, c. 21 ; le *mitzli* des Mexicains de Fernandès, c. XI ; le *cuguaçuarana* du Brésil, selon Margrave, Brasil., 235; le *gouazouara* du Paraguai, selon d'Azara (*couguar* est une contraction de ces noms faite par Buffon), plus allongé de corps, plus bas sur jambes que le lion, à tête proportionnellement plus petite, ronde comme dans les chats ordinaires, et non carrée comme dans le lion, sans crinière ni flocon, sa longueur passe quelquefois quatre pieds, sans la queue, qui est de vingt-six pouces ; mais beaucoup d'individus n'atteignent pas ces dimensions.

Comme cet animal paraît se trouver depuis les Patagons jusqu'en Californie, j'ai fait beaucoup de recherches pour savoir s'il n'y en aurait pas plusieurs espèces ou du moins quelques variétés constantes dans cette immense étendue de pays.

Les cougouars envoyés des États-Unis par M. Milbert, et dont quelques-uns ont vécu à la ménagerie, ont la tête longue de 8 à 9 pouces, le corps de 3 pieds et quelques pouces, la queue de 2 pieds 4 à 5 pouces, et leur hauteur au garrot n'est que de 1 pied 10 pouces. Leur pelage est d'un cendré roussâtre, légèrement mêlé de noirâtre le long de l'épine. On n'y voit point de taches plus foncées. Le dessous du corps et le dedans des cuisses sont d'un cendré plus pâle ; le bout de la queue est noir ; la région des sourcils plus pâle que le fond ; le bord de la lèvre supérieure, le dessous de la mâchoire inférieure, un peu du tour de l'angle des lèvres et la gorge, sont blanchâtres ; une tache noire occupe l'endroit d'où sortent les moustaches, la convexité de l'oreille est noirâtre et le bout en est tout-à-fait noir. La femelle est un peu moindre que le mâle et a le dessous plus blanc.

Les cougouars envoyés de Cayenne, et dont une partie ont aussi vécu à la ménagerie, offrent à peu près la même taille et la même distribution générale de couleurs, mais leur pelage est plus ras, plus lustré, d'un roux plus fauve, et presque marron le long de l'épine, et en le regardant sous un certain jour, on y voit sur les flancs et les cuisses de grandes taches plus foncées que le reste.

Il serait à désirer maintenant que les observateurs donnassent attention à ce caractère des taches plus foncées, et déterminassent s'il est constant pour chaque pays, ou au moins dans chaque race, ou s'il ne vient point de l'âge. Déjà nous savons qu'il ne tient ni à la saison ni au sexe.

D'après ce que dit Garcilasso, qu'une femelle de Puma fut trouvée pleine d'un petit tacheté que l'on jugea le produit d'un commerce adultérin, il est probable que dans l'Amérique méridionale les jeunes cougouars ont des taches encore plus marquées que les vieux.

Du reste je ne vois rien d'exact dans les différences que l'on a prétendu établir entre les cougouars.

Le *cougouar de Pensylvanie* (Buff., suppl. III, pl. 41), n'a évidemment rien de particulier. Laborde parle (*ib.* pag. 224) d'un *tigre noir* à l'indication duquel Buffon ajoute : *c'est celui que nous avons fait représenter* pl. 42, *sous le nom de* COUGUAR NOIR ; mais Laborde ne paraît entendre que le *jaguar noir* dont nous parlerons bientôt, et qui est noir partout, et Buffon donne une figure noirâtre dessus, blanche dessous, qui ne lui avait pas été envoyée par Laborde, mais par Pennant, comme celui-ci nous l'apprend (Hist. of quadr., deuxième éd. I, p. 283); et que Buffon ne rapportait au *tigre noir* de Laborde que par une conjecture vague. Comme le *cougouar* est tantôt plus ou moins gris, tantôt plus ou moins brun, je suis persuadé que ce dessin n'est qu'un *cougouar* ordinaire à teinte un peu plus brune.

Sonnini, qui prétend donner de l'authenticité à cette figure, et la rapporter au *jaguarété*, tout en avouant qu'il n'avait jamais vu celui-ci qu'une fois et de loin, ne fait que donner une preuve de plus de son peu d'instruction et de sa légèreté, car le jaguarété est tout autre chose. Voyez son édit. de Buffon, tom. XXVI, pag. 326.

Shaw a copié ce cougouar noir sous le nom de *black tiger*. (Gener. zool. I, deuxième part. pl. 89.)

J'en dis absolument autant du *black tiger* de Pennant, pag. 264, dont Schreber a fait son *Felis discolor*, pl. CIV, B, tout en l'enluminant d'un fauve plus vif encore que le vrai cougouar (*Felis concolor*). Cette figure faite d'après le même original que le cougouar noir de Buffon, représente bien certainement un cougouar un peu foncé et rien de plus, ainsi je ne pense point qu'il doive rester un *Felis discolor* dans le catalogue des animaux.

Sonnini, dans son édition de Buffon, tom. XXVI, pag. 314, parlant d'une mauvaise description du *puma*, par Molina (Hist. nat. Chil., trad. fr., p. 277), veut en faire un animal différent du couguar; mais il faudrait une autre autorité que celle de Molina et même de Sonnini, pour faire croire à un chat qui n'aurait que quatre incisives, et cinq doigts à tous les pieds.

La description du *puma* donnée par Bolivar (in Hernandes Mex., pag. 518), ne laisse au contraire aucun doute.

On peut mettre encore dans les espèces facilement reconnaissables à cause de ses taches transverses, et placer dans les premiers rangs à cause de sa taille : *le* TIGRE *des naturalistes,* TIGRE ROYAL *des fourreurs* (Felis tigris, L.) *ou grand chat fauve rayé en travers de bandes irrégulières noires.*

C'est l'animal dont on a transporté dans l'usage vulgaire le nom aux espèces à taches rondes, mais qui forme une espèce très-distincte. Égal au lion pour la longueur, le tigre est plus grêle et plus svelte et a la tête plus ronde. Il passe communément pour le plus cruel des animaux, et beaucoup de naturalistes le disent indomptable ; mais nous en avons vu successivement trois, aussi doux, aussi apprivoisés qu'aucune autre espèce de ce genre puisse le devenir ; les Romains l'avaient apprivoisé aussi (1), et l'on trouve même que

---

(1) Pline, lib. VIII, cap. 17.

les empereurs Tartares l'employaient à poursuivre les animaux à la chasse (1).

Il se porte au nord, non-seulement dans le désert qui sépare la Chine de la Sibérie, mais jusque entre les rivières d'Irtisch et d'Ischim, et même jusqu'à l'Ob, quoique rarement (2).

Mais je ne vois pas qu'il ait jamais habité en-deçà de l'Indus, de l'Oxus et de la mer Caspienne; aussi les Grecs l'ont-ils assez peu connu. Aristote (3) et Théophraste (4) ne font que le nommer. Néarque, l'amiral d'Alexandre, n'en avait vu qu'une peau, et Mégasthènes (5), le seul des Grecs de cette époque qui l'ait observé, ne paraît l'avoir rencontré que dans le pays des Prasiens (6), c'est-à-dire près

---

(1) Marco-Polo, lib. II, cap. 13, ap. Ramusio, II, 27; car dans les anciennes éditions françaises le passage est altéré.

(2) Spasky, ap. Fischer Zoognos., III, p. 219.

(3) Hist. Anim., lib. VIII, cap. 28; de Gener., lib. II, cap. 7.

(4) Hist. Plant., lib. V, cap. 6.

(5) Nearch. ap. Arrian. Indic., cap. 15.

(6) Strab., lib. XV.

des bords du Gange. Par la même raison les Romains, chez qui les animaux étrangers étaient amenés en si grande abondance, regardèrent toujours le tigre comme une rareté. Pline, qui le caractérise fort bien, dit qu'Auguste fut le premier qui le montra au peuple, et qu'il n'en montra qu'un enfermé dans une cage et apprivoisé (1). C'étaient des rois des Indes qui en avaient fait hommage à cet empereur (2). Claude en fit voir quatre (3). Peut-être était-ce en mémoire d'un spectacle si rare, que fut faite la mosaïque découverte il y a quelques années à Rome, près de l'arc de Gallien, où sont représentés quatre tigres royaux, dévorant chacun une proie ; ouvrage en pierres naturelles rapportées, à la manière des mosaïques de Florence. Ces animaux y sont rendus avec beaucoup d'exactitude.

Les rapports des Romains avec les Indes, par le nord-est, s'étant multipliés, on vit quelques autres tigres sous les empereurs suivans. Martial en parle sous Titus et sous Do-

---

(1) Lib. VIII, cap. 17.

(2) Dion, lib. LIII.

(3) Plin., ubi sup.

mitien (1). Antonin en montra (2). Héliogabale en attela (3). Gordien III en posséda jusqu'à dix, le plus grand nombre qu'en ait eu aucun empereur (4). Aurélien, lorsqu'il triompha de Zénobie, en fit paraître quatre, avec une girafe, un élan et d'autres animaux des plus rares (5).

On ne peut douter que ces tigres ne fussent les mêmes que le nôtre, d'après le caractère des bandes que leur attribuent Pline (6), Senèque (7), Oppien (8), Silius Italicus (9) et Claudien (10).

---

(1) Spect., epig. 18, et lib. I, epig. 105.

(2) Jul. Capitol. in Antonino Pio, cap. 10.

(3) Lamprid. in Heliogab., cap. 28.

(4) Jul. Capit. in Gordiano, III, cap. 33.

(5) Vospiscus in Aureliano, cap. 33.

(6) Lib. XIII, cap. 15.

(7) In Hippolyto : . . . . *Tunc virgatas*
India tigres decolor horret.

Et in Hercule : . . . . *Fera caspia*
Quæ virgata tibi præbuit ubera.

(8) Cyneget., I, v. 319 sq.

(9) Lib. V, v. 148. *Virgato corpore tigrim*, etc.

(10) In Stilic. Paneg., v. 66 : *Virgatas figere tigres.*

C'est après ces trois exclusions qu'il faut en venir à ces espèces fauves à taches rondes, dont celles des flancs sont disposées en anneaux ou en rose, qui font proprement la difficulté de tout ce sujet à cause de leur extrême ressemblance. En effet, tous ces animaux ont le dessus du nez gris-fauve et sans taches; le dessus de la tête, les tempes, la nuque, les côtés du cou, tout le dos, les flancs, l'extérieur des membres et le dessus de la queue d'un fauve plus ou moins doré, plus ou moins blanchâtre, plutôt selon les individus que selon les espèces. Le bout de leur lèvre supérieure, tout le dessous de leur mâchoire, de leur gorge, de leur cou, de leur corps, tout l'intérieur de leurs membres sont d'un blanc plus ou moins pur. Sur ce fond de couleur sont des taches noires, dont celles de la tête, du dessous du cou, de l'épaule, sont petites et rondes, qui s'élargissent sur les cuisses, les jambes et la queue, et qui prennent généralement sur le-blanc des parties inférieures la forme de bandes transversales; les bords des lèvres sont noirs; le sourcil blanchâtre ; la queue se termine par plus ou moins de noir avec quelques anneaux blancs ; l'oreille blanche dans sa concavité est noire sur la convexité avec une ou deux taches transversales fauves ; le long de l'épine marche une série tantôt simple tantôt double de taches généralement pleines et allongées ; enfin les flancs sont marqués de plusieurs rangs de taches en forme d'anneaux, souvent interrompues et représentant alors des espèces de roses. C'est au milieu de toutes ces ressemblances qu'il fallait saisir les caractères à peine sensibles qui distinguent les espèces, et il n'est pas étonnant que l'on n'y soit pas parvenu tant que l'on n'a pas eu d'occasion de voir tous ces animaux à côté les uns des autres. Nous-même, qui avons eu de ces occasions plus que personne, et qui avons cherché sans relâche à en profiter, nous avons souvent été contraint de changer d'opinion, et aujourd'hui même, nous ne sommes pas hors de toute incertitude; nous allons cependant donner fidèlement le dernier résultat de nos recherches.

Nous commençons par distinguer l'espèce la plus remarquable de toutes, sur laquelle on avait toujours eu des idées plus ou moins confuses.

Le JAGUAR (Felis onça, L.) *ou grand chat fauve, à taches en forme d'œil, c'est-à-dire, en anneau au milieu duquel est un point noir, rangées sur quatre ou cinq lignes de chaque côté, à queue noire avec trois anneaux blancs dans son tiers inférieur* (1).

---

(1) Je me borne aux synonymes suivans, tirés des auteurs originaux : ceux des nomenclateurs et des compilateurs sont tellement embrouillés, qu'il est inutile de s'y arrêter.

1° *Jaguara* Brasil., *onza nostratibus*, Margr., Bras., p. 235, mauvaise figure, description médiocre. Il le fait trop petit en ne lui donnant que la taille du loup.

2° *Tlatlauqui-ocelotl.* Hernandez, p. 498, bonne figure; *tigris americana*, Bolivar, apud Hernand. Mexic., 506, description assez bonne.

3° Le *tigre de Cayenne* de Desmarchais, III, 293. Ce qu'il en dit est en partie tiré de Margrave.

On ne sait par quelle fatalité depuis Buffon, les naturalistes européens semblent s'être accordés à méconnaître le *jaguar*, à ce qu'il paraît uniquement pour soutenir l'idée bizarre que, dans les mêmes genres, les espèces américaines devaient être plus petites que leurs analogues de l'ancien continent (1).

Enfin, après avoir hésité plusieurs années entre les assertions contradictoires et vagues des auteurs, j'ai été convaincu par les témoignages de MM. d'Azara et de Humboldt, qui, ayant vu cent fois le jaguar d'Amérique, l'ont affirmativement reconnu ici, ainsi que par la

---

4° Le *Jaguarété* d'Azara, quadrup. du Parag., I, 114, Voyage, I, 258.

C'est aussi le *Jaguar* d'Ulloa et de Sonnini, dans ses notes sur son édition de Buffon, mais il y a laissé, sans faire de remarque, la figure de *chati*, que Buffon avait donnée.

(1) Buffon n'a décrit sous ce nom que des espèces inférieures; savoir, un *chati*, t. IX, pl. XVIII, et peut-être un *ocelot*, Suppl., t. III, pl. XXXIX; c'est le premier dont une autre figure a été reproduite par Schreber, pl. CII, et par Pennant, 2ᵉ éd., I, pl. LVII; Shaw, Gen. zool., I, part. II, pl. 87, s'est borné à copier Buffon.

comparaison scrupuleuse des individus observés vivans, et envoyés d'Amérique à notre ménagerie, de ceux que l'on a reçus empaillés du même pays pour le cabinet, et d'une énorme quantité de peaux vues chez les fourreurs; j'ai été convaincu, dis-je, que le *jaguar* est le plus grand des chats après le tigre, et le plus beau de tous sans comparaison; que c'est précisément l'espèce à taches en forme d'œil que les fourreurs nomment généralement *panthère* et que Buffon a désignée sous le même nom, la croyant d'Afrique; que ce n'est point cependant le *pardus* des anciens ni la *panthère* des voyageurs modernes en Afrique, et qu'en général il n'y a point en Afrique de chats à taches vraiment œillées, ni même aucun chat qui approche de la grandeur et de la beauté du *jaguar*.

Pennant remarque déjà qu'il a vu chez les fourreurs de Londres des peaux venues des établissemens espagnols en Amérique, et toutes semblables à la panthère de Buffon; c'est qu'elles étaient effectivement de l'animal que Buffon a nommé *panthère;* mais que cette panthère de Buffon n'est point la véritable.

Pennant remarque encore que les descriptions de Faber, de La Condamine et d'Ulloa, ne conviennent qu'à cette panthère, et cela est très-vrai.

Il ajoute que l'opinion générale des commerçans anglais est que ces sortes de peaux viennent d'Amérique, et c'est une confirmation de ce que nous avons reconnu. Les marchands de pelleterie de Paris l'attestent également.

Mais Pennant conclut de là que l'espèce est commune aux deux continens, et en cé point il se trompe; il n'y a pas de ces panthères œillées dans l'ancien continent, quoique Buffon l'ait cru et l'ait dit, et que Pennant, Schreber, et tous les autres, aient suivi Buffon en cela, sans autre examen.

Nous-même, à l'arrivée du premier *jaguar* qui ait vécu à la ménagerie, toujours trompé par l'autorité de Buffon et des autres grands naturalistes, avions cru que c'était un animal d'Afrique, amené par un bâtiment qui avait touché aux Antilles, ou bien une variété de la panthère ordinaire d'Afrique.

Mais on observa dès les premiers jours dans la ménagerie que la voix de ces deux animaux différait essentiellement, celle de la panthère ressemblant au bruit d'une scie, et celle du jaguar à un aboiement un peu aigu.

Bientôt après, M. Geoffroy reconnut et détermina pour les deux espèces des caractères distinctifs susceptibles d'une expression précise, et les publia dans le Bulletin des Sciences de pluviôse, an XII, et dans les Annales du Muséum, tome IV, page 94.

M. d'Azzara, venu quelque temps après à Paris, y reconnut l'espèce pour celle qu'il avait décrite au Paraguay; enfin plusieurs autres individus ayant successivement été envoyés d'Amérique, soit morts soit vivans, aucun doute n'a pu nous rester.

Il est juste de faire sentir par cet exemple à quel point les ménageries où l'on peut ainsi rapprocher et comparer des animaux d'une origine bien déterminée, peuvent être utiles à la science de la nature.

Le caractère le plus essentiel du *jaguar* est de n'avoir que quatre, ou tout au plus cinq taches par lignes transversales de chaque flanc : du reste, ces taches, le plus souvent œillées, c'est-à-dire en anneau presque continu, avec un point noir au milieu, sont aussi quelquefois en simple rose sur certaines parties du corps ; elles n'ont presque jamais une régularité parfaite, et varient pour la largeur et la teinte plus ou moins foncée du noir, comme le fond pour l'éclat de sa couleur fauve ; celles qui règnent le long de l'épine sont généralement pleines et allongées, sur deux rangs en quelques parties, sur un seul en d'autres ; la tête, les côtés, les cuisses et les jambes les ont pleines, rondes et petites.

Le dessous du corps est d'un beau blanc, à grandes taches noires, pleines, irrégulières ; le dessous du cou a des bandes transversales noires de différentes largeurs.

La queue descend jusqu'à terre, mais n'y traîne point comme celle des espèces suivantes. Les taches de l'épine s'y continuent, et il y en a quelquefois d'œillées sur les côtés. Le tiers extrême est noir en-dessus et en-dessous avec trois anneaux et souvent le petit bout blanc.

Le plus bel individu que nous ayons eu à la Ménagerie était d'un beau fauve d'or. Sa tête est longue de 10 pouces ; son corps, depuis la nuque jusqu'à la racine de la queue, de 3 pieds et demi, et sa queue, de 2 pieds 3 pouces ; sa hauteur au garrot est la même que la longueur de sa queue. Parmi les autres individus que nous avons nourris, ou qui sont conservés au cabinet, il n'y en a pas de plus grands; mais on en voit, chez les fourreurs, des peaux qui annoncent une taille supérieure. Je n'en ai pas vu cependant qui eût plus de cinq pieds entre la tête et la queue.

Il s'agit maintenant de savoir dans quelles parties de l'Amérique le jaguar a été observé, et s'il n'y a qu'une espèce dans ce pays, ou s'il y en a plusieurs.

Margrave semble déjà avoir eu cette dernière idée: car il dit que son *onça* ou *jaguara* est grand comme un loup, mais qu'il y en a de plus grands; et parlant ensuite de son *jaguareté* ou *jaguar noir*, il le fait grand comme un veau d'un an (1).

Les chasseurs du Paraguay supposent qu'outre le *jaguar* ordinaire, qui est celui auquel ils donnent maintenant le nom de *jaguareté* (2), il y en a un plus grand, à pieds plus

---

(1) Margr., Brasil., 235.

(2) Ce mot signifie *jagua proprement dit*. Autrefois on n'appelait l'animal que *jagua*; mais ce nom ayant été aussi donné au chien, quand les Espagnols l'ame-

courts et plus gros, qu'ils nomment *jaguaré-té-popé* (1), et un plus petit, qu'ils appellent *onza* (2); mais ces idées peuvent être en partie empruntées de Margrave; et M. d'Azzara, qui les rapporte, cherche à les réfuter (3), et pense que les différences innombrables que l'on observe dans les peaux tiennent à l'âge, au sexe, et à des circonstances individuelles.

Cependant M. le prince de Neuwied vient encore de rappeler cette opinion. Selon lui, on admet au Brésil l'existence de deux espèces, ou du moins de deux races constantes de jaguar. L'une, qui se nomme *cangueu*, est plus grande; ses taches œillées sont plus larges et moins nombreuses. L'autre, de moindre taille, à taches plus petites et plus abondantes, habite la province de Bahia et s'y nomme *cangussu* (4).

---

nèrent d'Europe, il fallut désigner l'ancien *jagua* par une épithète.

(1) *Jagua* à larges mains.

(2) Nom espagnol venu du terme de basse latinité *uncia*.

(3) Voyage, t. I, p. 231 et 262.

(4) Schintz, trad. de mon Règne Anim., p. 232, note.

L'Amérique méridionale produit encore un jaguar noir, très-semblable à l'autre, à la couleur près. Margrave le décrit sous le nom de *jaguarété* (1). M. d'Azzara dit qu'il est si rare au Paraguay, que l'on n'y en a pris que deux en quarante ans.

Nous avons au Cabinet du roi un de ces jaguars noirs qui était encore un peu jeune. Sa tête est longue de 7 pouces; son corps, depuis la nuque jusqu'à la queue, de 2 pieds 6 pouces, et sa queue, de 1 pied 8 pouces; il est haut de 1 pied 6 pouces au garrot. Ses taches ne se voient que sous une certaine obliquité; elles sont disposées à peu près comme celles du jaguar ordinaire, et surtout aussi larges, mais elles paraissent pleines et non annelées ni œillées. La queue est sensiblement plus longue à proportion qu'au jaguar, et sa tête osseuse un peu différente, ce qui pourrait faire douter de l'identité d'espèce.

Il y a aussi dans ce pays des individus albinos, dont tout le poil est blanc et où les taches ne se distinguent du fond que par un peu

(1) Margr., Brasil., p. 235.

moins d'éclat (1); mais la description qu'en donne d'Azzara n'est pas assez détaillée pour nous faire connaître s'ils tiennent de plus près à la race ordinaire ou à la race noire.

L'histoire des grands chats à taches rondes de l'ancien continent est encore plus difficile à éclaircir que celle du *jaguar*, à cause de la ressemblance de ces animaux entre eux, et de la manière vague dont les auteurs en parlent.

Les anciens Grecs en ont connu un dès le temps d'Homère qu'ils nomment *pardalis* (2), qu'ils représentent toujours comme voisin du lion pour la force et la cruauté, et comme ayant la peau variée de taches (3). Son nom même était synonyme de tacheté.

---

(1) D'Azzara, Anim. du Paraguay, I, 120.

(2) Ménélas, dans le xe liv. de l'Il., se couvre de la *peau tachetée* d'un *pardalis*, et dans le xviie liv. le *pardalis* est mis à côté du lion pour la force.

(3) Aristote, de Gener. An., lib. V, cap. vi; Phy-

Les traducteurs grecs de l'Écriture emploient ce nom de pardalis comme synonyme de celui de *namer*, qui revient souvent dans les livres saints, et en effet avec des désignations toutes pareilles à celles du pardalis des Grecs, et qui avec peu de mutation signifie encore aujourd'hui la panthère chez les Arabes (1).

Le nom de *pardalis* fut remplacé à Rome par ceux de *panthera* et de *varia*. Ce sont eux qu'emploient les Latins des deux premiers siècles toutes les fois qu'ils ont à traduire les passages grecs qui parlent du pardalis, ou qu'ils ont eux-mêmes à parler de cet animal (2).

On se sert aussi quelquefois du mot *pardus*,

---

siognom., cap. v; Hist. An., lib. II, cap. xi; Ælian., Var. Hist., lib. XIV, cap. iv; Nonnus, Dionys., lib. V (*id.*); Oppian, Cyneg., lib. III, v. 74; Pausan., Arcad. Strab., lib. II.

(1) On peut voir les passages dans l'Hierozoïcon de Bochart, lib. III, cap. vii.

(2) Varro, de Ling. Latin., lib. IV, au mot *camelopardalis*; et Horat., lib. II, epist. 1; Plin., lib. VIII, cap. xvii et xxxvii, lib. XXVII, cap. ii, lib. XXXVII, cap. xi, etc.

soit pour *pardalis* (1) soit pour *namer* (2). Pline même dit que *pardus* désignait le mâle du *panthera* ou *varia* (3).

Réciproquement les Grecs traduisirent *panthera* par le mot *pardalis* (4).

Le mot *panthera*, quoique d'étymologie grecque, n'avait donc pas conservé le sens du mot πανθηρ, qui est plusieurs fois marqué comme différent du pardalis (5), et dans un endroit comme petit et peu courageux (6). Cependant les Latins l'ont aussi quelquefois

---

(1) Martial., lib. I, epigr. 105; Plin., lib. VIII, cap. XIX.

(2) Saint Jérôme, dans sa traduction de la Bible, met toujours *pardus* pour *namer*.

(3) Plin., ubi sup., et lib. X, cap. LXXIII; Lucan., Pharsal., lib. VI.

(4) Plutarque, in Cicer., faisant allusion aux demandes répétées de panthères faites à Cicéron par Cælius.

(5) Xénoph., Cyneg., cap. XI; Athenæus, lib. V, p. m. 201; Jul. Pollux, Onomast., lib. XV, cap. XIII.

(6) Oppien, Cyneget., lib. II, v. 570. Il l'associe au chat.

employé pour traduire le mot πανθηρ (1), et les Grecs du Bas-Empire, séduits par la ressemblance des noms, ont pu attribuer au panther quelques-uns des traits qu'ils trouvaient dans les Latins sur le panthera (2).

Bochart, qui, sans connaître par lui-même ces animaux, a recueilli et comparé avec une grande sagacité tout ce qu'en disent les anciens et les Orientaux, cherche à éclaircir ces contradictions apparentes au moyen du passage où Oppien caractérise deux espèces de *pardalis* : les grands à queue plus courte, et les moindres à queue plus longue (3).

C'est à cette espèce inférieure que Bochart croit que pouvait s'appliquer le nom de πανθηρ.

Or, il se trouve en effet dans les pays connus des anciens deux animaux à peau tachetée : la *panthère* ordinaire des naturalistes, et

---

(1) Pline, lib. X, cap. LXIII, traduisant un passage d'Aristote, Hist. Anim., lib. VI, cap. XXXV.

(2) Eustathius, in Hexaemer., p. 38, rapporte au panther en même temps qu'au pardalis des traits attribués au seul pardalis par Aristote et Élien.

(3) Cyneg., lib. III, v. 63, sq.

cet autre animal que, d'après Daubenton, l'on nomme aujourd'hui *guépard*.

Nous verrons bientôt que les auteurs arabes y ont aussi connu et distingué deux de ces animaux, le premier sous le nom de *nemr*, l'autre sous celui de *fehd;* et bien que Bochart regarde le *fehd* comme répondant au *lynx*, j'ai tout lieu de croire que c'est plutôt le *guépard*.

Ce *guépard* serait donc selon moi le *panther*, et en effet rien de ce que les Grecs disent de leur panther ne répugne à cette idée.

Tantôt ils l'associent aux grands animaux (1), tantôt à ceux de petite taille (2), ce qui annonce qu'il était d'une taille moyenne; ses petits naissaient aveugles (3); il habitait l'Afrique avec le *thos* (4), enfin sa peau était

---

(1) Xenophon, loc. cit., le met avec les lions, les pardalis, les ours. Pollux, loc. cit., non-seulement l'associe aux mêmes espèces, mais les oppose ensemble aux petites, tels que renards, thos, loups, etc.

(2) Oppien, loc. cit.

(3) Aristot., Hist. Anim., lib. VI, cap. XXXV.

(4) Herodot., lib. IV, cap. CXCII.

tachetée, et son naturel très-apprivoisable (1).

Ces deux derniers traits semblent ne pouvoir s'appliquer qu'à la seule espèce secondaire indiquée par les Arabes, et nous verrons même pourquoi cette espèce, c'est-à-dire le *guépard*, a pu être regardée comme moins courageuse et moins dangereuse que les autres : à la vérité, les anciens ne disent point que l'on s'en soit servi pour la chasse; mais ce silence est bien naturel, si, comme le dit Eldemiri, le premier qui ait imaginé de l'employer à cet usage fut Chalib, fils de Wail.

Quant au mot de *leopardus*, son usage est bien plus récent, et il n'y a nulle preuve qu'il ait désigné une espèce particulière. On ne le voit que dans des auteurs du quatrième siècle (2). Il avait été originairement imaginé d'après la fable de l'accouplement de la lionne avec le pardalis, et petit à petit on l'avait appliqué au *pardalis* lui-même; car lorsque Vo-

---

(1) Eustath., in Hexaemer., p. mea 38.

(2) Spartian. in Geta, cap. v; Lampridius, in Heliogabalo, cap. xxv; Jul. Capitolin., in Gordiano III, cap. xxxiii; Vopiscus, in Probo, cap. xix; Symmaque, lib. IV, ep. xii, et lib. VII, ep. lix.

piscus dit que Probus, triomphant des Germains, fit paraître cent léopards de Libye et cent de Syrie (1), il n'entendait pas sans doute qu'ils fussent les produits de ce commerce adultérin.

Ainsi, en faisant pour le moment abstraction du lynx, les Grecs et les Romains n'ont connu que deux de ces animaux tachetés, et cependant personne n'eut plus que ces derniers occasion de les connaître.

Scaurus leur montra 150 panthères ou pardalis; Pompée, 410; Auguste, 420 (2); Gordien III en avait 30 (3), Probus 200 (4), dont moitié de Libye et moitié de Syrie.

Déjà Ptolomée Philadelphe avait fait voir aux Alexandrins quatorze *pardalis*, seize *panthers* et quatre *lynx* (5).

Il y avait alors beaucoup de pardalis ou

(1) Vopisc., ubi supr.

(2) Plin., lib. VIII, cap. XVII.

(3) Jul. Capitol., in Gordiano, III, cap. XXXIII.

(4) Vopiscus, in Probo, cap. XIX.

(5) Athen., Deipnosoph., lib. V, p. mea 201. C.

panthères des Latins non-seulement en Afrique, mais en Syrie et dans l'Asie Mineure.

Cælius écrivait à son ami Cicéron qui gouvernait la Cilicie : « Si je ne montre pas dans « mes jeux des troupeaux de panthères, on « vous en attribuera la faute (1). »

On pourrait croire, d'après les termes de Xénophon (2), qu'il y en avait aussi en Europe; mais avec plus d'attention, l'on voit que sa phrase embrasse d'une part des *lions*, des *ours*, des *lynx* en même temps que des *pardalis*, et de l'autre, des contrées de l'Europe et de l'Asie, en sorte qu'on ne peut en rien conclure pour le climat d'une espèce en particulier.

Du temps d'Aristote, il n'y en avait déjà qu'en Asie et en Afrique (3).

Quant au *panther*, sa patrie n'est distincte-

---

(1) Epist. ad fam., lib. II, ep. XI; lib. VIII, ep. IV, ep. IX, et alib.

(2) Cyneg., cap. XI.

(3) His.. Anim., lib. VIII, cap. XXXIII.

ment marquée qu'en Afrique, et cela par Hérodote seulement (1).

Nous ne connaissons aujourd'hui en Afrique que les deux mêmes espèces que les anciens, savoir, la *panthère des naturalistes* et le *guépard;* une troisième espèce existe à la vérité, qui est le *léopard* des naturalistes; mais, d'après nos dernières recherches, elle ne vient que des parties des Indes les moins connues des anciens.

La plus grande de ces espèces est celle que j'appelle PANTHÈRE des naturalistes, ou le TIGRE, le TIGRE D'AFRIQUE des fourreurs.

C'est le *pardalis* des Grecs, le *pardus*, ou le *panthera*, ou le *varia* des Romains, le *namer* ou *nemr* des Arabes et de l'Écriture sainte, le *Felis pardus* de Linnæus (2). Elle

---

(1) Lib. IV, cap. CXCII.

(2) Comme Buffon ne distinguait pas le *jaguar*, et qu'il a mal caractérisé le *léopard*, il est difficile de

se trouve abondamment dans toute l'Afrique, depuis la Barbarie jusqu'au cap de Bonne-Espérance.

Son principal caractère est d'avoir six ou sept taches non pas en anneau ou en forme d'œil, mais en forme de rose, par ligne transversale; sa queue, plus longue à proportion qu'au jaguar, n'a de noir que son dernier huitième, et encore le dessous de cette partie est-il blanc ; on voit trois ou quatre anneaux blancs dans la partie noire.

Nos plus grands individus ont la tête longue de 8 pouces ; le corps, depuis la nuque jusqu'à la queue, de 3 pieds 3 pouces; la queue, de 2 pieds 6 pouces ; leur hauteur au

---

donner la synonymie d'une manière certaine ; mais, après une comparaison exacte de ses figures et des descriptions de Daubenton, je pense que sa *panthère mâle* (Hist. Nat., in-4°, IX, pl. XI) est notre panthère; que sa *panthère femelle* (*ib.*, pl. XII, cop. Schreb., pl. XCIX, et Shaw, Gen. Zool., I, part. II, pl. 84) est un jaguar; et que son léopard (*ib.*, pl. XIV, cop. Schreb., pl. CI, et Shaw, pl. 85) est en effet notre léopard ; en sorte que je m'éloigne peu de sa nomenclature, et que je la corrige en un point seulement ; mais les caractères des queues sont mal exprimés dans ces figures.

garrot n'est que d'un pied 10 pouces, ce qui fait que leur queue traîne à terre, tandis que celle du jaguar y touche à peine.

Nous n'en avons pas vu de peau beaucoup plus grande chez les marchands fourreurs, qui nous en ont montré par centaines, toujours sous le nom de *tigre d'Afrique*.

Une autre espèce, tellement semblable à la panthère, que les anciens, quand ils auraient eu occasion de la voir, ne l'en eussent pas distinguée, a été indiquée par les modernes sous le nom de LÉOPARD (*Felis leopardus*, Gm.); mais sa différence comme espèce n'a point encore été établie.

Long-temps j'ai cru qu'on la reconnaissait à des taches plus nombreuses; mais j'ai vu depuis lors tant de variétés à cet égard, que je n'ose plus insister sur ce caractère, et s'il existe un *léopard* distinct spécifiquement de la panthère, je pense que ce doit être un animal dont nous avons reçu des peaux des îles de la Sonde; peaux d'un plus beau fauve, à taches un peu plus petites, plus annelées que celles de la panthère, et où tout le tiers extrême de la queue est noir en dessus et aux côtés, avec cinq ou six anneaux blancs.

Ce sont là les seules différences que j'aie aperçues à l'extérieur dans ces animaux, qui du reste sont à peu près de la taille et de la forme de la panthère, car l'un d'eux a exactement les mêmes dimensions que je viens de donner pour la panthère.

Le *Felis varia* de Schreber, pl. CI, B, ne me paraît différer du leopardus que par une enluminure trop rouge. Quant au *Felis chalybeata* d'Hermann, ib., pl. CI, C, mon frère, qui en a vu l'original, dit que c'est une jeune panthère tellement défigurée par le dessinateur que l'on aurait peine à la reconnaître.

On pourrait penser que le *léopard noir* ou la *panthère noire* des îles de la Sonde, le *Felis melas* de Péron (1), n'est que ce même

(1) Pennant l'a représenté (Hist. of Quadr., 2e éd., I, pl. 283); Laméthérie en parle aussi dans le Journal de

léopard, noirci, comme on a cru que le jaguar noir était une variété noire du jaguar vulgaire.

Il y a même plus de vraisemblance pour l'espèce des Indes, attendu que les taches plus noires de son pelage ressemblent davantage à celles du léopard.

Buffon décrit et représente encore un animal tigré plus pâle, à taches plus irrégulières que la panthère, auquel il applique la dénomination d'*once*, en lui rapportant tout ce qu'on a dit des diverses espèces de chats que l'on emploie pour la chasse, depuis Maroc jusqu'en Chine.

Il a été suivi sur ce point par tous les naturalistes, qui ont placé unanimement cet animal dans leur catalogue sous le nom de *Felis uncia* ou *panthera* (1), et qui ont été ré-

---

Physique de juillet 1788 ; mais il se borne à donner une copie noircie de la panthère de Buffon.

(1) *Felis panthera,* Erxleb., Mam., 508 ; *Felis uncia,*

duits à copier sa figure, faute d'avoir pu retrouver un animal semblable.

On a d'abord à se demander ce que c'est que cet individu décrit par Buffon.

Il faut faire abstraction de ce qu'il dit de la plus grande longueur de sa queue et de l'infériorité de sa taille, comparées à celles de la *panthère*, parce que c'était en effet avec le *jaguar* qu'il comparait son *on e*, et que le *jaguar* a réellement la queue bien plus courte, et est bien plus grand que notre vraie *panthère*.

Il ne restera donc de différence que dans la teinte du poil et l'irrégularité des taches.

Or, je n'ai pas été plus heureux que les auteurs dont je viens de parler; j'ai cherché en vain depuis vingt ans à voir une peau qui ressemblât parfaitement à celle que Buffon représente sous ce nom d'*once*. Toutes les fois que j'ai demandé chez les fourreurs leur *tigre d'Afrique*, que Buffon dit être son *once*, ils

---

Gmel., Syst. nat. lin., I, 77; Schreber, Mam., p. 386, pl. C; *once*, Pennant, Hist. of Quadr., I, 2e éd., p. 285, n° 185; Shaw, Gen. Zool., I, part. II, p. 354.

ne m'ont présenté que notre *panthère*, et ils m'ont assuré ne pas connaître d'autre *tigre d'Afrique*. Enfin, comme parmi les peaux des panthères j'en ai trouvé quelques-unes qui approchaient de l'*once* de Buffon par la pâleur du fauve et par l'irrégularité des taches, je ne doute presque plus que l'individu représenté pl. X de l'Histoire naturelle, tome IX, ne fût une simple variété de l'espèce que je nomme *panthère* (1).

M. Fischer me confirme dans cette idée. Il a vu des peaux de panthères des monts Altaï et de la Songarie qui étaient plus pâles que celles d'Afrique, et d'autres de Perse où les taches étaient en outre un peu plus annulai-

(1) L'*once* de Buffon, qui n'avait pas été vue depuis ce grand naturaliste, paraît s'être retrouvée. M. le major Chalres Hamilton Smith, l'un des naturalistes qui connaissent le mieux les quadrupèdes, m'a fait voir le dessin d'un animal que le roi de Perse avait envoyé au roi d'Angleterre, et que l'on nourrissait à la Tour de Londres. Il venait des hautes montagnes du nord de la Perse, et il offre tous les caractères que l'on observe dans la figure de Buffon : le poil plus fourré, la pâleur, l'irrégularité des taches. Il est probable que cet animal, qui paraît destiné à vivre dans des pays assez froids, est celui qui se porte au midi de la Sibérie et dans le nord

res, et celles des pieds et de la queue plus allongées; mais il ne les croit pas d'une espèce différente (1).

Quant à l'histoire de l'*once*, telle que Buffon l'a composée, ce n'est autre chose qu'une compilation des passages des voyageurs sur les espèces de chats que l'on emploie à la chasse, et que ce grand naturaliste a toutes regardées comme identiques, quoiqu'elles diffèrent par la taille non moins que par les couleurs.

On voit en effet par Marc-Paul, lib. II, c. XVII, que les Tartares de son temps y employaient le tigre, qu'il désigne clairement sous le nom de *lion rayé*, et deux autres espèces qu'il appelle *loup cervier* et *léopard*.

---

de la Chine; et il ne faudra plus le chercher sous le nom indiqué par Buffon de *tigre d'Afrique*, qui ne lui convient nullement. Au reste, ce n'est que par la comparaison de sa tête osseuse avec celle de la panthère, que l'on pourra s'assurer s'il forme une espèce ou seulement une variété.

(*Addition publiée à la fin du dernier volume de l'édition in-4°.*)

(1) Zoognos., III, p. 221.

Feu M. Olivier m'a assuré qu'en certaines provinces de Perse, on se sert d'une petite espèce qu'il n'a pu déterminer. Charleton (1) et Buffon lui-même disent qu'aux Indes on y emploie le caracal.

Il serait donc important d'analyser les passages où il est question de cette chasse et de les rendre chacun à l'espèce à laquelle il se rapporte; mais c'est ce que la négligence des écrivains et le vague de leurs descriptions rendent presque impossible.

J'ai déjà dit que l'on ne trouve dans les anciens aucune trace de l'emploi d'un animal tigré pour la chasse. Élien rapporte seulement que les Indiens font présent à leurs rois de panthères et de tigres apprivoisés (2) et qu'ils ont des lions qu'ils dressent à chasser (3).

Les Arabes (4) sont les premiers qui par-

---

(1) Exercit., p. 21.

(2) Ælian., Hist. Anim., lib. XV, cap. xiv.

(3) *Id.*, lib. XVII, cap. xxvi.

(4) Rasis, dans le dixième siècle; Avicenne, au com-

lent de chasse faite avec un autre félis, et même c'est à un homme de leur nation qu'ils en attribuent l'invention, ce qui n'empêche pas les Turcs et les Persans de la faire remonter à l'un de leurs premiers rois.

Les Arabes s'accordent à nommer l'animal dont on se sert *el-fehd* et à l'opposer au *nemr* ou à la panthère, comme plus petit et plus doux (1); mais nulle part ils n'en donnent une description distincte.

Encore moins faut-il en demander à leurs copistes Albert (2) et Vincent de Beauvais (3).

Les voyageurs de la même époque auraient pu être plus explicites; mais un seul d'entre

---

mencement du onzième; Eldemiri, dans le quatorzième; le Dictionnaire dit Alcamus.

(1) Voyez leurs témoignages rassemblés dans Gesner, édit. de 1603, p. 825; et dans Bochart, Hierozoïc., lib. III, cap. VIII. Voyez aussi l'extrait d'Eldemiri, par M. de Sacy, à la suite de la traduction des Cynégétiques d'Oppien, par Belin de Balu, p. 176.

(2) De Anim., lib. XXII, p. m. 600.

(3) Specul. Natur., lib. XIX, cap. LXXVI

eux, Marc-Paul, nous parle de cette chasse telle qu'elle se pratiquait en Tartarie, et nous avons vu plus haut tout ce qu'il en dit.

Je ne trouve non plus ni figure ni description distincte de l'animal dans les voyageurs modernes. Ils se bornent à le nommer ou de son nom arabe *fadh* ou *fehd*, ou de son nom persan et russe *pars* ou *fars*, ou de son nom turc *joz* ou *jouzze*, ou de son nom italien et portugais *onça* (1), noms dont plusieurs

(1) Le *léopard* que les Portugais nomment *uncia*, plaisant pour chasser la gazelle, de la grandeur d'un levrier, marqueté de jaune, de noir et de gris, tirant sur la figure du chat, Laboulaye le Gouz, Voyages, p. 248. — On se sert de l'*once* ou panthère à la chasse des gazelles. On l'appelle en persien *dgious*, et on le fait venir d'Arabie. De Thévenot, Voyage au Levant, II, in-4°, 1674, p. 199. — Pour les grandes chasses on se sert de lions, léopards, tigres, panthères, onces. Les Persans appellent ces bêtes dressées *youzzes*. Chardin, Voyage en Perse, in-12, 1723, IV, p. 94. — Ils ont une certaine bête appelée *once*, qui a la peau tachetée comme un tigre, mais qui est fort douce et privée, etc. Tavernier, Voyage, liv. IV, p. 383, in-4°. — Les Maures suppléent aux chiens pour la chasse des gazelles par le moyen des léopards. Jean Ovington, Voyez p. 279. — Bernier, II, p. 243 et suiv., les nomme aussi simplement léopards. — Dans Maffei, Hist.

paraissent même être génériques et s'étendre à tous les grands félis dressés pour la chasse.

On peut donc dire que l'on n'a d'autre raison pour reporter aujourd'hui tous ces récits d'un animal tigré et que l'on dresse à la chasse, sur l'espèce nommée par Buffon le GUÉPARD, grand chat à crinière laineuse et à mouchetures simples (*Felis jubata*, Schreb.), on n'a, dis-je, pour cela que la seule assertion de Pennant, qui ne s'appuie d'aucun témoignage positif de voyageur (1).

---

indic., lib. V, p. mea 123, ils s'appellent panthères. — D'Herbelot les nomme *pars*, et en turc *yozz*. — En Russie, c'est la panthère elle-même qui se nomme *bars* et *yulbars*. Fischer, Zoogn., III, 220.

(1) Daubenton avait décrit ce *guépard* d'après des peaux, et lui avait donné ce nom sur le seul témoignage d'un fourreur et sans en connaître l'origine; et Buffon l'avait rapporté au loup-tigre de Kolbe, mais tout-à-fait à tort: car le loup-tigre a la queue courte et le guépard l'a très-longue. Schreber, pl. CV, l'a représenté fort mal d'après une peau mal bourrée sous le nom de *Felis jubata*;

Une chose cependant rend cette opinion probable, c'est l'extrême douceur de ce *guépard*, la facilité avec laquelle il s'apprivoise et s'attache à son maître.

La Ménagerie en possède un vivant qui lui a été donné par M. Lecoupé, capitaine de vaisseau, qui l'a rapporté du Sénégal. Il est si familier qu'on n'a nul besoin de l'enfermer; il joue avec ceux qu'il connaît, obéit à beaucoup de commandemens et aime surtout les chiens.

Sa taille est singulièrement élancée, ses jambes plus hautes, sa queue plus longue et sa tête plus petite, et surtout plus courte

---

mais il en donne sans s'en douter une autre figure, très-bonne, pl. CV, B, sous le nom de *Felis guttata*, figure envoyée par Herman, qui a très-bien décrit l'animal dans ses Observ. Zool. posth., p. 38. Dès 1771, Pennant l'avait passablement figuré dans son Synopsis, pl. 18, sous le nom de *hunting-leopard*, d'après un individu du cabinet de Lever, figure reproduite dans son Histoire, où il ajoute que l'espèce se nomme *chittah* aux Indes; mais le soi-disant *jaguar* ou *léopard*, Buff., Suppl. III, pl. XXXVIII, que Pennant rapporte à son *hunting-leopard*, et que Shaw, Gener. Zool., vol. I, part. II, pl. 86, copie pour rendre cette espèce, est plutôt une mauvaise figure de panthère.

qu'à aucun autre grand félis. Un trait bien distinctif, c'est une ligne noire qui part de l'angle antérieur de l'œil et descend, en traversant la joue et en s'élargissant, jusqu'à la lèvre supérieure vers la commissure. Une autre plus courte part de l'angle postérieur et se rend vers la tempe. Tout le pelage est d'un beau fauve clair en-dessus et sur l'extérieur des membres, et blanc en-dessous et à l'intérieur des cuisses. De petites taches rondes pleines, également semées, garnissent toute la partie fauve; celles de la partie blanche sont plus larges et plus lavées. La moitié supérieure de la queue, fauve en-dessus et blanche en-dessous, a des taches rondes; l'autre moitié, et même davantage, est annelée de noirâtre et de blanchâtre; on y compte six anneaux de chaque couleur.

Le poil des joues, du cou, et surtout celui de la nuque jusques au-dessus des épaules, est plus long, plus laineux que sur le reste du corps.

Les ongles de cet animal sont moins rétractiles, moins crochus, moins tranchans que ceux des autres chats, et ressemblent presqu'à ceux du chien, ce qui seul doit déjà contribuer à sa douceur. Ses mâchelières mêmes, comme nous le verrons plus loin, ne sont pas complètement pareilles à celle des chats.

Il y en a des peaux d'un fauve plus blanchâtre, à taches plus brunes que noires.

La tête est longue de 6 pouces; son corps, sans la tête, de 3 pieds; sa queue de 2; il est haut de 2 pieds au garrot.

L'espèce habite plusieurs contrées de l'Afrique. A notre connaissance il en vient des peaux du Sénégal et du Cap. Nous savons aussi par le témoignage de MM. Diard et Duvaucel, et par des portions de son squelette qu'ils nous ont envoyées avec sa figure, qu'elle se trouve dans les îles de la Sonde. Ainsi, rien n'empêche qu'elle ne vive aussi dans l'Indostan et les autres contrées intermédiaires.

Le *guépard* est la dernière des espèces de félis qui peuvent être appelées grandes, et dont nous avons besoin pour déterminer les os de ce genre reconnus jusqu'ici parmi les fossiles.

Cependant, comme il n'est pas impossible que l'on découvre un jour des os d'espèces plus petites, et la matière ayant d'ailleurs un grand intérêt pour la Zoologie, on ne nous blâmera sans doute pas de suivre plus loin cette énumération.

Nous placerons donc après le *guépard*, le SERVAL ou CHAT-TIGRE des fourreurs (*Felis serval.* Gm.), qui par ses bandes longitudinales du cou commence à annoncer les espèces qui vont suivre.

Perrault l'a représenté une fois, Mém. de l'Acad., t. III, part. 1re, pl. XIII, d'après un individu fort engraissé, sous le nom de *chat-pard* qu'Hernandès avait donné au *tlatco-oceloll*, et une autre fois part. III, pl. III, sous le nom de *panthère*, et beaucoup plus exactement. Buffon l'a nommé *serval*, en lui appliquant assez arbitrairement un passage du père Vincent Marie sur un chat de l'Inde, moindre que la civette, ce qui assurément ne peut se dire du serval.

Le fait est que les peaux de *chat-tigre* des fourreurs nous arrivent par centaines du cap de Bonne-Espérance, et que, d'après les renseignemens que j'ai reçus à cet égard des négocians, je ne conserve plus aujourd'hui de doute sur l'origine africaine de cette espèce; je suis donc convaincu que M. d'Azzara s'est trompé, lorsque dans un de ces chats-tigres du cabinet il a cru reconnaître son *mbaracaya*.

Ces chats-tigres ou servals, tels que celui de Buffon,

t. XIII, pl. 34, celui que j'ai décrit dans mon Histoire de la Ménagerie (édit. in-12, t. II, pl. 1), et celui qu'a fait lithographier mon frère, ont le pelage fauve clair, plus ou moins tirant sur le gris, et quelquefois davantage sur le jaune. Le tour des lèvres, la gorge, le dessous du corps et le haut de l'intérieur des cuisses sont blanchâtres. De petites mouchetures noires occupent le front et la joue. Une ligne de ces mouchetures occupe transversalement le pli de la gorge, et il y en a une autre un peu plus bas. Sur la convexité de l'oreille sont deux bandes noires séparées par une tache blanchâtre; quatre lignes noires règnent depuis le vertex, le long de la nuque. Arrivées vers l'épaule, les deux extrêmes s'y interrompent, puis reprennent pour finir un peu plus en arrière. Au même endroit les deux intermédiaires s'écartent pour en laisser naître deux autres qui se terminent aussi vers le tiers antérieur du dos. Ensuite il n'y a que des taches isolées sur la croupe et les flancs; elles sont plus grandes sur les cuisses, plus petites sur les épaules et les jambes. Elles forment trois bandes transverses sur le devant de la cuisse et de la jambe, et il y a deux larges bandes noires à la face interne de l'humérus. La queue est annelée de noir, plus ou moins haut; quand elle l'est entièrement, il y a huit ou neuf anneaux, mais souvent les anneaux supérieurs sont interrompus et réduits à de simples taches.

Dans quelques individus, les bandes sont plus larges, plus continues, les taches plus larges, moins nombreuses et plus anguleuses, les mouchetures du front et de la joue plus nuageuses. Dans d'autres, les taches voisines du dos s'unissent plus ou moins en bandes longitudinales.

La taille de ces chats-tigres d'Afrique est un peu moindre que celle des animaux d'Amérique qui vont suivre. Nous en avons vu de vingt-quatre et de vingt-six pouces sans la tête, qui a quatre pouces et demi, ni la queue, qui en a huit ou neuf. Leur hauteur au garrot est de quinze pouces. Perrault donne aux deux siens trente pouces sans la queue, ce qui revient à peu près au même.

Je ne puis plus douter non plus que le *chat du Cap* de Forster (Trans. phil., vol. LXXI) n'ait été un de ces chats-tigres, jeune; cela est certain du moins des individus que lui rapportent Pennant et Miller, sur quoi l'on peut consulter Shaw, Gen. Zool., vol. I, part. II, p. 361. Enfin, il est manifeste que le prétendu caracal de Barbarie sans pinceaux aux oreilles, à raies et taches noires, dont Buffon parle d'après Bruce, Suppl. III, 231 et 232, n'est autre que ce serval.

Le *chat cendré* de Guinée de Pennant et de Shaw, d'après la description que le premier donne de ses taches, doit encore très-peu différer de la variété plus grise du serval; je le suppose même identique, attendu que je n'ai point vu d'autre peau de cette distribution venue d'Afrique.

Buffon rapporte encore au *serval* son *chat sauvage de la Nouvelle-Espagne* (Suppl. III, pl. 43), qui doit avoir trois pieds de haut, quatre de long, le pelage d'un cendré bleuâtre, tacheté de noir par pinceaux. Si cette notice, qui lui avait été adressée d'Espagne sans nom d'auteur, a quelque chose de réel pour objet, c'est une grande espèce très-différente de toutes celles que nous connaissons.

Pennant en a fait son *chat de la Nouvelle-Espagne ;* mais c'est établir bien légèrement une espèce. La synonymie en est établie plus légèrement encore ; car il y rapporte la fig. 2, pl. XLVIII, de Séba, qui ne peut guère être qu'une mauvaise image de très-jeune panthère.

Parmi les animaux tigrés de taille un peu inférieure, on a depuis long-temps remarqué, à cause de leur beauté et de leurs taches fauves bordées de noir, ceux auxquels Buffon a donné le nom d'OCELOT, contracté de celui de *tlatco-ocelotl* donné à une espèce voisine par les Mexicains selon Hernandès (Mexic., p. 512).

Cependant l'animal de Buffon n'est pas tout-à-fait le même que celui d'Hernandès ; il n'a représenté, Hist. Nat., XIII, pl. 35 et 36, que l'espèce de l'Amérique méridionale, celle qu'on nomme *chibi-gouazou,* c'est-à-dire *grand chat*, au Paraguay, selon d'Azzara (Quadr. du Parag., I, 152) ; mais cette fausse synonymie avait déjà été donnée par Linnæus, qui dès sa dixième édition avait très-bien décrit le chibi-gouazou d'après nature sous le nom de *Felis pardalis.*

Cet animal forme le type d'une petite série dont les taches sont à peu près disposées dans l'ordre des siennes.

Le fond de son pelage est en-dessus et aux côtés

d'un gris plus ou moins brun ou fauve, et blanc en-dessous et à l'intérieur des cuisses.

Son caractère le plus frappant consiste dans cinq bandes obliques, d'un faūve plus foncé que celui du fond, bordées de noir ou de brun, qui occupent ses flancs et se continuent sur sa croupe.

Une ligne noire va de chaque côté du sourcil au vertex, et deux autres partant de l'œil descendent obliquement et vont finir sous l'oreille, endroit d'où part une bande transverse noire qui s'interrompt sous le milieu du cou, et derrière laquelle il y en a deux autres également transverses.

Quatre lignes noires règnent sur la nuque, deux sur les côtés du cou, trois plus ou moins interrompues le long de l'épine; des mouchetures rondes couvrent l'épaule; elles deviennent plus grandes sur la jambe, et sur les pieds où elles forment même quelquefois des bandes transverses : sous le ventre sont des taches noires isolées qui se changent aussi en bandes à la face interne des cuisses. La queue a des taches qui, vers le bout, forment des anneaux. La convexité de l'oreille est noire avec une grande tache blanche.

Ce chibi-gouazou est peu élevé sur jambes; il n'a que quinze pouces de hauteur au garrot sur une longueur de deux pieds six pouces sans la tête qui a six pouces, et sans la queue qui en a quinze de long.

Le véritable *tlatco-ocelotl* d'Hernandès, ou si l'on aime mieux l'*ocelotl du Mexique*, me paraît être l'animal que Buffon a donné t. IX, pl. 18, sous le nom de *jaguar*, le même dont Schreber, pl. CII, donne une autre figure et qu'il appelle aussi *onça* ou *jaguar*. On voit au premier coup d'œil que ses taches, bien que bordées comme celles du *chibi-gouazou*, ne forment pas de même des bandes continues, mais demeurent isolées les unes des autres; et que de plus sa queue est moins prolongée et ses jambes plus hautes.

Selon Daubenton cet animal avait deux pieds cinq pouces de long sans la queue, sur seize pouces de hauteur au garrot. L'individu qu'il a décrit n'est plus au Muséum.

Je n'en ai point vu d'aussi grand qui fût ainsi tacheté; mais le CHATI, décrit par mon frère dans la Ménagerie, y ressemble tellement que je serais tenté de l'y rapporter, s'il n'en différait beaucoup trop par la taille.

En effet ce CHATI (*Felis mitis*, Fréd. Cuv.) est de plus d'un quart inférieur au *chibi-gouazou*; il est inférieur même au chat sauvage, n'ayant, quoique adulte, la tête longue que de quatre pouces et demi, le corps de dix-huit, la queue de dix, et la hauteur au garrot de onze.

Le fond de son pelage est d'un gris brunâtre, pâlissant sur les flancs, et blanc aux joues et sous le corps.

Les taches blanches ou noires de sa tête, de son oreille, sont les mêmes qu'à l'ocelot. Trois séries de taches noires règnent le long du dos; celles des flancs, des épaules et de la croupe sont d'un fauve foncé, bordé de noir tout autour, excepté au bord antérieur. Il y en a sept ou huit au-dessus l'une de l'autre. Quelques-unes de celles de l'épaule s'unissent en une bande oblique. Sur les jambes ce sont des taches pleines, un peu en formes de bandes; elles sont plus petites sur les pieds, et il n'y en a point sur les doigts; celles du ventre sont pleines aussi, mais nuageuses. La queue a dix ou onze anneaux noirs.

Cette espèce vient du Brésil, et il me paraît que c'est la même que M. Schintz nomme *Felis wiedii* (1), d'après les individus qui lui avaient été communiqués par M. le prince Maximilien de Neuwied.

Je n'oserais pas affirmer que le *jaguar de la Nouvelle-Espagne* de Buffon, Suppl. III, pl. 39, fût aucun des trois animaux précédens; ses taches sont mieux enchaînées en bandes, et sous ce rapport il se rapproche encore davantage du chibi-gouazou.

---

(1) Trad. allem. de mon Règne animal, I, 235.

L'animal était jeune, et avait vingt-trois pouces de longueur depuis le museau jusqu'à l'anus.

Le MARGAY de Buffon (t. XIII, pl. 37) (*Felis tigrina*, Gmel.) n'a été décrit que d'après des individus jeunes et peu prononcés dans leurs couleurs. Les lignes et les taches de sa tête sont les mêmes qu'aux deux précédens; le dessus de son corps est d'un fauve tirant sur le gris; le dessous blanc; quatre lignes noires règnent depuis le vertex jusque sur les épaules, et se changent ensuite en séries de taches longues. Les taches des flancs sont longues et obliques; sur l'épaule il y en a une verticale; sur la croupe, les bras et les jambes, elles sont ovales et éparses. En-dedans des bras et des jambes il y a des bandes transverses; les pieds sont gris et sans taches; la queue a des anneaux inégaux irréguliers au nombre de douze ou quinze; le milieu des taches latérales est plus pâle que les bords.

La tête d'un individu de notre Muséum est longue de trois pouces, son corps de quinze pouces, sa queue de huit, ainsi que la hauteur de son garrot; mais cette queue est, je crois, tronquée.

Un autre, récemment venu de Cayenne, a la tête de trois pouces et demi, le corps de dix-huit, la queue de onze, et il n'a pas encore changé ses molaires.

L'individu décrit par Buffon venait aussi de Cayenne.

Il a formé ce nom de margay du brasilien *margaia*, que Margrave (Brasil., 233) emploie pour un chat sauvage assez mal décrit, et qui désigne le chat en général selon d'Azara (Quadr. Parag., I, p. 152); mais ce margay de Buffon est une espèce bien distincte et qu'on ne doit pas confondre avec le *chibi-gouazou* comme le veut M. d'Azara dans son Hist. des Quadr. du Paraguay (I, p. 167).

Dans ses Voyages en Amérique (t. I, p. 271) le même naturaliste décrit sous le nom de *mbaracaya* un animal que j'ai cru long-temps un serval, et que je pense aujourd'hui n'être qu'un margay adulte. Il a vingt-deux pouces de long y compris la tête, ce qui devait réduire son tronc à dix-huit; sa queue est longue de treize.

Je ne vois pas comment on distinguerait de ce margay le *chat de la Caroline* de Collinson (ap. Buff., Suppl. III, p 227), ni pourquoi Pennant le rapporte à son *chat de montagne* qui est de la tribu des lynx.

M. Leschenault et le capitaine Philibert nous ont rapporté de Java un chat sauvage assez semblable au margay et au chati. Son pelage est d'un gris de lapin; ses taches sont brunes, plus étroites aux bandes dorsales, plus petites aux flancs, formant des lignes jusque sur le vertex; les anneaux de sa queue sont tellement nuageux qu'on a peine à les distinguer. Un caractère particulier est d'avoir la racine des poils d'un cendré un peu lilas. C'est le *Felis Javanensis* de M. Horsfield.

Sa tête a trois pouces un quart, son corps un pied quatre pouces, et sa queue huit pouces de longueur. Sa hauteur au garrot est aussi de huit pouces.

M. Duvaucel a envoyé de Sumatra des individus d'une espèce plus fauve et à taches plus noires. M. Horsfield qui en représente un semblable le nomme *Felis Sumatrana*. Ce doit être à peu de chose près le *chat du Bengale* (*Felis Bengalensis*) de Pennant et de Shaw.

Il y a à Java un autre chat sauvage plus grand, très-remarquable par la belle régularité de ses taches, dont MM. Diard et Duvaucel nous ont envoyé une peau et un dessin. Nous l'appellerons *Felis Diardi*.

Sa taille est à peu près celle de l'ocelot. Le fond de son pelage est gris-jaunâtre. Le cou et le dos sont occupés par des taches noires formant des bandes longitudinales. D'autres taches semblables descendent le long de l'épaule perpendiculairement aux précédentes. Sur les cuisses et une partie des flancs sont des anneaux noirs dont le milieu est gris, et sur les jambes des taches noires et pleines. Le gris-jaunâtre et le noirâtre de la queue y forment des anneaux un peu nuageux.

La tête a six pouces, le corps deux pieds et demi, la queue deux pieds quatre pouces; et la hauteur au garrot doit être de dix-huit pouces.

Notre *chat sauvage* d'Europe (*Felis catus ferus*, L.) est, comme l'ocelot, une sorte de chef de file pour plusieurs espèces qui ont à peu près la même distribution de taches, et qui sont caractérisées par les ondes transverses qui entourent leur corps.

Il est d'un gris-brun un peu jaunâtre, et le dessous de son corps est d'un gris jaune-pâle. Quatre bandes noirâtres de sa nuque s'unissent en une seule plus large qui règne le long de son dos. Des bandes transverses fort lavées occupent ses flancs et ses cuisses; il a du blanc autour des lèvres et sous la mâchoire inférieure, du pâle autour de l'œil; son museau est fauve clair; la convexité de l'oreille d'un brun-jaunâtre; les pieds d'un brun-jaune pâle, avec une tache noirâtre en-dehors à la racine des doigts; le bout de la queue et deux anneaux en avant sont noirs.

Sa tête est longue de quatre pouces et demi, son corps de dix-sept, sa queue de onze: il est haut d'un pied au garrot.

M. Delalande a rapporté récemment du Cap un chat au moins de la taille du lynx, mais d'une forme plus élancée, où le pelage est d'un cendré foncé, marqué de bandes transverses brunes ou noirâtres, plus lavées sur le tronc, plus nettes sur les cuisses et les jambes de devant. Le dessous du corps est blanc-roussâtre, excepté à la mâchoire inférieure où il est tout blanc. Une grande partie au-dedans de l'avant-bras et de l'humérus jusque vers l'aisselle et tout le derrière du tarse sont noirs. La convexité de l'oreille est roussâtre, ce qui lui fait un caractère bien saisissable; le tour de l'œil et les bandes de la tempe et de la joue sont comme à l'ocelot, au chati, au margay, etc. La moitié postérieure de la queue a quatre anneaux noirs, dont celui qui occupe le bout est double des autres.

Sa tête a quatre pouces et demi, son corps vingt-deux, son garrot dix-sept, sa queue un pied.

Le chat rapporté par Péron, dont nous avions parlé dans notre première édition, nommé *Felis undata* par M. Desmarest, ne diffère de celui-là que par un pelage d'un gris un peu jaunâtre, des ondes et des bandes moins marquées, et les anneaux du bout de la queue plus nuageux.

Il a la tête de deux pouces, le corps de treize, la queue de sept et demi. C'est un jeune individu.

Il y en a au reste parmi ceux qu'a rapportés M. Delalande qui tirent aussi sur le fauve ou gris de lapin ; ce sont probablement les femelles.

C'est manifestement la même espèce que Vosmaër a décrite sous le nom de *chat de Japon* ou *chat sauvage indien ;* mais la figure en est enluminée d'un cendré trop bleuâtre, et les taches n'y sont pas assez marquées.

Péron avait encore rapporté un chat qui a entièrement les mêmes distributions de bandes, mais d'un noir foncé sur un noir un peu roussâtre. Sa queue a sept anneaux dont celui du bout plus long. Il a vécu à la ménagerie où il était libre et fort privé. Sa taille était un peu au-dessous de celle du précédent. C'est le *Felis obscura*, Desm.

Le *jaguarondi* du Paraguay (*Felis jaguarondi,* Lacép.) que M. d'Azara nous a fait connaître le premier, représente en petit le *couguar* par sa forme allongée; mais sa couleur est d'un brun-noirâtre, piqueté partout de très-petits points plus pâles, formés par des bandes sur chaque poil. Il y en a une bonne figure dans l'Atlas du voyage de d'Azara, faite par M. Huet, d'après les deux individus du Muséum. L'un des deux est aujourd'hui à Leyde. Dans celui que l'on a conservé, la tête, le dessous du corps et le devant des jambes ont plus de blanc, et paraissent plus cendrés que le reste; la croupe et la queue sont au contraire entièrement brun-noir et sans blanc.

La tête a quatre pouces de long, le corps vingt-deux, la queue seize; l'animal est haut d'un pied au garrot.

Après tous ces chats, que nous décrivons d'après nature, il en reste encore quelques-uns dont nous ne pouvons parler que d'après d'autres naturalistes.

Le *manul* de la Mongolie (*Felis manul*, Pall.) n'est connu que par une description abrégée de Pallas. Il doit singulièrement ressembler à un lynx de la variété rousse non tachetée ; seulement sa queue est aussi longue à proportion que dans le chat, et marquée de six anneaux noirs. On ne dit point qu'il ait de pinceaux aux oreilles; mais cela n'est pas probable, puisque Pallas a pensé que ce pouvait être le type originaire de nos chats d'Angora ; c'est pourquoi on peut le laisser ici. Il n'en existe point de figure, et nous ne l'avons pas vu.

M. d'Azara seul a vu le *nègre*, l'*eira* et le *pajeros*. Selon lui, le *nègre* serait un peu plus grand que notre chat sauvage (1), et tout noir.

L'*eira* un peu moindre (2) et tout rouge, excepté la mâchoire inférieure et une petite tache de chaque côté du nez, qui sont blanches.

---

(1) Vingt-trois pouces, et la queue de treize.

(2) Vingt pouces, et la queue onze.

Buffon parle d'un chat qui lui fut envoyé de Cayenne sous le nom d'Haïra; mais dont la peau, dit-il, ressemblait à celle de notre chat sauvage.

Le *pajeros* aurait presque la taille du nègre (1) et le poil long, doux, gris-brun, clair en-dessus, avec des bandes transverses roussâtres sous la gorge et le ventre, et des anneaux obscurs sur les pattes.

Il y aurait encore, selon Molina, deux autres espèces de chats sauvages au Chili, toutes deux de la grandeur du nôtre.

Le *guigna*, fauve, tout couvert de petites taches rondes noires, et le *colo-colo*, blanchâtre, avec des taches irrégulières noires et fauves; mais on sait que Molina, qui a écrit de mémoire en Italie son Histoire Naturelle du Chili, est un auteur peu fidèle, et je le soupçonne d'avoir voulu parler ici du *margay* et de l'*ocelot*.

Quant au *chat-bisaam* de Vosmaër, copié dans le Suppl. de Buff. VII, pl. 55, ce n'est qu'une *genette*, comme Vosmaër lui-même en est convenu à son article sur le chat indien; aussi Gmelin l'a-t-il placé dans les *viverra;* mais il n'aurait peut-être pas dû le distinguer de son *Viverra malaccensis*, qui est évidemment le même que la *genette du Cap* de Buffon, laquelle ne me paraît pas devoir être distinguée de la genette d'Europe.

---

(1) Vingt-deux pouces et demi, la queue dix et demi.

Nous réservons pour la fin de notre énumération les LYNX, ou chats à oreilles terminées par un pinceau de poils; leur taille est médiocre, et leur queue généralement peu allongée.

Le CARACAL, *siagoush*, ou *lynx de Barbarie* et *du Levant*, (*Felis caracal*, L.) se distingue d'abord par sa couleur uniforme d'un roux vineux, par ses oreilles, noires en-dehors, blanches en-dedans, et par sa queue qui atteint les talons. Il a du blanc au-dessus et au-dessous de l'œil, autour des lèvres, sous la mâchoire et à la gorge, ainsi que sous le tronc et en-dedans des cuisses; une ligne noire descend de l'œil aux narines, et il y a une tache noire à la naissance des moustaches.

Sa tête est longue de cinq pouces, son corps de deux pieds, sa queue de dix pouces, et il est haut de seize à dix-huit pouces au garrot.

Le *caracal à longue queue* du Bengale, dont Buffon, Supplément III, pl. XLV, a publié un dessin fait par Edwards, ne diffère point de l'autre, ainsi que nous nous en sommes assurés par de nouveaux dessins que M. Duvaucel nous a envoyés de Calcuta. C'est que le premier caracal de Buffon avait la queue tronquée.

C'est le plus souvent le caracal que les anciens ont appelé lynx; car d'une part Pline nous dit, l. VIII,

c. xxx, que le lynx est natif d'Éthiopie, et Ovide le fait venir de l'Inde :

Victa racemifero lyncas dedit India Baccho.
Metam., lib. XV, v. 413.

D'autre part Élien (l. XIV, c. vi), lui donne des bouquets de poils aux oreilles. Oppien, Cyneg. III, v. 84 et suiv., qui en fait deux races, de petits roux et de plus grands fauves, ne dit point qu'il y en ait de tachetés ; et le lynx de la mosaïque de Palestrine est dessiné avec une assez longue queue.

Cependant l'on pourrait croire que ce nom s'étendait aussi quelquefois au lynx ordinaire ; car Virgile donne des taches à son lynx (1) ; mais peut-être seulement parce qu'il le jugeait semblable à la panthère et aux autres animaux consacrés à Bacchus.

On a disputé assez ridiculement sur le sens de ce nom de caracal : il est simplement abrégé du turc ou tartare, *kara* (noir) et *kulach* (oreille). Le nom persan *sia-gusch* a la même signification, *sia* (noir) *gusch* (oreille) (2).

---

(1) . . . . *Maculosæ tegmine lyncis.*
Æneid., lib. I, v. 237.
t . . . . *Lynces Bacchi variæ.*
Georg., lib. III, v. 264.

(2) Güldenstædt, Nov. Comm. Petrop., XX, 484.

Le CHAUS ou *lynx des marais* (*Felis chaus*, Guld.), est intermédiaire pour la taille entre le lynx et le chat sauvage; et par la longueur de sa queue il tient le milieu entre le caracal et le lynx ordinaire; son poil est brun-jaunâtre en-dessus, avec quelques nuances plus foncées, plus clair à la poitrine et au ventre, blanchâtre à la gorge; les jambes et les joues ont une teinte plus jaune; deux bandes noirâtres marquent le dedans des bras et des cuisses. Sa queue va jusqu'au calcanéum, est blanchâtre vers sa pointe avec trois anneaux noirs. Le derrière des mains et des pieds est noirâtre, comme le bout des oreilles; mais le reste de la convexité de l'oreille est fauve; il y a du blanchâtre aux sourcils et aux lèvres.

Cet animal, découvert par Güldenstædt (1) dans les vallées du Caucase, où il fréquente les endroits inondés et couverts de roseaux, poursuivant les poissons, les grenouilles et les oiseaux aquatiques, a été retrouvé par M. Geoffroy dans une île du Nil. Son individu a la tête de cinq pouces, le corps de deux pieds trois pouces, la queue de huit à dix pouces.

Ce sont à peu près les dimensions de celui de Gül-

---

(1) Güldenst., Nov. Comm Petrop., XX, p. 483 sq.

denstædt, qui dit cependant qu'il y en a de plus grands. M. Leschenault en a envoyé de l'Indostan trois individus un peu plus petits.

C'est manifestement le même animal que le *lynx botté* de Bruce (1), qui se trouve dans les vallées basses d'Abyssinie, où il guette les pintades au moment où elles viennent boire. Bruce, à la vérité, fait son animal un peu plus petit, et lui donne la queue un peu plus longue à proportion; mais on est accoutumé avec lui à ces inexactitudes. Il l'avait aussi trouvé en Lybie, près de Capsa, car c'est bien certainement le même animal que Buffon décrit d'après lui, Suppl. III, p. 233, sous le nom de *caracal à oreilles blanches*, et Pennant n'aurait pas dû en faire une variété du caracal ordinaire.

On voit que cet animal habite depuis la Barbarie jusqu'aux Indes. Il est commun vers les bouches du Kur et du Terek; mais il ne paraît pas qu'il ait passé au nord du Caucase (2).

Le LYNX ordinaire ou LOUP CERVIER des fourreurs (*Felis lynx*) paraît sujet à tant de variétés, ou tient de si

---

(1) Voyage en Abyssinie, trad. fr., in-8°, XIII, p. 228, atl. pl. 30.

(2) Güldenst., loc. cit., p. 485.

près à des espèces voisines que ses caractères constans sont bien difficiles à discerner des variables. Sa taille est presque double du chat sauvage; le plus souvent il a le dos et les membres roux clair, avec des mouchetures brun-noirâtres; la gorge, le dessous du tronc et le dedans des jambes blanchâtres; le tour de l'œil est blanchâtre; trois lignes de taches noires sur la joue vont joindre une bande oblique large et noire, placée de chaque côté du cou, sous l'oreille; les poils de cette région plus longs que les autres y forment une sorte de barbe latérale. Le front et le sommet de la tête sont pointillés de noir; il y a sur la nuque quatre lignes noires et au milieu une cinquième irrégulière et interrompue. Elles se prolongent en partie sur le garrot. Les mouchetures forment deux bandes obliques sur l'épaule et des bandes transverses sur les jambes de devant; les carpes, les tarses et les doigts sont fauves et sans mouchetures; mais le tarse a en arrière une bande brune.

La convexité de l'oreille a sa base et sa pointe noires et son milieu cendré. La queue est fauve avec du blanc en-dessous et mouchetée de noir comme le dos.

Cette description est faite d'après un individu tué sur les bords du Tage, à quelques lieues au-dessus de Lisbonne.

Sa tête était longue de quatre pouces et demi, son corps de deux pieds, sa queue de quatre pouces, et il avait un pied trois pouces de hauteur au garrot.

C'est un lynx de cette race ou variété qu'a représenté Perrault. Acad. des Sc., t. III, part. I, pl. 17.

Il y a d'autres lynx dont les taches sont seulement un

peu plus rousses que le fond. Nous en avons un tel qui a vécu à la Ménagerie, dont les lignes des joues, les bandes du cou sont bien moins sensibles qu'au précédent, et qui n'a de brun que quelques lignes peu marquées sur la croupe. La queue est rousse, et a le bout noir; tout le dessous est blanchâtre. Il a le corps de deux pieds et demi, la tête et la queue de cinq pouces. Sa hauteur est d'un pied cinq pouces au garrot.

Le lynx de Buffon, t. IX, pl. XXI, est de cette race, s'il n'est pas de celle du Canada, comme le pourrait faire croire la teinte cendrée, dont l'a enluminé Schreber, pl. CIX.

Tel était également le lynx d'Auvergne, décrit par Delarbre (Zool. d'Auv., p. 27 et 28).

Il y en a aussi de tachetés qui ont la queue noire au bout; et tel était celui que M. Geoffroy a décrit autrefois dans son Catal. des Mammifères du Mus., p. 120, et celui de Tournefort, Voyage, II, 193.

M. Fischer (1) en cite une variété blanchâtre du cabinet de Moscou.

Les Suédois paraissent avoir depuis long-temps reconnu ces différences ou d'autres semblables entre les lynx de leur pays, dont ils font une race à taches noires, sous le nom de lynx-chat (kat-lo), une autre à taches pâles, sous le nom de lynx-loup (warg-lo), et une rayée sous le nom de lynx-renard (raf-lo).

---

(1) Zoognos., III, p. 228.

Linnæus les a d'abord séparés, puis réunis; Retzius regarde les deux premiers au moins comme spécifiquement distincts (1).

Le caracal étant le lynx ordinaire des anciens, c'est probablement à celui d'Europe qu'il faut rapporter le *chaus* ou *raphius* de Pline, l. VIII, c. XXVIII, qui venait de la Gaule, et, avec la forme du loup, montrait les taches de la panthère; description il est vrai assez peu exacte, mais aussi bonne au moins que la plupart de celles qu'on rencontre dans Pline, qui d'ailleurs dans un autre endroit, l. VIII, c. XXXIV, paraît désigner le même animal sous le nom de *loup cervier;* car il dit de l'un comme de l'autre qu'il fut vu pour la première fois aux jeux de Pompée.

Les limites actuelles du lynx, dans l'ancien continent, ne sont pas parfaitement connues. On sait de reste qu'il est commun dans les forêts du nord de l'Europe (2) et de l'Asie; M. Blumenbach (3), M. Bechstein (4), M. Tiedeman (5) en citent encore quelques-uns tués en Allemagne dans ces derniers temps; mais il y devient de plus en plus rare. M. Schintz (6) dit

(1) Faun. Suec., éd. de Retzius, p. 18.

(2) Müll.; Zool. dan. prodr., p. 2, Faun. Suec., etc.

(3) Manuel, 2e éd. de 1782, p. 105.

(4) Hist. Nat. d'Allem., I, 680.

(5) Zool. p. 348.

(6) Trad. allem. de mon Règne animal, I, 237.

qu'il n'est pas très-rare dans les montagnes de la Suisse. M. Delarbre en cite un qui fut tué en Auvergne en 1788 (1). Buchoz dit qu'il y en a dans les Vosges (2), mais je crois qu'il n'a voulu parler que du chat sauvage. Il en existe bien sûrement dans les Pyrénées, quoiqu'ils y soient fort peu répandus, car on en a tué un il y a deux ans près de Barèges qui étonna beaucoup les habitans.

Nous venons de voir qu'on en rencontre quelquefois fort au midi de ces montagnes, puisque le Cabinet du roi en possède un tué près du Tage, à huit lieues de Lisbonne.

Il paraît qu'il y en a dans toute la chaîne des Alpes, des Carpathes et des montagnes d'Illyrie.

M. Tiedeman dit qu'il est commun dans le royaume de Naples (3).

Il est fréquent dans le Caucase, au rapport de Güldenstædt (4).

Mais y en a-t-il jusqu'en Afrique? comme semble l'indiquer l'épithète de la figure d'Aldrovande (Digit., p. 92), *lynx africana*, et ce que dit Poiret de ceux

---

(1) Zoologie de l'Auvergne, p. 27.

(2) Aldrovandus Lotharingiæ, p. 21.

(3) Zool., I, 348.

(4) Nov. Comm. Petrop., XX, p. 485.

de Barbarie. J'avoue que, jusqu'à des preuves positives, je suis disposé à croire avec Sonnini (éd. de Buff., in-8°, t. V, p. 365) que M. Poiret n'a vu en Barbarie que des *caracals*.

L'Amérique produit aussi deux sortes de *lynx*.

L'un d'eux est gris, à bout de la queue noir : c'est le *lynx du Canada* de Buffon, Suppl. III, pl. XLIV, et son *lynx du Mississipi*, Suppl. VII, pl. LIII.

Il y en a des individus dont le pelage est si touffu, surtout aux pattes, qu'ils ont un aspect tout différent du lynx d'Europe, et qu'il est difficile de les croire de la même espèce.

Nous en avons un de cette nature, à poil en général fauve, à pointe blanche, ce qui le rend cendré-grisâtre; sur le dos le fond du poil est noirâtre, ce qui donne plus de brun à la teinte. La bande noirâtre de chaque côté du cou est presque effacée, et il n'y a pas de noir à la base de l'oreille. Son corps a deux pieds, sa tête sept pouces, sa queue quatre; il est haut d'un pied dix pouces au garrot.

D'autres individus moins fourrés, un peu plus petits, montrent plus distinctement les lignes des joues, et quelques mouchetures brunâtres aux pieds de devant. Celui de la pl. XLIV de Buffon semble avoir eu des taches assez marquées sur tout le corps.

L'autre sorte de *lynx d'Amérique*, ou le *chat cervier* des fourreurs, a la taille, la forme, la distribution de taches de notre premier lynx d'Europe; le fond de son poil est gris de lièvre; ses taches sont plus nombreuses, plus serrées sur le dos, plus lavées sur les côtés et sur les membres : il y en a des individus où elles deviennent plus nombreuses, plus petites; d'autres où elles s'effacent par degrés. La queue a quatre anneaux noirs et quatre gris; le blanc entre les deux taches noires de l'oreille est comme argenté.

La peau de cet animal arrive en assez grand nombre des États-Unis dans le commerce. Buffon, qui croyait toujours que la même espèce était plus petite en Amérique, l'a regardé comme une variété du *lynx*, mais c'est bien une espèce. On peut lui appliquer le nom de *Felis rufa;* car je pense bien aujourd'hui que c'est elle que Pennant a représentée sous ce nom, et que Schreber a copiée pl. CIX, B. C'est probablement aussi le *pinuum dasypus* de Nieremberg, p. 153, ou l'*ocotochtl* de Fernandès, cap. xv.

Si la figure de Bechstein, Hist. Nat. d'Allem., I, pl. VI, fig. 2, était exacte, les lynx d'Allemagne auraient quelquefois la queue annelée. Aussi Bechstein veut-il que le lynx et le *Felis rufa* ne soient qu'un seul animal. Celles d'Aldrovande, Dig. 90, et de Gesner, 677, n'y montrent qu'un bout noir comme celle de Buffon.

M. Rafinesque indique encore quelques lynx américains, mais il nous paraît qu'ils auraient besoin d'être examinés avec soin et décrits avec détail pour entrer dans le catalogue des quadrupèdes. Son *lynx fasciatus* paraît devoir ressembler beaucoup au lynx du Canada, Buff., Suppl. III, pl. 44; son *lynx montanus* au lynx du Mississipi, *id.* VII, pl. 53 : ils seraient donc l'un et l'autre de ma première sorte. Son *lynx floridanus* et son *lynx aureus* pourraient au contraire très-bien appartenir à la seconde. J'ai d'autant plus sujet d'hésiter à admettre des espèces faites sur des individus isolés, que, dans le grand nombre de peaux de lynx que j'ai vues et examinées, il s'en est à peine trouvé trois qui se ressemblassent entièrement.

ARTICLE II.

De leurs caractères ostéologiques.

Après cette énumération critique des espèces bien connues de chats, nous devons passer à l'examen des caractères ostéologiques de celles d'entre ces espèces qui peuvent devenir des objets de comparaison pour l'étude des os fossiles.

Les dents des *félis* ont été décrites, p. 13-19, avec assez de détail pour nous dispenser d'y revenir sous le point de vue général.

Quant aux différences spécifiques, elles méritent quelque attention.

Les sillons des canines, qui distinguent si éminemment les chats, sont beaucoup plus prononcés dans certaines espèces.

Les lions, les tigres, les panthères, les léopards, les melas et toutes les petites espèces les ont fort marqués; mais parmi les grandes, les couguars, les jaguars et les guépards les ont presque effacés.

Le *guépard*, qui diffère déjà beaucoup des autres chats par ses ongles, en diffère aussi par ses molaires tranchantes, qui ont leur dernier lobule plus prononcé. Les deux premières d'en bas, par exemple, ne sont en général qu'à trois lobes dans les panthères, les léopards, etc.; à peine y aperçoit-on en arrière un vestige de talon. Dans le guépard elles sont distinctement à quatre lobes, dont c'est le second qui est le principal. La dernière molaire ou carnassière d'en bas, qui a à peine dans le lion et le tigre un petit vestige de talon, simple dans le premier, double dans le second, et où ce vestige est à peu près effacé dans les autres espèces, a dans le guépard un petit lobule pointu et distinct, quoique beaucoup moindre que dans l'hyène. (Voyez la fig. 12 de la pl. 198.)

La seconde d'en haut a également son quatrième lobe plus marqué que dans les autres chats, mais la troisième ou carnassière a en revanche son tubercule interne entièrement effacé.

Une autre différence notable c'est que le lynx, soit d'Europe, soit d'Amérique, manque de la petite molaire antérieure, au moins lorsqu'il est arrivé à l'état adulte.

Ayant donné, p. 96 une idée générale de la composition de la tête dans les félis, il ne nous reste à indiquer que ses principales différences spécifiques, lesquelles ne tiennent guère qu'à la forme et aux contours de l'ensemble.

Pour les mieux faire sentir j'ai fait graver en dessus et de profil quelques-unes de celles des grandes espèces, pl. 195 et 196.

On peut y remarquer que le caractère principal de la tête du lion, pl. 195, fig. 1 et 2, consiste en ce que la ligne de la face *a b* et celles du crâne *b c* sont presque droites l'une et l'autre.

Un second caractère qui tient au premier est l'aplatissement et même la concavité de la partie du frontal située entre les apophyses post-orbitaires *b b*.

La lionne, fig. 3 et 4, a la partie du crâne plus courte à proportion de celle de la face, et toutes les deux plus courtes à proportion de leur largeur, et il paraît que c'est là un attribut général des femelles.

Le tigre, pl. 195, fig. 5 et 6, presque aussi grand que le lion, a la ligne de la face et du crâne plus serpentante, et l'intervalle orbitaire bombé dans les deux sens. Il y a d'ailleurs des différences même entre les mâles, pour la longueur proportionnelle de la partie du crâne; elles tiennent surtout au plus ou moins de développement de la crête occipitale, qui lui-même dépend beaucoup de l'âge. Les femelles, pl. 196, fig. 1 et 2, ont aussi toutes les parties plus courtes.

Le jaguar, pl. 196, fig. 3 et 4, qui est le

troisième des félis pour la grandeur, a la tête plus courte à proportion que le tigre; l'intervalle des yeux est plus élevé, plus bombé; les apophyses post-orbitaires *b b* sont plus saillantes, et le crâne a derrière elles, de chaque côté, une légère convexité *e e*.

Notre plus grande tête de jaguar a le dessous de sa mâchoire inférieure en ligne serpentante très-marquée, sa convexité répondant aux dernières molaires; mais deux autres têtes, qui sont moins grandes, quoique adultes, l'ont presque rectiligne comme le tigre.

La tête du jeune jaguar noir, pl. 196, fig. 7 et 8, rapportée du Brésil, avec la peau, a tous les caractères des jaguars fauves adultes, autant qu'un individu jeune peut les avoir, excepté la convexité derrière les apophyses post-orbitaires.

La panthère, pl. 196, fig. 5 et 6, a toute la ligne du dessus de la tête d'une convexité uniforme et modérée; mais l'intervalle des yeux est aplati transversalement. Cette forme, bien caractérisée, se retrouve dans le léopard, le couguar et le mélas ou léopard noir, pl. 196, fig. 9 et 10, au point qu'il me paraît très-difficile d'assigner des caractères constans pour distinguer ces espèces ; je trouve seulement à mes couguars la face un peu plus courte à proportion.

La tête du guépard, pl. 198, fig. 9, 10 et 11, ne diffère pas moins que ses dents de celles des autres chats. C'est la plus courte et la plus bombée de toutes, en même temps que c'est la plus large proportionnellemcnt.

Pour donner plus de précision à ces différences, j'ai cru devoir rédiger la table suivante des principales mesures des têtes des grandes espèces prises sur plusieurs individus de chacune. Je dois dire qu'il n'y a point d'incertitude sur l'espèce de chaque tête, par ce que j'ai toujours pris pour type celle d'un individu que j'avais vu vivant et que j'ai disséqué.

NOMS des ESPÈCES.	LONGUEUR depuis le bord alvéolaire jusqu'aux condyles de l'occiput.	LONGUEUR depuis le bord alvéolaire jusqu'à la crête occipitale.	LONGUEUR depuis le bord alvéolaire jusqu'au milieu de l'intervalle des apophyses post-orbitaires.	LONGUEUR depuis ce point jusqu'à la crête occipitale.	DISTANCE entre les pointes des apophyses post-orbitaires.	HAUTEUR verticale du milieu de leur intervalle, la tête étant posée sur sa mâchoire inférieure.	Plus grand ÉCARTEMENT des arcades zygomatiques.
Lion.	0,335	0,370	0,209	0,178	0,121	0,142	0,271
Autre lion plus petit.	0,315	0,340	0,189	0,168	0,112	0,140	0,229
Lionne.	0,267	0,302	0,177	0,143	0,110	0,131	0,225
Lionne plus petite.	0,247	0,275	0,160	0,135	0,091	0,120	0,194
Tigre mâle.	0,302	0,342	0,175	0,184	0,102	0,152	0,250
Autre tigre mâle.	0,285	0,316	0,175	0,171	0,102	0,134	0,232
Tigresse.	0,262	0,291	0,162	0,146	0,101	0,125	0,203
Tigre de Sumatra.	0,281	0,320	0,177	0,170	0,104	0,140	0,254
Grand jaguar.	. . . .	. . . .	0,148	. . . .	0,091	0,138	0,194
Jaguar plus petit.	0,223	0,250	0,134	0,140	0,074	0,111	0,172
Autre jaguar plus petit. . . .	0,238	0,265	0,138	0,156	0,075	0,122	0,176
Jeune jaguar noir.	0,182	0,205	0,111	0,114	0,065	0,098	0,141
Panthère de Sumatra.	0,208	0,238	0,133	0,130	0,082	0,106	0,154
Panthère.	0,185	0,205	0,116	0,106	0,064	0,099	0,141
Mélas.	0,170	0,184	0,098	0,104	0,062	0,088	0,131
Mélas de Java.	0,175	0,195	0,106	0,114	0,060	0,095	0,131
Couguar.	0,160	0,180	0,100	0,104	0,067	0,086	0,120
Autre couguar de Cayenne. . .	. . . .	0,170	0,099	0,099	0,065	0,084	0,117
Ocelot.	0,130	0,140	0,071	0,086	0,053	0,065	0,097
Guépard.	0,160	0,181	0,120	0,094	0,085	0,094	0,126

Je n'ai pas cru devoir m'occuper des têtes des espèces inférieures, qui ressemblent d'ailleurs infiniment à celle du chat par leur rondeur, le seul ocelot excepté, qui a la sienne plus oblongue que toutes les autres.

Quant au reste du squelette nous avons déjà indiqué dans le chap. Ier de cette partie, art. IV, les caractères distinctifs de ses os les plus importans à bien connaître, et pour aider encore le géologiste, nous les avons fait représenter sur notre pl. 197, en prenant nos modèles sur le tigre qui est plus rare, et se trouve moins souvent gravé.

Fig. 1 et 2 est l'*omoplate*, reconnaissable à la courbure uniforme de son bord antérieur, à son bord postérieur rectiligne et à sa largeur.

Fig. 3, 4 et 5 l'*humérus*, qui, à de fortes crêtes musculaires, à une poulie inférieure très-large, joint un trou au condyle interne et l'absence du trou au-dessus de la poulie.

Fig. 6, 7 et 8 l'*avant-bras*.

Fig. 9 la *main*, où l'on peut observer surtout la forme des dernières et avant-dernières phalanges tout-à-fait particulières à ce genre. Les autres os ne diffèrent guère que par les proportions.

Fig. 10 le *bassin*, l'un des plus étroits dans toutes ses parties de l'ordre des carnassiers.

Fig. 11, 12 et 13 le *fémur*.

Fig. 14, 15 et 16 les deux *os de la jambe*.

Fig. 17 le *pied* qui donne lieu aux mêmes observations que la main.

Fig. 18 et 19 le *calcanéum*.

Fig. 20 et 21 l'*astragale*.

Fig. 22 et 23 l'*atlas*.

D'espèce à espèce ces os diffèrent bien peu, si ce n'est pour la grandeur, et en observant la règle de Daubenton fondée sur les lois de la résistance des solides; règle qui veut que plus un os est grand, plus son épaisseur relative augmente.

DEUXIÈME SECTION.

DES *FÉLIS FOSSILES.*

Un très-grand animal et un autre moindre, tous deux du genre des *félis*, ont laissé de leurs dépouilles dans les cavernes et dans les couches meubles. On en trouvait depuis long-temps des preuves pour les cavernes de Hongrie, dans le mémoire de Vollgnad (Éphém. nat. Cur. an. IV, dec. I. Obs. CLXX, p. 227). La figure *B* de la planche jointe à ce mémoire représente à coup sûr une phalange onguéale de ce genre, aisée à reconnaître par sa grande hauteur verticale, son peu de longueur, la grande gaîne de sa base et la grande saillie de la partie inférieure de son articulation.

Pour la caverne de Schartzfels, on avait la portion de crâne représentée par Leibnitz dans son Protogæa, pl. XI, fig. 1.

Ce morceau, qui se trouve encore au cabinet de l'Université de Gœttingen, a été soumis à un nouvel examen par le célèbre anatomiste M. de Sœmmerring, qui l'a fait dessiner plus exactement et qui l'a comparé avec un crâne de l'*ours des cavernes* à front bombé et avec celui d'un *lion ordinaire*. Son mémoire à ce sujet, imprimé dans le Magasin pour l'histoire naturelle de l'homme, de M. C. Grosse, t. III, cah. I, n° 3, p. 60, est un chef-d'œuvre de précision. Il y assure que ce crâne s'est trouvé ressembler entièrement à celui d'un lion de moyenne taille, et différer de celui de l'ours des cavernes par trente-six points différens qu'il expose séparément; mais la plupart de ces points appartiennent en commun à tout le genre *félis* autant qu'à l'espèce du *lion* en particulier.

Pour la caverne de Gaylenreuth on voyait déjà dans Esper une moitié de mâchoire supérieure et plusieurs dents qu'il est facile de reconnaître pour celles d'un *félis*, et dont l'auteur avait bien aperçu la ressemblance avec celles des lions. Telles sont en effet sa fig. 2, pl. XII, qui représente un maxillaire d'un individu de la taille des plus grands lions, et l'onguéal de sa fig. 2, pl. IX.

M. Rosenmüller annonçait aussi, p. 11 de son ouvrage sur l'*ours fossile*, qu'il ferait bientôt paraître un *ouvrage qui contiendrait la description des os d'un animal inconnu de la famille du lion;* et p. 19 il ajoutait que *ces os ne sont pas exactement semblables à ceux du lion actuel.*

En attendant, il donnait déjà, sans s'en apercevoir, trois os de ce genre, qu'il a laissé glisser, comme nous l'avons dit ci-dessus, parmi ceux de l'*ours*, savoir : le *scaphoïdo-semilunaire*, le *cuboïde* du pied de derrière, et le *premier cunéiforme*. Mais si ses figures sont de grandeur naturelle, l'individu doit avoir été d'une taille prodigieuse ; et c'est ce que les autres ossemens que j'ai pu examiner ne confirment point.

A ces morceaux déjà bien caractérisés, j'en ai ajouté dans ma première édition quelques-uns, tant de Gaylenreuth que d'autres endroits.

Les deux premiers sont des dents isolées.

Fig. 3, pl. 194, est la seconde molaire d'en haut d'une grande espèce, encore implantée dans un fragment de mâchoire ; fig. 4, est la troisième ou principale d'en haut : l'une et l'autre de Gaylenreuth.

La fig. 6 est la troisième d'en haut, vue du côté interne, mais de la caverne d'Altenstein. J'en dois le dessin à la complaisance du célèbre M. Blumenbach.

En comparant ces deux figures avec la cinquième, qui représente la dent analogue de l'hyène, on saisira bien leur caractère distinctif. Le bord du lobe postérieur *a*, qui est le plus large, forme une pointe proéminente dans les *félis* : il est tronqué obliquement dans l'*hyène*.

Mon troisième morceau, qui est le plus considérable, est encore de Gaylenreuth; c'est une demi-mâchoire inférieure du cabinet de feu Adrien Camper, dont je donne le dessin tel qu'il avait bien voulu me l'envoyer, fait par lui-même avec la scrupuleuse exactitude qui caractérise les dessins de ce savant anatomiste comme ceux de son illustre père (pl. 194, fig. 7). Il ne manque à ce morceau qu'une dent et le condyle.

C'est bien la demi-mâchoire d'un *félis*. La dent postérieure bilobée et sans talon, le vide en avant de l'alvéole de l'antépénultième, la direction du bord inférieur, la position des trous mentonniers, ne laissent aucun lieu d'en douter. Sa comparaison avec la fig. 1 de la même planche donne occasion de bien apprendre à distinguer cet os dans les *félis* et dans les *hyènes*. Les quatre mâchelières de celles-ci, le talon de la dernière, la convexité du bord inférieur, ne les laisseront jamais confondre.

Ce dessin, comme je l'annonçai dans le temps, offrait plus de rapport avec la mâchoire du jaguar qu'avec aucune autre; mais ce n'était point, et je le fis remarquer, un motif suffisant pour établir que ce fût un os de cette espèce.

Depuis lors, j'ai observé et dessiné chez M. Ebel une demi-mâchoire qui surpasse non-seulement ce dessin, mais toutes celles de jaguar que j'ai pu observer, et qui égale celle des plus grands lions et des plus grands tigres.

On la voit, au tiers de sa grandeur, pl. 198, fig. 1. Sa longueur, depuis le condyle jusqu'aux incisives, est de 0,26; la hauteur de son corps, vis-à-vis de la dernière molaire, de 0,055; et la distance depuis son angle inférieur postérieur jusqu'au sommet de son apophyse coronoïde de 0,13. Ses trois mâchelières occupent une longueur de 0,08; la dernière a 0,03 de largeur, la pénultième 0,028, la première 0,018. Le diamètre de sa canine est de 0,034.

Malgré l'identité de ses caractères génériques, il s'en faut de beaucoup que sa forme annonce identité spécifique avec aucun de nos grands félis.

Comme celle qu'a dessinée Camper, elle est plus haute à proportion, et son bord inférieur est plus convexe vis-à-vis de la dernière dent que dans les lions et les tigres.

Mais un caractère qu'elle montre de plus parce qu'elle est plus complète, c'est que son apophyse coronoïde se dirige plus en arrière que dans tous nos tigres et nos lions.

Pour en mieux faire saisir la différence, j'ai tracé en points le contour d'une demi-mâchoire de lion de même grandeur.

La hauteur de la mâchoire inférieure dans cette espèce est confirmée par un fragment que j'ai dessiné chez M. Blumenbach et qui fut trouvé, en 1806, entre Osterode et Scharzfels. On le voit planche 198, fig. 2.

Il appartient à un individu de même taille que la demi-mâchoire dont nous venons de parler.

On voit aussi des mâchoires plus petites dans les cavernes, et telle est d'abord celle de la fig. 3, pl. 198, qui est groupée avec une portion de mâchoire d'ours. Je l'ai dessinée dans le cabinet de M. Ebel, à Brême. Ses molaires étant de même grandeur que dans les deux morceaux précédens, et sa canine n'étant pas entièrement sortie ni usée, rien n'empêche que ce ne soit une jeune mâchoire de même espèce.

Par les mêmes raisons je ne voudrais pas faire de la mâchoire dessinée par M. Camper une espèce différente de cette grande de M. Ebel.

Mais j'ai de Gaylenreuth une mâchelière supérieure, pl. 198, fig. 4, et un fragment de mâchoire inférieure, *ib.*, fig. 5, avec la dernière mâchelière, qui annoncent incontestablement par leur petitesse une espèce différente, et de la taille d'une panthère médiocre.

Je dois rappeler ici que nous avons trouvé dans les brèches osseuses de Nice (voy. t. VI, p. 382) une mâchelière supérieure, plus grande que l'analogue d'un lion, et une autre à peu près de la grandeur de celle d'une panthère.

J'adopterai pour la grande espèce le nom de *Felis spelæa* que lui a imposé M. Goldfuss, et je nommerai la petite *Felis antiqua*.

M. Goldfuss a contribué essentiellement à la connaissance de la première espèce par la figure qu'il a donnée d'une tête complète, d'abord en petit dans sa Description des environs de Muggendorf, pl. V, fig. 1, et ensuite de grandeur naturelle dans les Nouveaux Mémoires de la Société des Curieux de la nature, t. X, pl. XLV. Malheureusement ces deux figures sont dessinées dans une position oblique qui ne permet pas d'en bien saisir à l'œil les proportions, et il paraît que la seconde a été complétée un peu par des fragmens recollés et un peu par conjecture.

Cette tête, que nous copions pl. 198, fig. 6, n'est bien évidemment, ainsi que M. Goldfuss l'a très-bien annoncé, celle d'aucun *félis* connu.

Ce savant naturaliste fait déjà remarquer qu'elle se distingue par la courbure douce et uniforme de son profil supérieur, par son front large et plat, dont le point le plus saillant est dans sa moitié antérieure; par une crête sagittale courte; par un crâne proportionnellement plus large près des apophyses post-orbitaires et plus étroit près des os des tempes.

Le lion a le profil plus rectiligne; c'est à la partie postérieure du front que se rencontrent ses deux lignes principales, et que se trouve aussi le point le plus élevé.

Le crâne du lion est aussi plus court à compter des apophyses post-orbitaires jusqu'à l'épine occipitale; la pointe de réunion des crêtes temporales est moins aiguë.

Le tigre a la ligne du profil plus serpentante; son front est convexe en travers comme en long; les apophyses post-orbitaires sont plus en avant, et le point le plus saillant plus en arrière.

Dans le jaguar, le front monte plus rapidement; il est plus étroit et plus court; il est plus bombé; et son point le plus saillant est derrière les apophyses post-orbitaires, très-près de la naissance de la crête sagittale. Le crâne est plus étroit à proportion en avant et plus large en arrière.

La tête fossile se rapproche davantage des

espèces inférieures, et surtout de la *panthère*, par l'uniformité de sa courbure; mais elle en diffère tellement par la grandeur, qu'il n'est pas possible de songer à l'y rapporter.

A ces détails extraits du très-bon mémoire de M. Goldfuss, j'ajouterai qu'à en juger par sa figure, le trou sous-orbitaire est plus petit et beaucoup plus éloigné du bord de l'orbite que dans nos lions et nos tigres, et que son arcade zygomatique est beaucoup plus haute.

L'observation relative au trou sous-orbitaire s'applique aussi au morceau de la fig. 2, pl. XII, d'Esper.

Il paraît que l'individu dont provient la grande tête et celui qui a fourni le morceau d'Esper manquaient de la petite molaire antérieure supérieure. M. Goldfuss assure qu'il en est de même de tous les fragmens de mâchoire supérieure qu'il a vus. En conséquence, dans son premier ouvrage il avait cru pouvoir faire de son absence un caractère spécifique, qu'il jugeait commun à cet animal et au lynx, auquel Daubenton refuse aussi cette dent; il est vrai que je ne l'ai trouvée dans aucun des lynx d'Europe ni d'Amérique, et dans aucun des chats-cerviers que j'ai observés, bien qu'elle existe dans le chaus et le caracal; mais je soupçonne qu'elle tombe de bonne heure dans le lynx, plutôt que d'admettre qu'elle y manque constamment.

Voici les principales dimensions de cette grande tête fossile, extraites de la table qu'en a donnée M. Goldfuss, et comparées avec celles de notre plus grande tête de lion.

	Fossile.		*Lion.*
Du bord incisif au bord inférieur du trou occipital. . .	0,33	. . .	0,32
Du bord incisif à l'épine occipitale.	0,39	. . .	0,375
Du bord incisif au point du front placé entre les deux apophyses post-orbitaires du frontal.	0,22	. . .	0,205
De ce milieu au bord inférieur du trou occipital. . .	0,194	. . .	0,168

Le Cabinet du roi possède quelques autres os de félis provenus de la caverne de Gaylenreuth.

Le radius gravé au tiers, pl. 187, fig. 5, 6, 7 et 8, a exactement les caractères de celui du lion, si ce n'est qu'il est un peu plus épais, et qu'il surpasse celui de notre plus grand squelette de lion.

Sa longueur totale, y compris son apophyse inférieure, est de 0,34; la plus grande largeur de sa tête supérieure de 0,045; de l'inférieure de 0,065.

Le lion a ces dimensions de 0,3, de 0,038 et de 0,055.

Il y a aussi au Cabinet une deuxième vertèbre dorsale, une première ou deuxième lombaire, une cinquième et une sixième lombaire, et une sixième ou septième coccygienne, qui se sont trouvées parmi les vertèbres d'ours envoyées par le margrave d'Anspach, mais qui appartiennent à ce félis fossile.

Elles sont toutes plus grandes que leurs correspondantes dans le lion; la troisième surtout surpasse son analogue de près d'un cinquième.

Ainsi tous ces morceaux doivent appartenir au *Felis spelæa*.

Il est incontestable que ces tigres ou lions fossiles, grands et petits, vivaient en même temps que les ours et se retiraient dans les mêmes cavernes, où l'on en trouve les os pêle-mêle avec les leurs et avec ceux des hyènes; mais il paraît qu'ils formaient la moins nombreuse des trois espèces.

M. Goldfuss dit qu'en vingt ans, pendant lesquels on a retiré des cavernes plusieurs centaines de têtes d'ours, on n'y a pas trouvé plus de quinze crânes d'hyènes, ni plus de trois ou quatre crânes de félis ; mais il assure qu'à Gaylenreuth les os et les dents isolés et les fragmens de la tête des félis ne sont pas plus rares que ceux d'hyène.

C'est en tout point l'inverse à la caverne de Kirkdale en Yorkshire. L'hyène y surpasse de beaucoup en nombre les autres carnassiers; les félis y sont au contraire fort rares, et l'on y trouve à peine une trace certaine d'ours.

Ce que j'ai vu en nature ou en dessin de ces félis de Kirkdale se réduit à une canine, une mâchelière inférieure postérieure et un os du métatarse.

M. Buckland ne donne aussi qu'une canine (p. XX, fig. 5 de son Mémoire) et une mâchelière de la même position (fig. 6 et 7, *ib.*), encore ne voudrais-je pas répondre de sa canine.

Ces dents n'ont rien de différent de celles

d'un lion, même pour la grandeur, et je n'ai pas cru nécessaire de les faire graver.

Quant à l'os du métatarse que je donne pl. 198, fig. 7, d'après un dessin de M. Clift, il est précisément aussi de la longueur de celui de notre grand squelette de lion, de 0,125, mais son épaisseur est un peu plus forte.

J'ai vu et dessiné à Gœttingue chez M. Blumenbach un deuxième os du métatarse du même genre, pl. 198, fig. 8, beaucoup plus grand et qui surpasse même d'un quart celui de nos plus grands squelettes de lions ou de tigres, qui est par conséquent supérieur à ce qu'indiquent les plus grandes têtes des cavernes.

Sa longueur est de 0,16; sa largeur, au milieu, de 0,024.

Il a été trouvé en 1806, avec le fragment de mâchoire de la fig. 2, entre Osterode et Scharzfels, dans ce dépôt où il y avait tant d'os d'hyènes et de grands pachydermes. Il est teint en noirâtre comme les autres os de cet endroit.

Nous avons aussi quelques-uns de ces os

de grands félis dans nos couches meubles de France, mais ils y sont très-rares.

Une canine, évidemment de ce genre à cause de ses sillons, a été déterrée à Paris en creusant un puits dans la rue Hauteville, chez M. de Bourrienne, ministre d'État. Elle était à vingt pieds de profondeur avec des os de chevaux.

C'est la supérieure gauche, et elle surpasse en grandeur celles de nos plus grandes têtes de lions et de tigres. Elle a en ligne droite 0,13 de longueur totale. Sa partie émaillée est longue de 0,055, et large à sa base de de 0,035; l'endroit le plus renflé de sa racine a 0,045 de plus grand diamètre. Sa conservation est parfaite, mais sa substance osseuse est devenue mate et toute blanche.

M. Baillon nous en a donné une pareille, mais un peu moindre et plus altérée. Elle a été trouvée dans les sables près d'Abbeville, aussi avec des dents de chevaux.

Le père Planciani, jésuite et professeur des sciences naturelles à Viterbe, a inséré dans le 1er vol. des *Opuscoli Scientifici* de Bologne, page 345, un mémoire sur des os fossiles déterrés à Magognano, dans le territoire de Viterbe, où, parmi des os d'éléphans et d'autres grands herbivores, se sont trouvées des portions de mâchoire de deux *félis* dont il donne les figures. Il y en a une de la taille d'un lion, et une autre de celle de la panthère.

CHAPITRE VI.

DES *OSSEMENS DE GLOUTONS, DE LOUPS* ET D'AUTRES *PETITS CARNASSIERS.*

Les cavernes sont une sorte d'immense magasin d'ossemens de carnassiers fossiles, et d'après ce que nous ont fourni quelques petits blocs de leur stalactite qu'il nous a été possible de nous procurer et de dépecer, nous ne doutons pas que les personnes qui habitent dans le voisinage de ces grottes n'y fissent sur les petits os les découvertes les plus curieuses, si elles voulaient encourager les ouvriers à multiplier les fouilles, et à ne rien laisser perdre; car ce qui nuit le plus à ces recherches, c'est l'ignorance des travailleurs qui n'attachent de prix qu'à des morceaux apparens et qui négligent tout le reste.

Cependant des hommes éclairés ont déjà recueilli différentes petites espèces; on doit à Esper la connaissance des os de loups et de renards, à MM. de Sœmmering et Goldfuss, celle des os de glouton, et nous y avons ajouté celle des os de putois.

Nous allons faire connaître successivement ces différens restes de l'ancien monde.

ARTICLE PREMIER.

Des animaux fossiles du genre CANIS.

Je ne crois pas nécessaire d'entrer dans autant de détails sur les espèces de ce genre ni sur leur ostéologie, que je l'ai fait pour les ours, les hyènes et les chats. D'une part, les principales espèces du genre canis, le loup, le chien, le renard, sont tellement communes que chacun peut aisément s'en procurer les squelettes; de l'autre, non-seulement ces espèces, mais la plupart de celles du genre, savoir le loup noir d'Europe, les chacals, et les divers renards, sont suffisamment caractérisées, et leur histoire est assez bien débrouillée (1); enfin les espèces trouvées jusqu'à ce jour dans un état plus ou moins fossile se rapprochent tellement des espèces européennes, qu'il n'est pas nécessaire, pour en exposer les caractères, de recourir à des comparaisons avec des espèces étrangères. Je me contenterai donc de passer rapidement en revue ceux de leurs os fossiles qu'il m'a été possible de me procurer.

§ 1. *Ossemens qui paraissent venir d'un* LOUP *ou d'un* CHIEN.

Daubenton a déjà dit combien le squelette d'un loup est difficile à distinguer de celui

---

(1) Ceci ne doit être entendu qu'avec réserve; car après que les vrais naturalistes se sont donné bien de la peine pour éclaircir l'histoire d'un genre et n'y placer que des espèces bien déterminées, vues et étudiées par eux-mêmes, ou par des observateurs précis dans leurs descriptions et exacts dans leurs figures, il reparaît toujours quelque compilation qui rebrouille tout, et qui, pour avoir l'air de présenter beaucoup d'espèces, les multiplie d'après des témoignages vagues et des citations inintelligibles.

d'un mâtin ou d'un chien de berger de même taille.

Plus intéressé que lui à en trouver les caractères, j'y ai travaillé long-temps, en comparant avec soin les têtes de plusieurs individus de ces races de chiens avec celles de plusieurs loups. Tout ce que j'ai pu remarquer, c'est que les loups ont la partie triangulaire du front en arrière des orbites un peu plus étroite et plus plate, la crête sagitto-occipitale plus longue et plus relevée, et les dents, surtout les canines, plus grosses à proportion; mais ce sont des nuances si légères qu'il y en a souvent de beaucoup plus fortes d'individu à individu dans une même espèce, et que l'on a de la peine à s'empêcher de penser, comme l'a fait Daubenton, que le chien et le loup sont de la même espèce.

L'existence des os de loup dans les cavernes de Gaylenreuth a été annoncée par Esper, dès son premier ouvrage; il en donne une portion de mâchoire supérieure, planche X, figure *a*, et trois canines, planche V, figure 3 et 4, et planche XII, figure 1. Il ajoute dans son Mémoire, inséré parmi ceux des naturalistes de Berlin, qu'on y a trouvé des crânes de loup de grandeur ordinaire, presque autant que de ceux d'ours, mêlés avec des crânes de chien de même grandeur et avec d'autres plus petits; mais je doute bien fort qu'Esper ait eu assez de connaissances en anatomie comparée pour discerner les crânes de loups de ceux des chiens.

M. Rosenmüller reconnaît aussi que les os de la famille du loup se trouvent à Gaylenreuth dans le même état que ceux de l'ours, et qu'ils y ont été déposés à la même époque.

M. Fischer m'a envoyé le dessin d'une de ces têtes de loup, prise de Gaylenreuth et conservée au cabinet de Darmstadt. La figure 1 de la planche 199 en est une copie diminuée d'un tiers.

C'est plutôt la tête d'un loup que celle d'un chien par l'élévation de la crête sagitto-occipitale; mais si l'on peut s'en rapporter au dessin, la face serait plus longue à proportion du crâne que dans le loup commun. Le museau serait aussi plus mince, absolument parlant.

M. Goldfuss, qui a tant contribué à étendre la connaissance des fossiles de Gaylenreuth, a fait graver une de ces têtes de loup de cette caverne au quart de sa grandeur, et avec sa mâchoire inférieure, dans sa Description des environs de Muggendorf, pl. IV, fig. 2. Nous en avons dessiné une autre chez M. Ebel, à Brême; toutes les deux sont beaucoup moins allongées que ne paraît celle de Darmstadt.

Je dois dire même que celle de M. Ebel, la seule que j'aie vue par mes yeux, me paraît avoir le museau sensiblement plus court à proportion du crâne que toutes les têtes de loup ordinaire que je lui ai comparées.

Elle est longue, depuis le bord incisif jusqu'à l'épine occipitale, de 0,254, et jusqu'au bord antérieur du trou de même nom, de 0,22 : la distance du bord incisif à l'entre-deux des apophyses post-orbitaires est de 0,13; et celle de ce dernier point à l'épine occipitale, de 0,14. J'ai une tête de loup qui a ces deux dimensions inverses, de 0,14 et de 0,13, mais où la longueur totale est à peu près la même, 0,25. La largeur, d'une apophyse post-orbitaire à l'autre, est de 0,7 dans le fossile, et de 0,8 dans le vivant; mais elles sont peut-être un peu mutilées dans le premier. Dans un loup plus vieux, la différence de proportion entre les deux parties de la tête est encore plus sensible.

La tête représentée par M. Goldfuss avait,

depuis le bord incisif jusqu'au bord du trou occipital, 0,235. Cet observateur lui trouve la crête sagittale plus élevée et en même temps s'abaissant plus en arrière qu'au loup ordinaire.

Notre muséum possède quatre mâchoires inférieures dont je donne les trois plus entières, planche 199, fig. 2, 3 et 4. Elles viennent toutes de Gaylenreuth. J'en ajoute (fig. 5) une du même lieu, du cabinet de feu Camper.

Elles ressemblent tellement à leurs analogues dans les loups et les grands chiens, que l'œil a peine à y trouver des différences, même individuelles. La branche montante, fig. 2, ressemble cependant plus au chien qu'au loup, parce qu'elle est plus petite à proportion, et que le condyle articulaire y est plus gros. La fosse pour l'insertion du muscle masseter est aussi plus étroite et plus profonde : mais, je le répète, ces caractères et même ceux que l'on pourrait tirer des proportions de la tête sont si faibles qu'on n'oserait les proposer comme distinctifs, si l'analogie des autres animaux fossiles ne nous autorisait à croire qu'il y avait aussi pour celui-ci des différences spécifiques.

Au reste, si ces différences ne sont pas suffisamment prouvées, l'identité d'espèce ne l'est pas non plus par cette ressemblance de quelques parties.

Les différentes espèces du genre du chien, les divers renards, etc., se ressemblent tellement par la taille et la figure, qu'il serait fort possible que quelques-uns de leurs os fussent indiscernables.

Il est bon de remarquer ici que ces os, quels qu'ils soient, sont dans le même état que ceux d'ours, de félis et d'hyène; même couleur, même consistance, même enveloppe: tout annonce qu'ils datent de la même époque, et qu'ils ont été ensevelis ensemble.

J'ai retiré moi-même, d'un bloc de tuf pétri d'ossemens, la dent, fig. 6, pl. 199, et l'os du métacarpe du pouce, fig. 9 et 10. Celui-ci ressemble en tout à son analogue dans un loup ou dans un grand chien.

La caverne de Kirkdale renferme aussi quelques os de loups ou de grands chiens; mais il paraît qu'il y en a bien peu. Les dents même que M. Buckland donne pour telles, pl. XXIV de son mémoire, fig. 15—18, ne sont que de jeunes hyènes.

Cependant Sir G. Cailey m'en a communiqué

une mâchelière qui est la troisième inférieure du côté droit et ne diffère pas de celle du loup ordinaire.

Cette espèce de *loup* s'est trouvée, comme celle de l'hyène, avec des ossemens d'éléphans. M. Jæger m'a envoyé le dessin de sa principale molaire inférieure trouvée à Canstadt, pl. 199, fig. 7. J'en ai vu à Florence une mâchoire mutilée dans le cabinet du grand-duc, et une portion d'une autre dans celui de M. Targioni Tozzetti (1), et nous avons déjà parlé d'un dessin envoyé par feu Camper, représentant une dent de même sorte trouvée à Romagnano dans le lieu où étaient accumulés les os d'éléphans décrits par Fortis. C'est celle qui est gravée pl. 199, fig. 8.

Esper dit aussi qu'il y avait de ces têtes de loups à Kahldorf, dans le pays d'Aichstædt, dans la fouille où fut prise la tête d'*hyène* décrite par Collini, et dont j'ai parlé ailleurs.

Enfin j'apprends par M. Buckland qu'il

---

(1) On vient de découvrir aussi dans le Val d'Arno des os d'un autre canis de la grandeur d'un renard.

s'en est trouvé dans les soupiraux qui conduisent à la caverne d'Oreston, près de Plymouth.

§ 2. *D'un animal fort voisin du* RENARD, *si ce n'est le* RENARD *lui-même.*

M. Rosenmüller pense que les ossemens de renard de Gaylenreuth sont, ainsi que ceux d'homme, de mouton et de blaireau, beaucoup plus modernes que ceux d'ours, parce qu'ils sont mieux conservés.

Cependant ceux dont je vais parler étaient pétris dans le même tuf que ceux d'ours et d'hyène; je les en ai retirés moi-même, et ils ne sont pas moins altérés que ceux-là dans leur composition. S'ils sont plus blancs, c'est peut-être même parce qu'étant plus petits, les causes qui pouvaient les priver de leur matière animale ont agi sur eux avec plus de force. A la vérité, la stalactite qui augmente toujours dans ces cavernes, et qui recouvre petit à petit le terreau dont leur fond est rempli, pourrait avoir enveloppé des os récens en même temps qu'elle incrustait des os anciennement déposés; il y arriverait ce que nous avons déjà observé dans les brèches osseuses de Nice, où des os récens, tombés vers le haut des filons, finissent par y être enveloppés de stalactite; mais je n'ose insister sur une hypothèse qui, pour être prouvée, exigerait sur les lieux un examen que je ne puis y faire.

Il faut que ces os de renards soient communs à Gaylenreuth, car j'ai tiré tous ceux dont je vais parler d'un bloc de quelques pouces de diamètre, composé en grande partie d'os d'ours et d'hyène; mais ceux qui ont fait des fouilles dans ces cavernes n'ont été frappés que des grands os et ont négligé les petits, qui ne sont cependant ni moins curieux, ni moins importans pour la solution du grand problème des os fossiles en général.

Mes os de renard se réduisent donc aux suivans :

1° Une incisive inférieure externe, pl. 194, fig. 8;

2° Une canine inférieure, fig. 9;

3° Une phalange onguéale, fig. 10;

4° Une phalange intermédiaire, fig 11;

5° Une première phalange, fig. 18;

6° Une phalange du vestige de pouce des pieds de derrière, fig. 12;

7° Un premier os du métatarse, fig. 15 et 16;

8° Un os cunéiforme du carpe, fig. 13, *a* et *b*;

9° Un premier cunéiforme du tarse, fig. 19 et 20;

10° Un deuxième cunéiforme du tarse, fig. 21 et 22;

11° Une vertèbre du milieu de la queue, fig. 17;

12° Plusieurs os sésamoïdes (1).

Je rapporte encore à cette espèce la canine représentée dans Esper, tab. X, fig. *e*.

Je me suis procuré, pour déterminer l'espèce de ces os, non-seulement plusieurs squelettes de renard commun, mais encore ceux du *renard noir* ou *argenté* (*Canis argentatus*, Penn.), la plus belle fourrure de ce genre (2),

---

(1) Et 13° Une portion de bassin, contenant la cavité cotyloïde entière, fig. 14. (Laur.)

(2) C'est un renard d'Amérique, confondu par Gmelin

du *renard tricolore* de l'Amérique septentrionale (1), du *corsac* (*Canis corsac.*, Pall. (2)),

---

avec le loup noir d'Europe sous le nom de *Canis lycaon;* mon frère en a donné une bonne figure dans sa Ménagerie.

(1) C'est le *Canis cinereo-argenteus* si mal représenté par Schreber, pl. XCII, A, et dont je ne pense pas que diffère le *Canis virginianus* (Catesby, II, pl. 78). Mon frère en a donné une nouvelle figure, et il s'en trouve aussi une fort bonne dans l'Atlas du voyage de d'Azzara, quoiqu'elle y soit rapportée à une autre espèce. Sa tête osseuse diffère assez de celles des autres renards, ainsi que l'a fait remarquer Beauvois (Bullet. philom., fructid. an VIII); mais M. Desmarest a par mégarde transporté cette observation de Beauvois à son renard fauve, qui ne me paraît qu'une belle variété du renard commun, et qui a certainement la tête osseuse de ce dernier. Le renard croisé me paraît réunir d'une manière si étroite ce renard fauve avec le renard argenté, que je ne sais si l'on doit séparer spécifiquement aucun de ces animaux de notre renard commun.

(2) Petit renard de l'Inde et de Tartarie, à peu près de la couleur du chacal, mais à queue longue, touffue et noire au bout, comme une queue de renard. Si l'*adive* de Buffon a quelque fondement en nature, ce ne peut être que ce corsac; je ne doute pas que ce ne soit aussi le chien du Bengale de Pennant.

du *chacal* (*Canis aureus*, L. (1)), tant de la race de l'Inde que de celle du Sénégal, du *chacal à dos noir* du Cap (*Canis mesomelas*, Schreb., XCV (2)), et de trois animaux de l'Amérique fort voisins des chacals (3).

---

(1) Le chacal se distingue dès l'extérieur, de tous les renards, par sa queue assez grêle et qui n'atteint que le talon, autant qu'il s'en distingue par ses yeux diurnes et par la forme de sa tête qui est à peu près celle de la tête d'un loup : du reste, il me paraît y en avoir deux espèces ou du moins deux races fort distinctes, le chacal de l'Inde, qui est beaucoup plus noirâtre, et celui du Sénégal, qui est plus pâle ; tous les deux ont les extrémités fauves.

(2) Cet animal, confondu mal à propos avec l'adive de Buffon, n'a pas les yeux nocturnes, et doit être, malgré la longueur de sa queue, rapproché, par ses yeux et par sa tête, des chacals plutôt que des autres renards. C'est, du reste, une belle et grande espèce très-distincte.

(3) Outre le loup ordinaire, le renard noir ou argenté, le renard croisé, le renard fauve, le renard tricolore, l'Amérique possède encore des espèces remarquables du genre canis et du sous-genre des loups et des chacals, qui ne sont pas déterminées assez distinctement par les naturalistes.

1° Le *loup rouge du Paraguay*, *aguara guazou*

On trouve des caractères pour distinguer les têtes des chacals, celles des différens re-

---

de d'Azzara, roux, à crinière, pieds et bout de la queue noirs, de la taille d'un grand loup; d'Azzara paraît être le premier qui l'ait décrit. Nous l'avons au Muséum.

2° Le *loup du Mexique*, d'un gris roussâtre, par-ci par-là mêlé d'un peu de noirâtre; à tour du museau, dessous du corps et pieds blanchâtres; peu inférieur au loup. Il a été donné au Muséum par M. de Humboldt.

3° Le *loup* ou *renard gris du Paraguay*, *guaracha du Brésil*, probablement l'*aguarachai* de d'Azzara, d'un gris brunâtre, à museau et pieds brun noirâtre, à queue longue et touffue, noire dessus et au bout. Il a été rapporté récemment du Brésil par M. Auguste Saint-Hilaire. C'est mal à propos que dans l'Atlas du voyage de d'Azzara on a donné le renard tricolore pour l'aguarachai. Le renard tricolore ne paraît pas exister dans l'Amérique méridionale. Le *guaracha* est de taille un peu supérieure au chacal.

4° Le *chien des bois de Cayenne* (*renard crabier*, Geoffr., Cat. des Mammif. du Mus.; *chien des bois de Cayenne*, Buff., Suppl. VII, pl. 38), très-semblable au précédent, mais un peu plus petit, à queue grêle. Sa tête est à grosseur égale plus courte que celle du *guaracha*. Peut-être est-ce lui que Linnæus a voulu indiquer par son *Canis thous*.

nards et celle du renard tricolore d'Amérique.

5° Le *loup* ou *renard des îles Malouines* (*Canis antarcticus*, Penn.), gris, à jambes fauves, à bout de la queue blanc; sa taille est supérieure à celle du chacal. Nous en avons un individu que l'on croit donné par Bougainville.

Il y a encore au midi de l'Afrique un renard très-remarquable que M. Delalande vient d'en rapporter; c'est le *Canis megalotis* de M. Desmarest. Il est plus haut sur jambes que notre renard; sa tête est plus petite, sa queue encore plus fournie, mais surtout ses oreilles beaucoup plus grandes, égalant presque la tête, et remarquables encore par un double rebord à leur bord inférieur et externe. Son pelage est gris-brun, fauve pâle et plus laineux en-dessous; le devant de ses quatre pieds brun noirâtre; le dessus et le bout de sa queue noirs.

Enfin, pour que l'histoire du genre *canis* se complétât, il serait encore nécessaire d'examiner et de comparer entre eux les différens animaux donnés comme des chiens sauvages. Je vois par leurs crânes qu'il s'en faut de beaucoup que ceux de l'Indostan et de Sumatra, par exemple, appartiennent à l'espèce de notre chien domestique; et l'on a pu remarquer précédemment que les prétendus chiens sauvages du Cap ne sont pas même du genre.

Dans les chacals de l'Inde, du Sénégal et du Cap, comme dans les loups et les chiens, le front est transversalement d'une convexité uniforme entre les deux apophyses post-orbitaires, qui descendent un peu et n'ont point de fossettes ni d'arête saillante dans leur voisinage, si ce n'est les crêtes temporales qui s'unissent promptement en une seule sagittale.

Dans les renards il y a une fossette ou un creux en-dedans, et un peu en avant de chaque apophyse post-orbitaire du frontal; les crêtes se rapprochent, mais la crête sagittale demeure long-temps une bande étroite plutôt qu'une vraie crête.

Dans le renard tricolore, les fossettes sont plus marquées encore, et il part de chaque apophyse une arête saillante qui sert de crète temporale et se rend directement en arrière, restant fort distante de sa correspondante jusque sur l'occiput, où elle s'en rapproche en s'arrondissant.

D'après ces caractères, on ne pourrait aucunement confondre les frontaux de ces animaux.

J'ai comparé à Klein-Lankum, dans le cabinet de feu M. Camper, une tête de l'isatis (*Canis lagopus*, L.) avec une tête de renard commun : la première a tous les caractères généraux des renards ; elle est seulement un peu plus courte à proportion que celle du renard vulgaire, et ses crêtes temporales sont un peu moins marquées et moins rapprochées, mais on sait que cette circonstance varie avec l'âge.

Quant au reste des os de ces animaux, j'avoue que sans une comparaison immédiate, il est difficile d'en exprimer et d'en saisir les différences, qui ne portent que sur la grandeur et un peu sur les proportions.

Les os fossiles que nous examinons, comparés à leurs analogues dans un squelette de renard d'Europe adulte, se sont trouvés un peu plus grands ; celui du métacarpe était surtout un peu plus long sans être plus gros ; mais ces différences ne sont pas assez fortes pour établir une différence d'espèce. D'un autre côté, ces parties du squelette, qui en général ne sont point très-caractéristiques, se ressemblent tellement dans les différens renards, que l'on pourrait aussi bien attribuer ces os fossiles à l'un d'eux qu'au renard commun ; si on le voulait, on pourrait soutenir qu'ils viennent du renard noir ou argenté, lequel est un peu plus grand que le nôtre.

J'en dis autant du petit nombre d'os et de dents de renards qui ont été retirés de la caverne de Kirkdale, dont M. Buckland a représenté une canine, une incisive, une molaire, un astragale et un calcanéum, et dont je possède une tuberculeuse.

Il reste donc à exhorter les personnes placées près des cavernes, à se procurer quelques autres os de cette espèce, et surtout des crânes, pour qu'on puisse en reprendre la comparaison.

§ 3. *De deux dents qui annoncent un animal du genre* CANIS, *mais d'une taille gigantesque.*

Elles ont été recueillies à Avaray, près de Beaugency, avec les os de mastodontes, de rhinocéros et de tapirs gigantesques dont nous avons déjà parlé plusieurs fois, t. deuxième, p. 331, t. troisième, p. 96 et 315.

La première est une mâchelière tuberculeuse, pl. 193, fig. 20, qui ressemble complètement, quant à la forme, à l'avant-dernière molaire supérieure gauche d'un loup. Elle a de même une base transversalement oblongue; plus large au bord externe, lequel est divisé en deux cônes, dont l'antérieur est le plus élevé, et sa partie interne plus basse offre deux crêtes demi-elliptiques, presque concentriques, dont la plus voisine du bord interne est moins élevée, et l'autre plus saillante et plus inégale. Il n'y a de différence, toujours quant à la forme, qu'en ce que le diamètre antéro-postérieur est un peu plus grand relativement au transverse que dans le loup; mais une différence autrement marquée est celle de la grandeur.

Dans notre plus grand squelette de loup cette dent a de droite à gauche 0,02, et d'avant en arrière au bord externe 0,015; la dent fossile a ces deux dimensions de 0,043 et 0,032. Ainsi l'on voit qu'elle suppose un animal d'une taille plus que double de celle du *loup*, qui aujourd'hui, est comme on sait, le plus grand des *canis*.

Il n'y a aucun moyen de rapporter cette dent, ni à un carnassier plus grand que le loup, tels que seraient des ours, des lions, des tigres ou des hyènes, lesquels n'ont point de pareille tuberculeuse, ni à aucun animal connu.

Aussi me croirais-je en droit sur cette seule et unique dent d'affirmer l'ancienne existence d'un *canis* de taille gigantesque, et qui ne devait pas avoir moins de huit pieds depuis le bout du museau jusqu'à la racine de la queue, sur au moins cinq pieds de hauteur au train de devant, si toutefois il avait les proportions du loup.

La seconde de ces dents d'Avaray, pl. 193, fig. 21, est une canine, et comme elle se trouvait avec des mâchelières de tapir gigantesque, j'avais supposé dans le premier moment qu'elle en complèterait la dentition; mais elle ne ressemble qu'à une canine inférieure de loup, par sa coupe, la position et la saillie de ses arêtes.

Le diamètre antéro-postérieur de sa base est de 0,04 et celui du loup, au même endroit, est de 0,015. Ainsi elle le surpasse dans une proportion encore plus grande que la tuberculeuse.

ARTICLE II.

Des os fossiles du genre des martes et des moufettes.

§ 1. *D'une espèce de la grandeur du putois.*

Le même bloc qui m'a donné les os de renard que je viens de décrire, m'en a fourni d'un carnassier beaucoup plus petit : ils consistent en

1° Une portion de bassin comprenant l'*ischion* et le *pubis*, pl. 199, fig. 11 ;

2° Les deux os les plus extérieurs du métatarse, fig. 13 et 14 ;

3° Une phalange de la seconde rangée, fig. 15 ;

4° L'avant-dernière vertèbre dorsale, fig. 12 ;

5° Deux vertèbres de la queue, fig. 16 et 17 ;

Ce sont bien certainement des os de *marte* ;

et parmi les martes dont j'ai le squelette à ma disposition, il n'y a que le *putois d'Europe* et le *zorille* ou *putois du cap de Bonne-Espérance* auxquels on puisse les rapporter.

La *marte*, la *fouine*, ont surtout les os du métatarse incomparablement plus longs.

Ils sont dans le *zorille* et dans le *putois* entièrement semblables aux échantillons fossiles.

La vertèbre dorsale est moins longue et plus grosse que dans le *putois*; elle ressemble à celle du *zorille*, et ce rapprochement me frappa d'abord singulièrement, vu que les os d'hyène de ces cavernes ressemblent aussi beaucoup à ceux de l'hyène tachetée, qui vient du Cap comme le *zorille*.

Mais le fragment de bassin me ramena au *putois d'Europe*, auquel il ressemble plus qu'au *zorille*.

Ainsi je n'osai pas établir une proposition qui m'avait séduit d'abord, que c'est vers le Cap qu'il faut chercher les animaux les plus semblables à ceux de nos cavernes.

Il est encore bien intéressant qu'on recueille davantage de ces petits os, et qu'on les compare aussi à ceux du *putois de Pologne* ou *pé-*

rouasca (*Must. sarmatica*), et à ceux de la *zibeline* et de la *marte jaune de Sibérie* (*M. sibirica*). Je n'ai pas eu jusqu'à présent les squelettes de ces trois espèces.

Comme ceux qui ne connaissent le *zorille* que d'après Buffon et Gmelin, pourraient être étonnés de m'entendre dire que c'est un *putois*, et un *putois africain*, il est nécessaire que j'entre à cet égard dans quelques éclaircissemens.

On trouve en Amérique plusieurs petits carnassiers qui répandent une odeur forte et désagréable comme nos fouines, nos martes, nos belettes et nos putois, mais beaucoup plus vive et plus pénétrante; les voyageurs, suivant leur usage, en ont tellement exagéré l'histoire, qu'on a cru voir dans leur odeur des raisons de les considérer comme une famille toute particulière.

Buffon, réunissant diverses notices vagues prises de différens auteurs, et quelques peaux empaillées qu'il avait observées, mais qui manquaient toutes d'une partie de leurs dents, établit quatre espèces, qu'il intitula *coase*, *conepate*, *chinche* et *zorille*, et auxquels il donna le nom commun de *moufettes*, mais sur cette seule propriété de répandre une forte odeur et sans leur attribuer de caractère commun d'organisation; il distribua sur chacune des quatre, mais entièrement au hasard, les noms et les descriptions des différens auteurs, et il y ajouta, dans son supplément posthume, tome VII, une cinquième espèce, la *moufette du Chili.*

Le *coase* étant d'un brun uniforme ne prête à aucune équivoque; et depuis que je me suis procuré un grand nombre de *minks* ou *visons,* et que j'ai pu les comparer à la description que Daubenton donne de ce *coase,* je ne doute plus que ce n'ait été un *vison;* c'est-à-dire ce putois à poil brun-marron brillant, à menton blanchâtre, à pieds semipalmés, qui est fort multiplié le long des rivières de l'Amérique Septentrionale : c'est donc uniquement sur les quatre autres, sur celles qui sont rayées de blanc et de noir, que vont porter nos remarques.

Gmelin en adopte trois, qu'il range dans le genre des *civettes* ou *viverra,* sous les noms de *putorius,* de *mephitis* et de *zorilla.* Il a ignoré la quatrième, n'ayant pu consulter le Supplément posthume, qui n'a paru qu'après son ouvrage. Il adopte aussi presque toute la synonymie de Buffon, et y ajoute deux espèces tirées l'une de Hernandès (*conepatl*), et l'autre de Mutis (*mapurito*); en même temps il reporte le *chinche* de Feuillée, que Buffon avait regardé comme le même que le sien, sous le *grison* du même Buffon, qu'il nomme *Viverra vittata.*

Enfin il range à peu près dans la même catégorie, sous le nom de *Viverra quasje,* un animal de Seba, I, pl. XLII, fig. 1, qui est un coati brun, lui donnant pour synonyme, I, pl. XL, fig. 2, qui est un glouton d'Amérique, et sous le nom de *Viverra vulpecula,* un premier *isquiepatl* d'Hernandès qui est le même que le *Viverra barbara.*

C'est de ce labyrinthe que nous avons à nous tirer, et comme une nomenclature, pour être solide, ne peut être fondée que sur l'inspection même des objets ou sur des descriptions faites par des auteurs qui les ont vus par eux-mêmes, remontons à ces deux sources, sans nous arrêter à toutes ces combinaisons contradictoires.

Nous y apprendrons bientôt :

1° Que le nom espagnol de ZORRILLA, qui signifie *petit renard*, est appliqué par les Espagnols d'Amérique à des animaux puans, rayés de noir et de blanc, à queue touffue, communs dans toutes les parties chaudes et tempérées du nouveau continent;

2° Qu'il a été étendu ensuite à quelques autres animaux puans, qui se trouvent, par cette raison, indiqués dans les Espagnols qui ont écrit en latin sous le nom de *vulpecula;*

3° Que ces *zorilles* rayés de noir et de blanc des Espagnols d'Amérique varient si fort par les raies dont leur poil est marqué, ou que ceux qui les ont vus les ont observés avec si peu d'attention, qu'il n'y a pas deux auteurs qui les décrivent de la même manière; mais, en même temps, que les différentes variétés qu'on en indique rentrent tellement par nuances les unes dans les autres, qu'on est presque tenté, ou de n'en admettre qu'une seule espèce, ou d'en admettre dix-huit.

En effet, voici dix-huit indications que j'ai recueillies d'autant d'auteurs différens.

1° Le deuxième *isquiepatl* d'Hernandès (Mexic., 332), marqué de plusieurs raies blanches.

2° Le *polecat* ou *putois* de Catesby (Carol., II, pl. LXII, cop. par Schreber, pl. CXXII), marqué de neuf raies blanches, et digitigrade, à en juger par la figure.

3° Le *conepate* de Buffon (XIII, pl. XL), qui est dessiné plantigrade et porte six raies blanches. Je crois sa figure composée d'après celle de Catesby; car s'il en eût existé une peau au Cabinet, Daubenton n'aurait pas manqué de la décrire, ce qu'il n'a pas fait.

4° Le *conepatl* ou *vulpecula puerilis* d'Hernandès (Mexic., 332), qui n'a que deux raies blanches se prolongeant sur la queue.

5° Le *mapurito* de Mutis (Lettre à Alstrœmer dans les Mém. de Stockholm, pour 1769, p. 68, et ap. Humboldt, Obs. zool., I, p. 351), qui n'a qu'une raie et le bout de la queue blanc.

6° Le *zorra de Quito*, de M. de Humboldt, Obs. zool., I, p. 346, qui a deux raies blanches et la queue mêlée de noir et de blanc.

7° La *moufette du Chili* de Buffon (Suppl. VII, pl. LVII), qui a deux raies et la queue tout entière blanche.

8° Le *chinche* du même (Hist., XIII, pl. XXXIX), dont le dessus est blanc, avec une ligne noire sur la croupe, et une queue touffue et blanche.

9° La prétendue *moufette du Bengale* de Catton (Shaw, vol. I, part. II, pl. 94), avec des taches blanches à la tête, quatre raies blanches sur le dos, et une queue très-touffue, blanche et nuageuse.

10° Le *chinche* de Feuillée (Obs. phys., I, 272), que Gmelin confond à tort avec le grison, marqué de deux raies blanches qui s'écartent et finissent sur les côtés, à queue comme celle du renard.

11° Le *chinga* de Molina, noir, avec une bande de taches blanches et rondes le long du dos; la queue comme à un écureuil.

12° Le *yagouare* de d'Azzara (Parag., trad. fr., p. 211), marqué de deux raies blanches qui vont jusqu'à la queue.

13° Le *polecat* ou *skunk*, ou *fiskatte* de Kalm (trad. allem., II, 412), qui a cinq raies blanches.

14° Le *zorille* de Gemelli Carreri, indiqué seulement comme blanc et noir.

15° Le *mapurito* de Gumilla (Orénoq., III, 240), tout tacheté de blanc et de noir avec une belle queue.

16° La *bête puante* de Lepage Duprats (Louis., II, 97), dont, suivant son texte, le mâle est noir et la femelle bardelée de blanc, mais que sa figure représente rayée en travers de blanc et de noir.

17° L'*ortohula* de Fernandès (p. 6, c. XVI), noir et blanc, avec du fauve sur quelques parties.

18° Enfin le *tamaxtla* du même, sans fauve, avec quelques anneaux noirs et blancs à la queue.

Je le demande, quel serait aujourd'hui le naturaliste assez hardi pour faire un choix dans ces dix-huit indications, pour déterminer celles qui doivent rentrer les unes dans les autres, pour décider enfin combien d'espèces véritables ont servi de fondement réel à des descriptions si variées?

Il y a plus; nous voyons par des témoignages positifs que dans le même pays les divers individus sont diversement colorés.

« Tous ceux que j'ai vus, dit Catesby, II, 62, étaient « noirs et blancs, quoiqu'ils ne fussent pas marqués « de la même manière. »

« Le *putois d'Amérique* (*polecat* ou *skunk*), dit Law- « son (*Carol.*, 119), est plus épais que celui d'Eu- « rope et de plusieurs couleurs, sans qu'un individu « ressemble à l'autre. »

« Dans la multitude de peaux que nous vendent les « Indiens, dit d'Azzara, I, 216, on remarque qu'avec « le temps elles perdent leur couleur noire qui se change « en châtain : quelques-unes deviennent brunes et même « blanchâtres dans la partie de l'épine; quelques autres « manquent absolument de raies blanches. Il y en a qui « les ont à peine indiquées ou peu sensibles sur les « côtés; et dans d'autres elles s'étendent plus ou moins « ou point du tout sur les côtés de la queue. Quelques « personnes m'ont assuré avoir vu des individus en- « tièrement blancs. »

Kalm, p. 412, dit aussi que l'on en voit quelquefois de tout blancs.

Ainsi l'on aurait pu multiplier encore beaucoup les descriptions de moufettes, si l'on avait eu les diverses peaux que mentionne ici M. d'Azzara.

Voici maintenant ce que j'ai observé par moi-même.

J'ai vu vivant un animal tout semblable quant aux couleurs au *chinche* de Buffon, lequel ne répandait point à beaucoup près une odeur aussi terrible qu'on la représente communément. Menacé par un chien, sa colère ou sa crainte se bornait à relever sa queue en l'étalant comme un panache. Apparemment qu'il était dans le cas de ceux dont parle d'Azzara, qui, apprivoisés de bonne heure, ne répandent point leur méphitisme. Mon frère l'a représenté dans son Histoire de la Ménagerie. Cet animal est plus gros, plus ramassé qu'un putois; il est en grande partie plantigrade; son pelage est noir. Une ligne blanche commence sur la base du nez, s'élargit par degrés; arrivée à l'occiput, elle s'élargit assez pour couvrir tout le dessus du cou et du garrot. Vers le commencement du dos, elle se bifurque et forme alors deux bandes qui vont en s'élargissant et en s'écartant, de manière à couvrir les côtés de la croupe; mais le derrière est noir. Entre ces deux bandes en est une noire sur le dos et sur les lombes, qui se prolonge en se perdant comme par nuages sur la queue, laquelle est garnie de très-longs poils la plupart blancs. De chaque côté du cou derrière l'oreille est une petite ligne blanche, et il y a une bande blanche au côté externe des quatre jambes; l'oreille elle-même est toute noire.

La tête de cet individu a deux pouces et demi; le corps neuf a dix pouces, mais étendu il aurait pu en avoir douze; la queue, dix pouces à un pied, en comptant les poils du bout. Sa hauteur au garrot est de cinq pouces.

Le chinche représenté par Buffon était exactement semblable à celui-ci, mais on en avait trop bourré le ventre, et la tête privée de ses os était restée trop petite et trop pointue.

Les peaux anciennement conservées au Cabinet étaient devenues brunes au lieu de noires, comme d'Azzara le dit de celles du Paraguay; mais leur blanc était distribué comme à mon individu.

La *moufette du Chili* rapportée par Dombey et représentée par Buffon, Suppl. VII, pl. LVII, p. 233, est encore au Cabinet. Son pelage est brun de chocolat, mais peut-être par l'effet du temps, conformément au dire de d'Azzara. Sur son occiput règne une bande transverse blanche, de laquelle partent deux bandes longitudinales qui s'écartent en se rétrécissant, et finissent en pointe vers le commencement des lombes.

Sa queue, beaucoup moins fournie que celle du chinche, est blanche; mais le brun du dos se prolonge de quelques pouces sur sa base entre deux parties blanches. Il n'y a point d'autres taches de cette dernière couleur.

Cet individu a la tête de trois pouces; le corps de quinze; la queue de sept à huit.

Sa tête est trop grosse dans la figure de Buffon, parce qu'elle avait été mal bourrée.

Quant aux moufettes de l'Amérique septentrionale, je

m'en suis procuré quatre individus par les soins de M. Milbert et par d'autres correspondances. Ils viennent de l'État de New-York ou de celui de New-Jersey, et leurs différences, comme on va le voir, ne sont guère moindres que celles des moufettes de l'Amérique méridionale.

Tous les quatre sont semi-plantigrades, et ont le fond du pelage noir et la queue longue, noire, terminée par un pinceau blanc; mais ils diffèrent pour les bandes du corps.

L'un d'eux ressemblerait au premier coup d'œil au chinche; il a une ligne blanche régnant de la base du nez au vertex. Tout le dessus du cou et du garrot est couvert d'une plaque blanche au milieu de laquelle est un point noir, et qui se bifurque pour former de chaque côté une bande blanche qui va en s'écartant se terminer sur la cuisse. Derrière chaque cuisse est une grande touffe blanche. La queue est fort touffue, noire, avec un grand pinceau blanc au bout. Les poils noirs de la queue ont leur racine blanche. Ceux du reste du corps l'ont d'un gris noirâtre.

Deux autres ont, comme la moufette du Chili, une simple bande blanche sur l'occiput, d'où partent deux bandes longitudinales restant pleines jusqu'à l'épaule. Depuis l'épaule une ligne blanche, étroite et interrompue règne jusqu'au milieu du flanc, et se prolonge même un peu sur la croupe, plus distinctement cependant d'un côté que de l'autre.

Dans un quatrième il n'y a que la bande de l'occiput et ses prolongemens longitudinaux qui atteignent à peine l'épaule; les lignes des côtés manquent entièrement.

Ces individus des États-Unis répondent parfaitement à ce qu'on dit de leur exécrable odeur. Leurs peaux seules infectent pour plusieurs mois les armoires du Cabinet où on les place; et les glandes qui contiennent cette liqueur empestée, bien que plongées dans l'esprit-de-vin dans un bocal bien luté, et que le corps d'où on les a tirées fût venu lui-même d'Amérique dans l'esprit-de-vin, se sont fait sentir pendant plus d'un an dans le Cabinet d'anatomie comparée. Cette odeur ressemble à celle du putois, qui serait renforcée par un mélange d'odeur d'ail très-exaltée. Il est difficile de rien imaginer en ce genre de plus désagréable.

Au reste, la substance fétide n'est point sécrétée dans une poche analogue à celle de la civette ou de l'hyène, mais simplement dans deux glandes qui la versent dans l'anus. Ce sont les mêmes que l'on trouve dans la plupart des carnassiers, et nommément dans les martes et les putois; elles sont seulement plus grosses que dans ces derniers. Une tunique charnue très-épaisse les enveloppe, et doit pouvoir, en les comprimant, lancer à quelque distance la liqueur qu'elles produisent, et qui est d'un blanc grisâtre et à peu près de consistance de pus.

Tels sont tous les animaux rayés et puans d'Amérique dont il m'a été possible de me procurer des échantillons; ils me paraissent devoir se rapporter à deux espèces : l'une à queue blanche, qui jusqu'à présent paraîtrait plus commune dans l'Amérique méridionale;

l'autre à queue noire, qui ne viendrait guère que de l'Amérique du Nord. D'après les variétés que j'y ai observées, il est probable qu'elles varient encore autrement; ce qui, joint au vague ordinaire des descriptions des voyageurs, peut suffire pour expliquer les différences de leurs indications.

Ces vraies moufettes d'Amérique ont toutes les caractères de dents assignés au sous-genre, p. 30 de ce volume, c'est-à-dire des dents de martes, mais avec des carnassières plus épaisses et des tuberculeuses plus larges.

Leur museau est un peu plus long et plus gros qu'aux putois; mais ce qui les distingue le mieux des putois et des martes, c'est que leurs apophyses post-orbitaires, soit du frontal, soit du jugal, sont presque effacées.

A grandeur égale de tête elles ont les os des membres plus longs et plus gros que le putois; on leur compte une paire de côtes de plus : elles en ont quinze; et cependant leur tronc est plus court, parce que toutes leurs vertèbres sont moins allongées. Leur humérus manque du trou au condyle interne qui existe dans les putois et les martes, ou du moins il y est réduit à un petit pore placé beaucoup plus haut. En un mot, on distinguerait encore sans trop de difficulté les os de moufettes de ceux de nos putois et de nos martes, si on les trouvait jamais à l'état fossile : elles ont vingt-deux ou vingt-trois vertèbres à la queue.

Mais il existe aussi dans l'ancien continent des animaux puans et rayés que l'on a dû être tenté de confondre avec les moufettes.

Le plus anciennement connu est ce putois rayé du Cap auquel Buffon a transporté mal à propos le nom de *zorille*.

Déjà Sparrman l'y avait observé, et le regardant comme une vraie moufette, il avait voulu en tirer une exception à la règle des climats établie par Buffon. Péron l'en a rapporté en peau et en squelette, et dans la grande collection faite récemment au Cap par M. Delalande, il y en a plus de dix individus.

Ils sont tous parfaitement digitigrades comme les putois; le fond de leur pelage est noir dessus et dessous. Une tache blanche est placée entre les yeux, et une autre oblique sur la tempe. Le bord supérieur de l'oreille est blanc. Sur l'occiput est une bande transverse blanche, de laquelle partent quatre bandes longitudinales qui demeurent parallèles jusqu'au milieu du dos. Là elles s'écartent et s'élargissent, les deux du milieu laissant entre elles un espace rhomboïdal et noir; elles se rapprochent vers la base de la queue. Celle-ci est blanche et noire comme par bandes nuageuses et obliques. La tête a deux pouces trois quarts; le corps deux pieds; la queue neuf à dix pouces, et le garrot est haut de cinq pouces.

L'ostéologie du zorille ressemble par tous les détails à celle du putois, si ce n'est qu'il a le museau un peu plus long, les os du nez plus larges dans le haut, et qu'on lui compte quinze paires de côtes et vingt-quatre vertèbres caudales. La queue du putois n'a que dix-sept vertèbres.

C'est incontestablement le zorille que Shaw a donné d'après Catton sous le nom de *Viverra striata*, vol. I, part. II, pl. 94, fig. sup.

Un animal de cette catégorie dont la connaissance est beaucoup plus nouvelle, c'est le *telagon* de Java ou *midaus*, Fréd. Cuv., Ménag., XXVIIe livr.; *Midaus meliceps,* Horsfield, Jav., n° II, que l'on a nommé d'abord *moufette sans queue de Java*, et qui est en effet plus voisin des moufettes que des martes par sa dentition, mais qui en diffère par son museau en forme de pyramide tronquée comme un groin de cochon, et par sa queue réduite à un court pinceau de poils.

Il est entièrement plantigrade et de forme trapue. Ses ongles sont presque égaux comme aux ours; ceux de devant sont fort longs; ses oreilles sont extrêmement courtes; son pelage est d'un brun noirâtre, court, un peu laineux, plus ras et plus pâle sous le ventre; une seule bande blanche commençant derrière les yeux, très-large sur le crâne, se rétrécissant jusque sur le milieu du dos, où elle est même quelquefois interrompue, se rélargissant un peu sur la croupe, va se terminer à la racine de la queue. Dans un individu elle se termine au garrot. Le moignon de queue est brun à sa base et blanc au bout.

Nos individus ont la tête de trois pouces trois quarts, le corps de quinze, la queue d'un, et sont hauts au garrot de cinq à six.

La tête osseuse du télagon est plus allongée et plus pointue que dans aucun animal de cette famille. Le triangle intercepté entre les tempes prolonge sa pointe jusqu'à l'occiput. Ses apophyses post-orbitaires frontales sont aussi peu saillantes qu'aux moufettes, et ses arcades zygomatiques encore plus grêles et plus droites.

Son tronc est trapu et ses os épais et longs, et encore plus qu'aux moufettes, et on lui compte comme à elles quinze côtes; mais leur humérus est largement percé au condyle interne, et leur queue n'a que dix ou onze vertèbres.

Il faut aussi se garder de confondre avec les moufettes un autre animal de Java, que M. Horsfield a nommé *Gulo orientalis.*

Il est demi-plantigrade et porte une queue pointue de longueur médiocre. Son pelage est doux, assez fourni, d'un brun noirâtre. Le tour des lèvres à prendre dès le bout du nez, la joue, la gorge, le dessous du cou et la poitrine sont d'un fauve clair (comme la gorge de la marte), puis il y a une interruption, et le dessous du ventre est fauve blanchâtre; quelques petites taches blanchâtres font une bande transverse au-dessus des yeux; le bord de l'oreille, quelques poils du bout de la queue sont blancs, et une ligne blanchâtre règne depuis l'occiput jusque vers les lombes; les ongles sont tranchans et aigus, les pouces peu écartés.

Nous n'en avons qu'un jeune individu dont la tête a un pouce trois quarts; le corps six pouces et demi; la queue trois pouces un quart de long, et le garrot deux pouces trois quarts de haut.

L'adulte de M. Horsfield a, en réduisant les mesures anglaises aux nôtres : la tête de trois pouces et demi, le corps de onze pouces et demi ; la queue de quatre pouces ; sa hauteur au garrot serait de quatre pouces un quart.

§ 2. *D'une espèce de la taille de la belette.*

On n'en a que deux dents, et c'est M. Buckland qui les a retirées de la caverne de Kirkdale ; mais ces deux dents suffisent pour déterminer le genre. Ce sont la carnassière et la tuberculeuse d'en haut d'un animal exactement semblable par ces parties à notre belette commune.

ARTICLE III.

Du glouton fossile.

M. de Sœmmerring, dans les recherches qu'il a fait faire à Gaylenreuth, a eu le bonheur d'obtenir une tête que la comparaison avec les diverses dents de carnassiers représentées par mon frère lui fit reconnaître pour celle d'un glouton. Ce savant anatomiste ayant eu la complaisance de me la confier, une comparaison avec notre squelette confirma aussitôt sa conjecture.

Cette tête, dont nous donnons les dessins, pl. 193, fig. 22, 23 et 24, est pourvue de ses deux mâchoires et très-peu mutilée. Il ne lui manque que quelques dents, et l'arcade zygomatique d'un côté.

En 1810, M. Goldfuss avait représenté dans sa Description des environs de Muggendorf, pl. V, fig. 3, une demi-mâchoire inférieure, qu'il nommait en général mâchoire de *viverra*, et qu'il a reconnue depuis pour appartenir au *glouton*.

Ce naturaliste a obtenu plus récemment du même lieu une tête de la même espèce, qu'il a décrite et dont il a donné une figure restaurée et les mesures dans les *Nova Acta* de l'Académie des Curieux de la nature, tome IX.

Enfin il vient de me faire savoir qu'il a reçu une troisième tête, toujours de glouton, de la caverne de Sundwich, celle-là même qui est si riche en ossemens d'ours.

Nous ne connaissons qu'une seule espèce de

vrai *glouton*, car le *wolverenne* d'Edwards, Ois., I, 103, ou *glouton du Canada* (*Ursus luscus*, L.), diffère à peine comme variété du *glouton de Suède et de Russie* (*Ursus gulo*, L.).

Celui-ci, confiné dans les forêts du nord de l'Europe et de l'Asie, ne paraît jamais être descendu vers les contrées décrites par les anciens, car ils n'ont jamais parlé de rien qui lui ressemblât; Olaüs-Magnus a été le premier auteur qui en ait fait mention, et son livre est la source de toutes les fables que l'on a répétées dans tant d'ouvrages au sujet de cet animal (1). C'est en Norvége, en Suède, dans les forêts de la Russie septentrionale, près de la mer Blanche, et dans les parties les plus désertes de la Sibérie, que se trouve aujourd'hui cette espèce (2). On assure cependant qu'il en a été tué un individu à Frauenstein en Saxe (3), et un autre dans les bois des environs d'Helmstadt, que l'on conserve au cabinet du duc de Brunswick (4); mais

(1) De Gent. sept., lib. XVIII, cap. v et seq.

(2) Pallas, Specil. Zool., fascic. XIV, p. 29.

(3) Klein, Dispos. Quadrup., p. 84.

(4) Zimmerman, Spec. Zool. Geogr., p. 309.

on convient que ce sont là les seuls exemples de gloutons allemands, et l'on suppose qu'ils s'y étaient égarés de Lithuanie (1).

Ce qui a pu faire établir deux espèces de gloutons, ce sont les variétés de couleurs auxquelles cet animal est sujet.

Le Cabinet du roi en possède un de Suède envoyé par le célèbre entomologiste M. Paykul. Sa teinte générale est brun-marron, son vertex est un peu plus pâle, et il y a un peu de blanchâtre au bord de l'oreille; le cou est plus foncé dessus et dessous, ainsi que le disque sur le derrière du dos et la croupe; les flancs et les côtés de la croupe sont au contraire très-pâles, et le garrot de teinte intermédiaire; le dessous du corps, les quatre jambes et la queue sont d'un brun très-foncé. Tout le pelage est fourni et brillant, et les pieds sont aussi velus en dessous qu'en dessus.

Cet individu a la tête longue de cinq pouces et demi; le corps, de deux pieds; la queue, de cinq à six pouces, sans compter les poils, qui y en ajoutent trois ou quatre; sa hauteur, au garrot, est d'un pied.

---

(1) Bechstein, Hist. nat. d'Allemagne, I, p. 719.

Un autre individu femelle, acheté chez un fourreur, a le museau très-brun; le front et les joues fauve blanchâtre; le garrot et l'épaule brun clair; une sorte de collier brun sur le cou; le disque de la croupe brun; les bandes des flancs et de la croupe ainsi que la base de la queue blanchâtres, et le reste de la queue ainsi que les quatre pieds brun noirâtre. Des taches blanches règnent sur les côtés du cou et forment un collier sous la gorge; le milieu du dessous du cou et tout le dessous du corps sont brun noirâtre.

Un troisième venu d'Amérique, et que j'ai décrit et dessiné dans le cabinet de M. de Durazzo, à Corneliano près de Gênes, était d'un fauve pâle, avec le museau, la gorge, tout le dessous du corps, les jambes, le bout de la queue et un disque sur la croupe bruns.

Il est manifeste que notre second individu répond presque entièrement au *quick-hatsch* ou *wolverenne* d'Edwards, 103, ou à l'*Ursus luscus* de Linnæus, excepté que l'individu d'Edwards, qui avait vécu long-temps chez Hans Sloane, avait les poils de la queue usés.

Nous avons vu ci-dessus, p. 29, que les dents du glouton sont les mêmes que celles des martes; à peine en effet peut-on remarquer la légère différence qu'offrirait une dernière tuberculeuse un peu plus étroite. Les têtes de ces deux genres ne se ressemblent pas moins.

Comparée à celle de notre *fouine commune*, celle du *glouton* (pl. 200, fig. 1, 2, 3) présente les mêmes formes, mais avec des dimensions presque doubles. Les seules différences sont une crête sagittale plus saillante, un crâne plus étroit, un front un peu moins déprimé vers la réunion des crêtes temporales, des arcades zygomatiques plus larges et moins arquées vers le haut, un orbite un peu plus étroit et un trou sous-orbitaire un peu plus avancé sur la joue, différences qui n'auraient à elles seules rien de générique.

C'est la marche plantigrade qui détermine seule à séparer le glouton du genre des martes.

Pour l'instruction de ceux qui découvriraient encore dans les cavernes des os des membres de ce genre, j'ai fait représenter son ostéologie, pl. 200.

Elle tient une sorte de milieu entre celle de l'ours et celle du genre des martes et des putois.

L'*omoplate* (pl. 200, fig. 4, 5) ressemble à celle de l'ours par sa circonscription générale; mais son bord postérieur est rectiligne et non concave, ce qui la rapproche des martes.

La crête deltoïdale de l'*humérus* (fig. 6, 7, 8) descend à moitié de l'os. Le condyle interne est fort saillant et percé d'un grand trou. Il n'y a point de trou au-dessus de la poulie. Au total, c'est en grand un humérus de marte ou de putois.

On peut en dire autant des os de l'*avant-bras*, fig. 9, 10, 11, qui sont seulement un peu moins grêles.

Les os du *métacarpe* et les *phalanges*, fig. 12, ne diffèrent également de ceux des martes que par un peu plus de grosseur proportionnelle. Le carpe est exactement le même.

Le *bassin*, fig. 13, est plus large à proportion, et ses os des iles sont sensiblement plus évasés que dans les martes, sans l'être à beaucoup près autant que dans les ours.

Le *fémur*, fig. 14, 15, 16, se fait remarquer par un tubercule très-marqué au petit trochanter. Du reste c'est encore un fémur de marte, à un peu plus de grosseur proportionnelle près.

Cette plus forte épaisseur se marque encore davantage dans les os de la *jambe*, fig. 17, 18, 19, où de plus le tibia est un peu plus arqué vers le dedans.

Enfin le *pied*, fig. 20, 21, 22, 23, 24, porte encore ce caractère de plus de largeur et de moins de longueur; toutes circonstances d'où il résulte que les formes du glouton sont plus lourdes, plus trapues, que celles des martes et des putois ordinaires; ce qui a pu induire les naturalistes à le rapprocher des ours, comme ils l'ont fait jusqu'à présent; mais d'après cet examen comparatif on lui assignera désormais une place un peu différente.

Le glouton a quinze paires de côtes, quinze vertèbres dorsales, cinq vertèbres lombaires, cinq sacrées et douze ou quatorze coccygiennes; ces dernières lui forment une queue de longueur médiocre qui n'atteint pas au jarret, et n'a guère que le cinquième de la longueur du reste de son corps; caractère extérieur qui a pu contribuer encore à le faire rapprocher des ours.

Il est nécessaire que nous distinguions ici quelques animaux des pays chauds ou du moins de l'hémisphère méridional, confondus jusqu'à nous dans le genre des martes ou dans celui des civettes, et dont quelques-uns ont même été considérés comme des espèces de moufettes, mais que leurs dents et leur marche plantigrade nous ont depuis long-temps déterminé à rapprocher des gloutons.

Le premier est le *ratel* du Cap décrit d'abord par Sparrman, et qui paraît deux fois dans Schreber et Gmelin, sous les noms de *Viverra mellivora* et *Viverra capensis*; et une troisième dans Pennant et dans Shaw sous celui d'*Ursus indicus* (1).

Il est semi-plantigrade et plus haut sur jambes que le blaireau; sa queue ne fait que le tiers de la longueur du reste de son corps; il manque à peu près d'oreilles externes. Son pelage est ras, noir au visage et sur les côtés et le dessous du corps et de la queue ainsi que sur les quatre jambes; sur le corps depuis le vertex jusqu'aux deux tiers de la queue il est gris-cendré, c'est-à-dire mêlé de brun et de blanc. Une bande blanche règne de chaque côté et sépare le gris du noir.

---

(1) Shaw, vol. II, part. II, p. 471, soupçonne déjà que ces trois espèces nominales n'en sont qu'une.

Dans les individus plus jeunes le gris est presque blanc et se confond avec la ligne latérale.

L'adulte a la tête longue de quatre à cinq pouces, le corps de deux pieds deux pouces; la queue de dix pouces, et est haut de quatorze à quinze pouces au garrot.

Cet animal, auquel on pouvait, d'après la distribution de ses couleurs, supposer quelques rapports avec le blaireau, ressemble par les dents aux putois, si ce n'est qu'il n'a point comme eux à la mâchoire inférieure une petite tuberculeuse en arrière de la carnassière.

Les formes de sa tête sont aussi à très-peu près celles du putois; il a seulement le museau un peu plus long, et les apophyses post-orbitaires du frontal et du jugal moins marquées: dans les individus d'âge moyen, elles sont même presque effacées, comme dans la loutre.

Il convient d'autant mieux de comparer le *ratel* au *glouton*, que ces deux quadrupèdes sont à peu près de même taille; mais outre que le *glouton* a six molaires de plus que le *ratel*, le crâne de celui-ci est plus large en arrière, son front moins élevé, son orbite moins cerné, ses arcades zygomatiques moins hautes, et l'apophyse coronoïde de sa mâchoire inférieure beaucoup moins haute, plus large et plus obtuse.

Les rapports du ratel avec le putois, d'après ses dents et sa tête, sont certainement plus importans que les différences de marche.

A longueur égale, les os du ratel sont beaucoup plus épais et plus larges que ceux du glouton; son omoplate surtout est autant et plus large que celle de l'ours, quoiqu'elle ait le bord postérieur moins concave, l'angle supérieur plus obtus et la convexité du bord antérieur plus près de cet angle. Outre le trou du condyle interne qui est fort grand, l'humérus a un autre grand trou au-dessus de sa poulie articulaire inférieure, comme dans les canis. On lui compte quinze côtes, quatre vertèbres lombaires, six ou sept vertèbres sacrées et quinze caudales.

Kolbe (1) fait sur l'odeur de cet animal des récits tout semblables à ceux des Américains sur celle des moufettes, et Lacaille les répète

---

(1) Descr. du Cap, trad. fr., III, 73.

d'après lui (1), mais en avouant que celui qu'il a vu et qu'il décrit très-bien ne puait point du tout; Sparrman dit aussi qu'il ne pue point (2). La vérité est cependant, d'après M. Delalande, qui l'a vu souvent et toujours sur des ruches d'abeilles sauvages, qu'il répand une mauvaise odeur, mais qui n'a rien de comparable à celle des moufettes.

Mes deux autres animaux sont d'Amérique, et en habitent, à ce qu'il paraît, toutes les parties chaudes; les Espagnols les y nomment *hurons*, ce qui veut dire *furets* (3).

L'un d'eux a presque le pelage du ratel. C'est le *petit furet* de d'Azzara; le *grison* d'Allamand, Buff., Supp. III, pl. XXV (*Viverra vittata*, Gmel.); et la *grande fouine de la Guyane* de Buffon, Suppl. III, pl. XXIII. Cette dernière figure représente la tête trop petite et trop pointue, et dans l'autre, faite sur un très-jeune animal, elle est trop grosse.

---

(1) Voy. au Cap, p. 183.

(2) Voy. de Sparrman, trad. fr., III, 56 et suiv.

(3) D'Azzara, Quadr. du Paraguay, I, p. 185 et suiv.

Une chose assez remarquable, c'est qu'un naturaliste aussi instruit que M. Thunberg ait encore décrit cet animal comme nouveau en 1816, sous le nom d'*ours du Brésil* (1).

Son pelage est d'un brun noirâtre au museau, aux joues, sous le cou et la poitrine, ainsi qu'aux quatre jambes. Un gris clair formé par des poils annelés de brun et de blanc occupe le vertex, le dessus du cou, le dos, les flancs, la croupe, la queue, le ventre et le dedans des cuisses. Une bande blanche en travers du vertex descend par les oreilles le long des côtés du cou, sépare ainsi le gris d'avec le brun, et finit à peu près entre l'oreille et l'épaule.

Sa tête est longue de 3 ou 4 pouces; son corps, de 16; sa queue, de 6; il n'a de hauteur que 6 pouces au garrot.

L'autre est le *grand furet* de d'Azzara, l'*isquiepatl*, *seu vulpecula quæ maitzium torrefactum emulatur colore*, d'Hernandès, Mexic., 332, qui est à la fois le *Viverra vulpecula* et le *Mustela barbara* de Gmelin, et la

(1) Mém. de l'Acad. de Pétersb., pour 1815 et 1816.

grande marte de la Guyane de Buffon, Suppl. VII, pl. LX. C'est probablement aussi le *taïra* de Barrère, Fr. équin., 155, mais non pas celui de Brown, Jam., pl. 49, fig. 1, qui est plutôt un *ichneumon*, et qui d'ailleurs est dit de Guinée.

Linnæus, dès sa dixième édition, l'avait assez bien décrit sous le nom de *Mustela barbata*, qui est devenu ensuite *barbara* par une erreur typographique exactement répétée par les copistes. C'est le vrai *carigueybeju* de Margrave, Bras., 234, que Buffon a confondu mal à propos avec la loutre de la Guyane, et plus mal à propos encore avec la loutre noire du nord de la mer Pacifique.

Il a le vertex, les joues, les oreilles, le dessus et les côtés du cou d'un gris-brun pâle, formé de poils mêlés de brun et de blanchâtre; tout le reste du corps, les membres et la queue, dessus et dessous, d'un brun noirâtre foncé. Une grande tache blanche pointue en avant occupe le dessous du cou. Les individus varient selon que le gris de la tête et du cou est plus ou moins pâle, la tache du dessous plus ou moins large; quelquefois le gris se lave par degrés dans le noir ou le brun du dos, et la tache du dessous du cou est fauve clair.

Cette espèce est plus grande que la première et a la queue beaucoup plus longue. Sa tête a 4 et 5 pouces de long, son corps 18, et sa queue autant. Sa hauteur au garrot est de 9 pouces.

Ces deux quadrupèdes ont exactement les dents des putois, et leurs têtes ressemblent aussi beaucoup, à la grandeur près, à celle de notre putois d'Europe. Ils n'ont aucune poche sous la queue. Leurs cinq doigts sont presque égaux, semi-palmés et armés d'ongles tranchans. Leurs pieds de derrière ont la plante rase et sans poils jusqu'au-dessus du métatarse.

Il paraît, d'après d'Azzara, que l'odeur qu'ils exhalent dans la colère est simplement musquée, sans doute comme est à peu près celle de nos belettes et de nos hermines, et qu'elle s'évapore promptement.

Si nous en venons maintenant à une comparaison effective de la tête fossile avec celle des divers animaux dont nous venons de parler, nous trouvons qu'elle ne ressemble qu'au *glouton* du nord, mais qu'elle lui ressemble à un point étonnant, et beaucoup plus par exemple que les ours, les hyènes et les lions fossiles ne ressemblent à leurs congénères.

Excepté que la tête (pl. 193, fig. 22, 23 et 24), qui m'a été prêtée par M. de Sœmmerring, est un peu plus grande que notre tête de glouton, c'est à peine si j'y vois une différence qui puisse n'être pas individuelle.

Les seules que j'aperçoive consistent en des arcades zygomatiques plus écartées et un museau un peu plus court relativement au crâne; en une mâchoire inférieure moins haute à proportion de sa longueur, et dans la position plus avancée des trous mentonniers, c'est-à-dire qu'ils se trouvent sous la deuxième et la troisième molaire, tandis que dans notre glouton ils sont sous la troisième et la quatrième.

Cette tête fossile et celle de M. Goldfuss avaient, comme notre glouton vivant, toutes les sutures effacées par l'âge.

M. Goldfuss dit que son échantillon n'était point entouré de stalactite, mais seulement de ce limon jaunâtre et friable dans lequel les os des cavernes sont enterrés ; sa conservation est parfaite ; les dents en sont encore brillantes, et le tissu des os n'est point altéré.

La tête communiquée par M. de Sœmmerring était un peu plus cassante, bien que retirée aussi du limon.

Au surplus, la stalactite qui enveloppe certains os n'est pas une preuve qu'ils soient plus anciennement dans les cavernes que ceux qui ne sont revêtus que de limon. M. Buckland a observé au contraire que la stalactite, ou plutôt la stalagmite, qui se forme journellement, recouvre la surface du limon, et enveloppe les os épars sur cette surface ou à peu de profondeur, tandis que ceux qui étaient enterrés plus profondément restent dans leur limon dont on les débarrasse avec facilité.

RÉSUMÉ GÉNÉRAL

DE LA

TROISIÈME ET DE LA QUATRIÈME PARTIE.

Après avoir présenté en permière ligne dans nos trois premiers volumes (1) les *pachydermes fossiles*, ces habitans souvent gigantesques, toujours plus ou moins singuliers, de cet ancien monde dont nous essayons d'ébaucher l'histoire naturelle, nous avons fait connaître dans ce quatrième (2) ce qui nous reste des deux autres grandes familles de quadrupèdes, les *ruminans* et les *carnassiers*.

(1) De l'édition in-4°. Ils correspondent aux six premiers volumes de cette édition in-8°.

(2) Ce quatrième volume in-4° correspond aux tomes sixième et septième de cette édition.

Nous avons trouvé dans les terrains meubles six espèces de *cerfs*, dont une au moins, le *cerf à bois gigantesque*, a entièrement disparu de la surface actuelle du globe.

Les brèches osseuses nous en ont offert quatre autres, sur lesquelles trois n'existent plus, du moins dans nos climats, et ne pourraient être comparées qu'à des cerfs de pays fort éloignés.

Les couches pierreuses régulières, ces réceptacles des plus anciens pachydermes, n'ont fourni qu'une espèce de cerf, celle d'Orléans, et elle est entièrement inconnue aujourd'hui; elle offre même des caractères presque génériques.

Ainsi la distribution de ce genre dans les différens terrains rentre sous les mêmes lois que celle des pachydermes; on peut même faire à ce sujet une observation importante: c'est que si le *renne fossile* était de l'espèce aujourd'hui vivante, ou d'une espèce qui eût les mêmes habitudes, sa coexistence avec les *rhinocéros*, dans la caverne de Brengue, et avec les *mastodontes*, auprès d'Étampes, prouverait de plus en plus ce que déjà nous avons cherché à rendre vraisemblable dans nos deux premiers volumes : que les espèces de grands pachydermes dont on trouve les os dans les terrains meubles habitaient des climats froids ou tempérés, et vivaient dans les lieux mêmes où elles ont été enterrées sans que ces lieux aient éprouvé de grands changemens dans leur température.

Une observation semblable peut se faire sur les ossemens du genre du *bœuf* qui accompagnent ceux des éléphans. Nous avons vu que les uns ressemblent à ceux de l'aurochs, les autres à ceux du bœuf domestique, et s'il était vrai qu'ils provinssent de ces espèces, ce qui n'est pas prouvé, du moins pour les premiers, ils viendraient d'animaux propres aux pays froids, et l'on devrait naturellement en tirer la même conclusion, relativement aux éléphans fossiles.

Les *brèches osseuses* paraissent aujourd'hui sous un point de vue d'un intérêt tout nouveau; le nombre des espèces manifestement inconnues et des espèces au moins étrangères qu'elles recèlent s'est beaucoup accru : indépendamment des deux *lagomys*, on y voit des *cerfs* d'espèces singulières, des *tigres* ou *lions*, des *panthères*, et ce qui est encore bien remarquable, c'est que les animaux les plus voisins de ceux dont elles renferment les débris, ceux auxquels on pourrait être tenté de rapporter ces restes, sont des animaux habitans de climats opposés, des *cerfs*, des *tigres* de pays chauds, des *lagomys* de pays froids. C'est un rapprochement tout pareil à celui des terrains meubles. Ces espèces inconnues reculent l'âge d'une grande partie de ces brèches bien au-delà de l'époque où on les croyait formées, et portent à les regarder au moins comme contemporaines des couches qui renferment les os d'éléphans, de rhinocéros et d'hippopotames.

Les cavernes à ossemens réclament aujourd'hui la même antiquité. Parmi les nombreux carnassiers qui les remplissent, il en est un, l'*hyène*, qui s'est trouvé associé soit à Kirkdale, soit à Fouvent, soit près de Canstadt et d'Eichstædt, aux *éléphans*, aux *rhinocéros à narines cloisonnées*, aux *hippopotames*, en un mot aux grands pachydermes des terrains meubles; et comme la même espèce accompagne à Gaylenreuth les *tigres* et les *grands ours*, elle fait nécessairement remonter ces derniers animaux aussi haut qu'elle dans le temps.

Cette *hyène*, aussi bien que ces tigres, appartient comme les éléphans et les rhinocéros à des genres maintenant confinés dans les pays chauds, et cependant elle est associée dans les cavernes, non-seulement avec des *ours*, genre que l'on sait aujourd'hui répandu dans tous les climats, mais avec un *glouton*, animal dont la seule espèce connue habite exclusivement les pays les plus glacés.

Le *glouton* et l'*hyène*, le *renne* et le *rhinocéros* dans les mêmes cavernes, comme on les voit à Gaylenreuth et à Brengue; l'*aurochs* et l'*éléphant* dans les mêmes couches, comme on les trouve dans le val d'Arno, révèlent certainement un état de la terre très-différent de celui dont nous sommes les témoins, ou supposent dans ces animaux un tempérament fort opposé à celui que les espèces voisines nous montrent aujourd'hui.

Cette partie de notre ouvrage qui traite des carnassiers nous fait connaître qu'ils existaient aux différentes périodes de cet ancien monde dans une proportion peu différente de celle où ils existent aujourd'hui, et que leur genre de vie était à peu près semblable.

Nous en avions déjà déterminé, dans notre troisième volume (1), *sept espèces*, ensevelies

(1) Cinquième volume de cette édition.

dans nos plâtrières avec les pachydermes de la plus ancienne époque, et déjà plusieurs de leurs genres étaient à peu près les mêmes qu'à présent. Les *canis*, le *sarigue*, la *genette*, de Montmartre, ne diffèrent que par des caractères spécifiques de ceux de nos jours; mais suivant la règle générale des couches pierreuses régulières, il y en a dans ces plâtrières qui ne se rapportent à aucun genre connu, et tel est entre autres le grand *carnivore*, voisin des *coatis* et des *ratons*, dont nous avons décrit la tête.

Dans les cavernes, les carnassiers se rapprochent encore davantage de la création subsistante. Non-seulement ils sont tous de genres connus; mais si les grands *ours*, le grand *tigre* ou *lion*, l'*hyène*, sont manifestement d'espèces éteintes, il en est, tels que les *loups* et les *renards*, que nous ne trouvons jusqu'à ce jour aucun moyen de distinguer de nos espèces vivantes par leur ostéologie.

En mettant ensemble les carnassiers des couches pierreuses, ceux des couches meubles et ceux des cavernes et des brèches, nous en avons de dix-huit à vingt espèces, savoir : les deux *canis* de Montmartre, le *loup* et le *renard* des cavernes, le *grand carnivore* de

Montmartre, la *civette* et la *genette* du même lieu, trois *ours des cavernes*, un *ours des couches meubles*, le *glouton des cavernes*, l'*hyène des cavernes*, leurs *deux félis* qui sont peut-être différens de ceux des brèches osseuses, le *putois* et la *belette* des cavernes, le *sarigue* de Montmartre, auquel on peut joindre encore la *musaraigne* des brèches de Cagliari. Si l'on a égard au peu de temps que l'on a mis à ces recherches, et au petit nombre des terrains qui ont été fouillés pour cet objet, on ne trouvera point cette énumération au-dessous de ce que l'on pouvait attendre, proportion gardée avec les animaux fossiles des autres familles.

J'ai fait dans les anciens et dans les auteurs du moyen âge toutes les recherches propres à m'apprendre si quelques-uns de ces animaux n'auraient point vécu dans nos climats depuis les temps historiques, et l'on a pu remarquer qu'à l'exception de l'*aurochs* ou *bison*, qui autrefois habitait plus à l'ouest qu'à présent, du *lion*, qui, du temps des Grecs, a infesté la Macédoine, du *glouton*, qui s'est quelquefois égaré en Allemagne dans notre siècle même, et de l'*urus* ou bœuf ordinaire, qui paraît s'être trouvé à l'état sauvage en Allemagne et même en France jusque sous les rois Mérovingiens, je n'ai découvert aucun témoignage positif qui pût faire croire à ces changemens d'habitation.

J'ai été quelquefois tenté de penser que le *raphius* ou *chaus* dont parle Pline, lib. VIII, chap. XIX, et qui joignait à la figure d'un loup les taches d'une panthère, pourrait bien avoir été une espèce d'hyène tachetée comme celle du Cap, et, par conséquent, que les os d'hyène des cavernes si semblables à ceux de l'hyène du Cap en seraient provenus. Mais qui oserait appuyer une assertion aussi nouvelle et d'une si grande conséquence sur un passage si vague, et que presque tous les naturalistes se sont accordés à appliquer au lynx? J'avoue que j'aurai peine à me le permettre, d'autant que nous ne voyons pas que l'hyène fossile se soit propagée plus long-temps que les éléphans et les rhinocéros au milieu desquels elle vivait, et qui bien certainement n'ont pas été connus des anciens.

M. Goldfuss, dans son article sur le lion ou tigre fossile, allègue un passage remarquable d'un poème allemand du treizième siècle intitulé *Niebelungen*, où est décrite une grande chasse, dans laquelle, et indépendamment de l'*élan*, du *bison*, de l'*urus*, du *cerf*, du *sanglier* et de l'*ours*, il est fait mention d'un *lion* et de deux animaux dont l'un y est nommé *schelch* et l'autre *halbwolf*, terme qui veut dire *demi-loup*. Le *schelch* se trouvant placé dans la même strophe avec l'*élan* (*elch*), le *bison*, l'*urus* et le *cerf*, tous grands animaux ruminans, M. Goldfuss soupçonne que le poète aurait eu en vue le *cerf à bois gigantesques*, qui pourrait aussi, selon lui, être l'animal de la forêt d'Hercynie indiqué par César (de Bello Gall., lib. VI, chap. XXVI) sous le nom de *bœuf à figure de cerf dont le mâle et la femelle portaient sur le front une seule corne divisée en rameaux comme les palmes*; quant au *demi-loup*, ce naturaliste pense que ce nom désignerait l'*hyène* : non pas qu'il croie qu'au temps de l'auteur du *Niebelungen* il y ait eu encore de ces animaux en Allemagne; mais il suppose que ce poète a pu en apprendre l'ancienne existence par la tradition. Chacun sentira sans doute que ces idées, tout ingénieuses qu'elles puissent paraître, ne reposent pas sur une base assez positive pour détruire tant d'autres motifs que l'on a de croire à la destruction des espèces d'une certaine époque.

Aujourd'hui le mot de *schelch* dans certains dialectes du midi de l'Allemagne ne signifie que *louche*, et figurément *méchant*, *grondeur* (1).

Je persiste donc de plus en plus à penser que la destruction des espèces singulières dont nous retrouvons les cadavres à l'état fossile, remonte à une époque antérieure à l'établissement de l'homme sur le sol qui les recouvre.

Un fait bien remarquable et qui achève bien de prouver que ce n'est point la population animale de la zone torride d'aujourd'hui que nous retrouvons ainsi dans nos couches et dans nos cavernes, c'est que, dans cette foule d'ossemens grands et petits, on n'a jamais recueilli ceux d'aucuns quadrumanes. Parmi ces lions, ces tigres, ces rhinocéros, ces éléphans, il n'y a jamais un singe; et ce n'est pas leur petitesse qui a empêché de les découvrir, puisqu'on a trouvé et reconnu jusqu'à des os de rats et de musaraignes. Comment est-il arrivé, par exemple, que ces hyènes de Kirkdale qui ont entraîné vers leurs repaires des cadavres et des membres des plus grands quadrupèdes comme des plus petits, n'y aient jamais porté ni un singe, ni un

(1) Voyez le Dict. d'Adelung à ce mot.

maki, si ce n'est parce qu'il n'en vivait alors aucun dans leurs environs?

Cette absence des quadrumanes parmi les fossiles fait qu'il ne nous reste plus à traiter, en ossemens de mammifères terrestres, que ceux des rongeurs et des édentés; ils feront l'objet de notre cinquième partie: après quoi nous traiterons, dans la sixième, des mammifères marins, phoques, lamantins et cétacés, et dans le reste de l'ouvrage, nous examinerons les os des oiseaux et des reptiles.

FIN DU TOME SEPTIÈME.

TABLE DES MATIÈRES

DU SEPTIÈME VOLUME.

FIN DE LA TABLE.

ERRATA.

Page 349, ligne 5, au lieu de *planche* 194, *fig.* 6, lisez : *pl.* 194, *fig.* 5. -- (Cette erreur existe aussi dans l'in-4°).

Page 436, dernière ligne, au lieu de *en*, lisez : *eu*.

PARIS. —IMPRIMERIE DE CASIMIR, RUE DE LA VIEILLE-MONNAIE, N° 12.

Printed in Dunstable, United Kingdom

91230693R00301